高职高专文化基础类规划教材

# 线性代数

主　编　孙信秀　王志刚

苏州大学出版社
Soochow University Press

**图书在版编目(CIP)数据**

线性代数 / 孙信秀，王志刚主编．—苏州：苏州大学出版社，2022.11
ISBN 978-7-5672-4109-1

Ⅰ.①线… Ⅱ.①孙… ②王… Ⅲ.①线性代数-高等职业教育-教材 Ⅳ.①O151.2

中国版本图书馆 CIP 数据核字(2022)第 207449 号

**线性代数**
孙信秀　王志刚　主编
责任编辑　肖　荣

苏州大学出版社出版发行
(地址:苏州市十梓街 1 号　邮编:215006)
苏州市深广印刷有限公司印装
(地址:苏州市高新区浒关工业园青花路 6 号 2 号楼　邮编:215151)

开本 787 mm×1 092 mm　1/16　印张 10.5　字数 243 千
2022 年 11 月第 1 版　2022 年 11 月第 1 次印刷
ISBN 978-7-5672-4109-1　定价:35.00 元

图书若有印装错误,本社负责调换
苏州大学出版社营销部　电话:0512-67481020
苏州大学出版社网址　http://www.sudapress.com
苏州大学出版社邮箱　sdcbs@suda.edu.cn

# 前 言

高职高专教育坚持以服务为宗旨，以就业为导向，以培养生产、建设、服务、管理第一线的高端技能型专门人才为主要任务。本教材以教育部发布的《关于职业院校专业人才培养方案制定与实施工作的指导意见》为基本依据，紧扣职业教育的宗旨和任务，由多年从事一线教学工作、具有丰富经验的教学团队编写而成。本教材具有以下特色：

第一，思想性原则。全面贯彻落实党的教育方针，坚持育人为本，德育优先，无论是内容的选择还是有关章节的名家链接，都融入思政元素，以培养学生正确的价值观。

第二，科学性原则。教材的编写遵循学科特点，具有系统性、整体性。以问题为导向，具有启发性，能激发学生的学习兴趣，培养学生分析问题和解决问题的能力，符合教学规律和认知规律，符合学校人才培养目标。

第三，时代性原则。教材中无论是案例引入还是后续的案例应用都尽可能多地应用新知识、新技术、新方法，引起学生的兴趣，展示本课程与前沿科技的联系，突出本课程在培养人才中的实际价值和重要地位。

第四，灵活性原则和开拓性原则。教材内容的选择、编写符合职业教育的特点，遵循教育教学规律，能调动学生的主观能动性，适合课堂教学。教材和现代科技紧密结合，列举前沿科技应用案例，借助 Python 软件来解决实际问题，达到学以致用的目的，适合有自学需求和自学能力的学生选择相应内容学习。

本书共包含六章内容：行列式、矩阵、线性方程组、相似矩阵及二次型、数学模型和数学实验。

本书由孙信秀、王志刚主编，参加编写的还有陈剑、吴长男、徐兰、王庆和陆卫丰。全书由孙信秀、王志刚统稿和定稿。

本书在编写过程中，参考了一些文献资料，在此谨向有关作者表示感谢！

限于编者的水平，书中难免有不足和疏漏之处，衷心地希望专家、同行和读者批评指正。

编者

2022年11月

# 目 录

# 第 1 章　行列式

中国传统数学中的方程术与线性方程组消元法的思想对行列式的起源与发展有一定的影响,尤其是宋元时期的天元术和四元术.之后,日本数学家关孝和和德国数学家莱布尼茨(Leibniz)提出行列式的思想并开始使用行列式.随后,瑞士数学家克拉默(Cramer)对行列式进行了系统研究,并给出了著名的克拉默法则;法国数学家拉普拉斯(Laplace)和范德蒙德(Vandermonde)进一步完善了行列式的理论.

很多实际问题最后都归结为方程问题,而行列式的概念最初就来源于求解线性方程组,它是线性代数的基本工具之一,被广泛应用于数学、科技、工程、经济等领域.

本章知识点主要有:行列式的定义、行列式的性质、行列式的计算、克拉默法则.

## 1.1　行列式的定义

### 1.1.1　二阶行列式

【案例引入】

**[案例 1]**　解二元一次线性方程组 $\begin{cases} a_{11}x_1+a_{12}x_2=b_1, & ① \\ a_{21}x_1+a_{22}x_2=b_2. & ② \end{cases}$

**解**　①$\times a_{22}$－②$\times a_{12}$ 得

$$(a_{11}\times a_{22}-a_{12}\times a_{21})x_1=b_1\times a_{22}-b_2\times a_{12}.$$

①$\times a_{21}$－②$\times a_{11}$ 得

$$(a_{12}\times a_{21}-a_{11}\times a_{22})x_2=b_1\times a_{21}-b_2\times a_{11}.$$

当 $a_{11}a_{22}-a_{12}a_{21}\neq 0$ 时,解得

$$x_1=\frac{b_1a_{22}-b_2a_{12}}{a_{11}a_{22}-a_{12}a_{21}},x_2=\frac{a_{11}b_2-a_{21}b_1}{a_{11}a_{22}-a_{12}a_{21}}. \tag{1.1}$$

【知识储备】

**定义 1.1**　把表达式 $a_{11}a_{22}-a_{12}a_{21}$ 记作 $\begin{vmatrix} a_{11} & a_{12} \\ a_{21} & a_{22} \end{vmatrix}$,称为 **2 阶行列式**,即 $\begin{vmatrix} a_{11} & a_{12} \\ a_{21} & a_{22} \end{vmatrix}=$

$a_{11}a_{22}-a_{12}a_{21}$，其中 $a_{ij}(i=1,2;j=1,2)$叫作行列式的元素，这里共有 $2^2=4$ 个**元素**；横排叫作**行**，纵排叫作**列**，这里共有 2 行 2 列；元素 $a_{ij}$ 的第一个下标 $i$ 称为**行标**，表明该元素位于第 $i$ 行，第二个下标 $j$ 称为**列标**，表明该元素位于第 $j$ 列. 例如，元素 $a_{21}$ 位于第 2 行第 1 列. $a_{11}a_{22}-a_{12}a_{21}$ 称为 **2 阶行列式的展开式**.

参看图 1-1，把 $a_{11}$ 到 $a_{22}$ 的实连线称为**主对角线**，$a_{11}$，$a_{22}$ 称为**主对角线上的元素**，$a_{12}$ 到 $a_{21}$ 的虚连线称为**副对角线**，$a_{12}$，$a_{21}$ 称为**副对角线上的元素**. 于是，2 阶行列式的值便是主对角线上的两元素之积减去副对角线上两元素之积所得的差. 这种计算行列式的方法称为**对角线法则**.

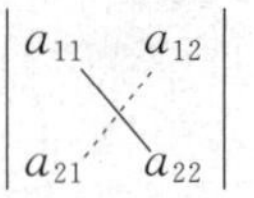

$$\begin{vmatrix} a_{11} & a_{12} \\ a_{21} & a_{22} \end{vmatrix}$$

图 1-1

根据 2 阶行列式的定义，$b_1a_{22}-b_2a_{12}=\begin{vmatrix} b_1 & a_{12} \\ b_2 & a_{22} \end{vmatrix}$，$a_{11}b_2-a_{21}b_1=\begin{vmatrix} a_{11} & b_1 \\ a_{21} & b_2 \end{vmatrix}$. 若记 $D=\begin{vmatrix} a_{11} & a_{12} \\ a_{21} & a_{22} \end{vmatrix}$，$D_1=\begin{vmatrix} b_1 & a_{12} \\ b_2 & a_{22} \end{vmatrix}$，$D_2=\begin{vmatrix} a_{11} & b_1 \\ a_{21} & b_2 \end{vmatrix}$，(1.1)式可写成 $x_1=\dfrac{D_1}{D}$，$x_2=\dfrac{D_2}{D}$. 这里的分母 $D$ 是由方程组的系数所确定的 2 阶行列式，称为**系数行列式**. $x_1$ 的分子 $D_1$ 是用常数项 $b_1$，$b_2$ 替换 $D$ 中 $x_1$ 的系数 $a_{11}$，$a_{21}$ 所得的 2 阶行列式，$x_2$ 的分子 $D_2$ 是用常数项 $b_1$，$b_2$ 替换 $D$ 中 $x_2$ 的系数 $a_{12}$，$a_{22}$ 所得的 2 阶行列式.

## 【例题精讲】

**例 1.1** 计算下列行列式：(1) $\begin{vmatrix} 1 & 2 \\ 3 & 4 \end{vmatrix}$； (2) $\begin{vmatrix} \sin\alpha & \cos\alpha \\ \cos\alpha & -\sin\alpha \end{vmatrix}$.

**解** (1) $\begin{vmatrix} 1 & 2 \\ 3 & 4 \end{vmatrix}=1\times4-2\times3=-2$；

(2) $\begin{vmatrix} \sin\alpha & \cos\alpha \\ \cos\alpha & -\sin\alpha \end{vmatrix}=\sin\alpha\cdot(-\sin\alpha)-\cos\alpha\cdot\cos\alpha=-1$.

**例 1.2** 用行列式解二元一次线性方程组 $\begin{cases} 2x-3y=7, \\ x+4y=-2. \end{cases}$

**解** 因为 $D=\begin{vmatrix} 2 & -3 \\ 1 & 4 \end{vmatrix}=11$，$D_x=\begin{vmatrix} 7 & -3 \\ -2 & 4 \end{vmatrix}=22$，$D_y=\begin{vmatrix} 2 & 7 \\ 1 & -2 \end{vmatrix}=-11$，

于是 $x=\dfrac{D_x}{D}=2$，$y=\dfrac{D_y}{D}=-1$.

## 【案例应用】

**例 1.3** 如图 1-2 所示，求平面上以向量 $\overrightarrow{OA}=(x_1,y_1)$，$\overrightarrow{OB}=(x_2,y_2)$为邻边所构成的平行四边形的面积.

**解** 利用割补法，容易验证平行四边形的面积为

$$S=|x_1y_2-x_2y_1|=\left\|\begin{matrix} x_1 & y_1 \\ x_2 & y_2 \end{matrix}\right\|.$$

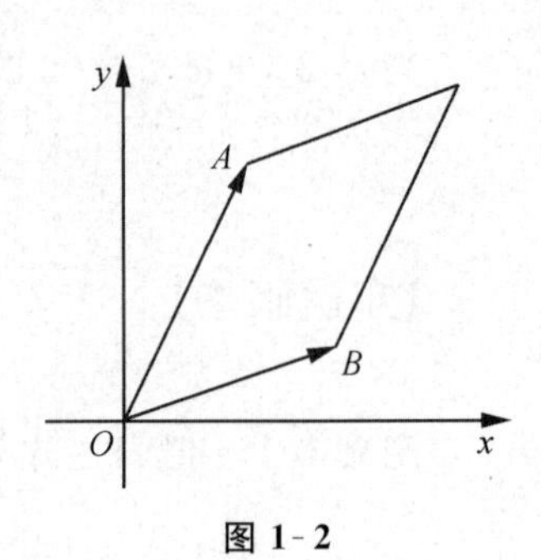


图 1-2

## 1.1.2　3阶行列式

【案例引入】

［**案例2**］　解三元一次线性方程组
$$\begin{cases}a_{11}x_1+a_{12}x_2+a_{13}x_3=b_1,\\ a_{21}x_1+a_{22}x_2+a_{23}x_3=b_2,\\ a_{31}x_1+a_{32}x_2+a_{33}x_3=b_3.\end{cases}\tag{1.2}$$

**解**　利用消元法，将前两个方程消去 $x_3$，后两个方程也消去 $x_3$，可得
$$\begin{cases}(a_{11}a_{23}-a_{21}a_{13})x_1+(a_{12}a_{23}-a_{22}a_{13})x_2=b_1a_{23}-b_2a_{13},\\ (a_{21}a_{33}-a_{31}a_{23})x_1+(a_{22}a_{33}-a_{32}a_{23})x_2=b_2a_{33}-b_3a_{23}.\end{cases}\tag{1.3}$$
方程组(1.3)的系数行列式
$$\begin{aligned}D&=\begin{vmatrix}a_{11}a_{23}-a_{21}a_{13} & a_{12}a_{23}-a_{22}a_{13}\\ a_{21}a_{33}-a_{31}a_{23} & a_{22}a_{33}-a_{32}a_{23}\end{vmatrix}\\ &=a_{23}(a_{11}a_{22}a_{33}+a_{21}a_{32}a_{13}+a_{31}a_{12}a_{23}-a_{11}a_{23}a_{32}-a_{21}a_{12}a_{33}-a_{31}a_{22}a_{13}),\\ D_1&=\begin{vmatrix}b_1a_{23}-b_2a_{13} & a_{12}a_{23}-a_{22}a_{13}\\ b_2a_{33}-b_3a_{23} & a_{22}a_{33}-a_{32}a_{23}\end{vmatrix}\\ &=a_{23}(b_1a_{22}a_{33}+b_2a_{32}a_{13}+b_3a_{12}a_{23}-b_1a_{23}a_{32}-b_2a_{12}a_{33}-b_3a_{22}a_{13}).\end{aligned}$$
于是 $x_1=\dfrac{D_1}{D}=\dfrac{b_1a_{22}a_{33}+b_2a_{32}a_{13}+b_3a_{12}a_{23}-b_1a_{23}a_{32}-b_2a_{12}a_{33}-b_3a_{22}a_{13}}{a_{11}a_{22}a_{33}+a_{21}a_{32}a_{13}+a_{31}a_{12}a_{23}-a_{11}a_{23}a_{32}-a_{21}a_{12}a_{33}-a_{31}a_{22}a_{13}}$.

进而可以求出 $x_2,x_3$.

【知识储备】

**定义1.2**　设有 $3^2$ 个数排成3行3列的数表 $\begin{matrix}a_{11} & a_{12} & a_{13}\\ a_{21} & a_{22} & a_{23}\\ a_{31} & a_{32} & a_{33}\end{matrix}$，记
$$\begin{vmatrix}a_{11} & a_{12} & a_{13}\\ a_{21} & a_{22} & a_{23}\\ a_{31} & a_{32} & a_{33}\end{vmatrix}=a_{11}a_{22}a_{33}+a_{12}a_{23}a_{31}+a_{13}a_{21}a_{32}-a_{11}a_{23}a_{32}-a_{12}a_{21}a_{33}-a_{13}a_{22}a_{31}.\tag{1.4}$$

称(1.4)式的左端为**3阶行列式**，右端为**3阶行列式的展开式**. 3阶行列式的展开式共有六项，其中三项带"+"号，三项带"—"号，每项都是三个元素的乘积，且三个元素均处于不同行、不同列的位置. 把构成每一项的三个元素分别用实线和虚线按图1-3所示的方式连接起来，称 $a_{11},a_{22},a_{33}$ 为**主对角线元素**，$a_{13},a_{22},a_{31}$ 为**副对角线元素**，用实线连接的三个元素之积带"+"号，用虚线连接的三个元素之积带"—"号.

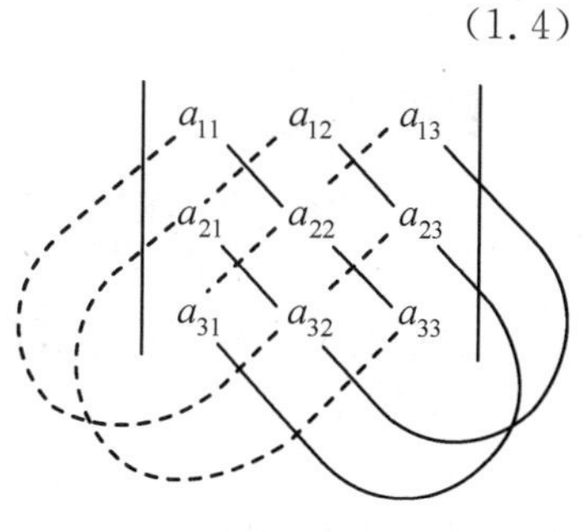


**图1-3**

这种计算行列式的方法称为**对角线法则**.

利用三阶行列式的定义,当方程组(1.2)中变量的系数按其位置关系组成的系数行列式 $D=\begin{vmatrix} a_{11} & a_{12} & a_{13} \\ a_{21} & a_{22} & a_{23} \\ a_{31} & a_{32} & a_{33} \end{vmatrix}\neq 0$ 时,它的解可以简洁地表示成 $x_1=\frac{D_1}{D},x_2=\frac{D_2}{D},x_3=\frac{D_3}{D}$. 其中 $D_1$, $D_2$, $D_3$ 是将系数行列式中第 1,2,3 列的元素分别用方程组中的常数项 $b_1$, $b_2$, $b_3$ 替换后所得到的 3 阶行列式.

【例题精讲】

**例 1.4** 计算 3 阶行列式 $D=\begin{vmatrix} 1 & 4 & 3 \\ 2 & 7 & 6 \\ 0 & -2 & -1 \end{vmatrix}$.

**解** $D=1\times7\times(-1)+2\times(-2)\times3+4\times6\times0-3\times7\times0-6\times(-2)\times1-2\times4\times(-1)=1$.

【应用案例】

**例 1.5** 求平面上不共线的三点 $A(x_1,y_1)$, $B(x_2,y_2)$, $C(x_3,y_3)$ 构成的三角形的面积.

**解** 由题意,$\overrightarrow{AB}=(x_2-x_1,y_2-y_1)$, $\overrightarrow{AC}=(x_3-x_1,y_3-y_1)$,故

$$\begin{vmatrix} x_2-x_1 & y_2-y_1 \\ x_3-x_1 & y_3-y_1 \end{vmatrix}=(x_2-x_1)(y_3-y_1)-(x_3-x_1)(y_2-y_1)$$

$$=x_1y_2+x_2y_3+x_3y_1-x_3y_2-x_1y_3-x_2y_1=\begin{vmatrix} x_1 & y_1 & 1 \\ x_2 & y_2 & 1 \\ x_3 & y_3 & 1 \end{vmatrix}.$$

根据例 1.3 的结论,所求三角形的面积为 $S_{\triangle ABC}=\frac{1}{2}\left\|\begin{matrix} x_1 & y_1 & 1 \\ x_2 & y_2 & 1 \\ x_3 & y_3 & 1 \end{matrix}\right\|$.

### 1.1.3 n 阶行列式

【知识储备】

**定义 1.3** 设有 $n^2$ 个数排成 $n$ 行 $n$ 列的数表 $\begin{matrix} a_{11} & a_{12} & \cdots & a_{1n} \\ a_{21} & a_{22} & \cdots & a_{2n} \\ \vdots & \vdots & & \vdots \\ a_{n1} & a_{n2} & \cdots & a_{nn} \end{matrix}$,称 $\begin{vmatrix} a_{11} & a_{12} & \cdots & a_{1n} \\ a_{21} & a_{22} & \cdots & a_{2n} \\ \vdots & \vdots & & \vdots \\ a_{n1} & a_{n2} & \cdots & a_{nn} \end{vmatrix}$ 为 ***n* 阶行列式**,其中 $a_{ij}(i,j=1,2,3,\cdots,n)$ 称为 ***n* 阶行列式的元素**, $a_{11},a_{22},\cdots,a_{nn}$ 称为主对

**角线元素**，行列式可简记作 $\det(a_{ij})$，它表示的是一个由确定的运算关系所得到的数值.

特别地，当 $n=1$ 时，我们规定 1 阶行列式：$|a|=a$.

【巩固练习】

1. 计算下列行列式：

(1) $\begin{vmatrix} 5 & -3 \\ 2 & 6 \end{vmatrix}$；　(2) $\begin{vmatrix} -2 & 4 \\ 6 & -3 \end{vmatrix}$；　(3) $\begin{vmatrix} x & y \\ p & q \end{vmatrix}$；　(4) $\begin{vmatrix} a+b & -b \\ b & a-b \end{vmatrix}$；

(5) $\begin{vmatrix} 1 & 3 & -1 \\ 0 & 1 & 2 \\ 2 & 4 & 3 \end{vmatrix}$；　(6) $\begin{vmatrix} 1 & 2 & 3 \\ 4 & 5 & 6 \\ 7 & 8 & 9 \end{vmatrix}$；　(7) $\begin{vmatrix} x & y & z \\ z & x & y \\ y & z & x \end{vmatrix}$；　(8) $\begin{vmatrix} 1 & 1 & 1 \\ a & b & c \\ a^2 & b^2 & c^2 \end{vmatrix}$.

2. 已知 $f(x)=\begin{vmatrix} 2 & x & 1 \\ 0 & 2 & 3 \\ 1 & -1 & 0 \end{vmatrix}$ 是关于 $x$ 的一次多项式，则该式中一次项的系数是________.

3. 行列式 $D=\begin{vmatrix} 1 & 1 & \cdots & 1 \\ x_1 & x_2 & \cdots & x_{101} \\ x_1^2 & x_2^2 & \cdots & x_{101}^2 \\ \vdots & \vdots & & \vdots \\ x_1^{100} & x_2^{100} & \cdots & x_{101}^{100} \end{vmatrix}$ 是几阶行列式？

4. 用行列式解二元一次线性方程组 $\begin{cases} 3x+4y=6, \\ -2x+y=7. \end{cases}$

## 1.2　行列式的性质

【案例引入】

［**案例 3**］　计算 3 阶行列式 $D=\begin{vmatrix} 398 & 4 & -1 \\ 301 & 3 & 0 \\ 202 & 2 & -2 \end{vmatrix}$.

**解**　利用对角线法则得

$D=398\times3\times(-2)+301\times2\times(-1)+202\times0\times4-(-1)\times3\times202-4\times301\times(-2)-398\times2\times0=24.$

计算量比较大，是否有简单的方法来求行列式的值？

## 【知识储备】

### 1. 转置行列式的定义

**定义 1.4** 将 $D=\begin{vmatrix} a_{11} & a_{12} & \cdots & a_{1n} \\ a_{21} & a_{22} & \cdots & a_{2n} \\ \vdots & \vdots & & \vdots \\ a_{n1} & a_{n2} & \cdots & a_{nn} \end{vmatrix}$ 行列互换后得到的行列式

$\begin{vmatrix} a_{11} & a_{21} & \cdots & a_{n1} \\ a_{12} & a_{22} & \cdots & a_{n2} \\ \vdots & \vdots & & \vdots \\ a_{1n} & a_{2n} & \cdots & a_{nn} \end{vmatrix}$ 称为 $D$ 的转置行列式，记作 $D^{\mathrm{T}}$.

### 2. 行列式的性质

**性质 1.1** 行列式 $D$ 与它的转置行列式 $D^{\mathrm{T}}$ 相等，即 $D=D^{\mathrm{T}}$.

此性质说明行列式的行与列有相同的地位，行列式中有关行的性质对列也成立，反之亦然.

**性质 1.2** 互换行列式中任意两行(列)的位置，行列式变号，即

$$\begin{vmatrix} a_{11} & a_{12} & \cdots & a_{1n} \\ \vdots & \vdots & & \vdots \\ a_{i1} & a_{i2} & \cdots & a_{in} \\ \vdots & \vdots & & \vdots \\ a_{j1} & a_{j2} & \cdots & a_{jn} \\ \vdots & \vdots & & \vdots \\ a_{n1} & a_{n2} & \cdots & a_{nn} \end{vmatrix} = -\begin{vmatrix} a_{11} & a_{12} & \cdots & a_{1n} \\ \vdots & \vdots & & \vdots \\ a_{j1} & a_{j2} & \cdots & a_{jn} \\ \vdots & \vdots & & \vdots \\ a_{i1} & a_{i2} & \cdots & a_{in} \\ \vdots & \vdots & & \vdots \\ a_{n1} & a_{n2} & \cdots & a_{nn} \end{vmatrix}.$$

**推论 1.1** 若行列式中有两行(列)的对应元素完全相同，则行列式的值为零.

**证** 记此行列式为 $D$，由性质 1.2，将元素对应相等的两行互换后的行列式为 $-D$，但因这两行的元素对应相等，故两行互换后的行列式就是原行列式，即 $D=-D$，则 $2D=0$，所以 $D=0$.

**性质 1.3** 行列式的某一行(列)中所有元素都乘数 $k$，就等于用数 $k$ 乘此行列式. 换句话说，如果行列式中某一行(列)元素有公因子 $k$，可以把 $k$ 提到行列式的符号之外，即

$$\begin{vmatrix} a_{11} & a_{12} & \cdots & a_{1n} \\ \vdots & \vdots & & \vdots \\ ka_{i1} & ka_{i2} & \cdots & ka_{in} \\ \vdots & \vdots & & \vdots \\ a_{n1} & a_{n2} & \cdots & a_{nn} \end{vmatrix} = k\begin{vmatrix} a_{11} & a_{12} & \cdots & a_{1n} \\ \vdots & \vdots & & \vdots \\ a_{i1} & a_{i2} & \cdots & a_{in} \\ \vdots & \vdots & & \vdots \\ a_{n1} & a_{n2} & \cdots & a_{nn} \end{vmatrix}.$$

反过来，用一个数 $k$ 乘一个行列式就相当于用数 $k$ 乘行列式的某一行(列)中的各个

元素.

**推论 1.2**　若行列式中有某行(列)元素全是零,则此行列式的值为零.

**推论 1.3**　若行列式中有两行(列)元素对应成比例,则此行列式的值为零.

**性质 1.4**　若行列式中某一行(列)各元素均为两项之和,则此行列式等于两个相应行列式之和,这两个相应行列式分别拥有这一行(列)两项中的一项,并且其余元素与原行列式的对应元素相同,即

$$\begin{vmatrix} a_{11} & a_{12} & \cdots & a_{1n} \\ \vdots & \vdots & & \vdots \\ a_{i1}+a_{i1}' & a_{i2}+a_{i2}' & \cdots & a_{in}+a_{in}' \\ \vdots & \vdots & & \vdots \\ a_{n1} & a_{n2} & \cdots & a_{nn} \end{vmatrix} = \begin{vmatrix} a_{11} & a_{12} & \cdots & a_{1n} \\ \vdots & \vdots & & \vdots \\ a_{i1} & a_{i2} & \cdots & a_{in} \\ \vdots & \vdots & & \vdots \\ a_{n1} & a_{n2} & \cdots & a_{nn} \end{vmatrix} + \begin{vmatrix} a_{11} & a_{12} & \cdots & a_{1n} \\ \vdots & \vdots & & \vdots \\ a_{i1}' & a_{i2}' & \cdots & a_{in}' \\ \vdots & \vdots & & \vdots \\ a_{n1} & a_{n2} & \cdots & a_{nn} \end{vmatrix}.$$

**性质 1.5**　把行列式的某一行(列)的各元素乘同一个数后加到另一行(列)对应元素上,行列式的值不变,即

$$\begin{vmatrix} a_{11} & a_{12} & \cdots & a_{1n} \\ \vdots & \vdots & & \vdots \\ a_{i1} & a_{i2} & \cdots & a_{in} \\ \vdots & \vdots & & \vdots \\ a_{j1} & a_{j2} & \cdots & a_{jn} \\ \vdots & \vdots & & \vdots \\ a_{n1} & a_{n2} & \cdots & a_{nn} \end{vmatrix} = \begin{vmatrix} a_{11} & a_{12} & \cdots & a_{1n} \\ \vdots & \vdots & & \vdots \\ a_{i1}+ka_{j1} & a_{i2}+ka_{j2} & \cdots & a_{in}+ka_{jn} \\ \vdots & \vdots & & \vdots \\ a_{j1} & a_{j2} & \cdots & a_{jn} \\ \vdots & \vdots & & \vdots \\ a_{n1} & a_{n2} & \cdots & a_{nn} \end{vmatrix}$$

为了便于书写,在运用行列式性质的过程中约定采用如下标记:

① 以 $r$ 代表行,$c$ 代表列;

② 第 $i$ 行(列)与第 $j$ 行(列)互换,记作 $r_i \leftrightarrow r_j(c_i \leftrightarrow c_j)$;

③ 第 $i$ 行(列)中所有元素都乘 $k$,记作 $r_i \times k(c_i \times k)$ 或 $kr_i(kc_i)$;

④ 把第 $j$ 行(列)中各元素乘 $k$ 后加到第 $i$ 行(列)对应元素上,记作 $r_i+kr_j(c_i+kc_j)$.

**【例题精讲】**

**例 1.6**　求三阶行列式 $D=\begin{vmatrix} 1 & 4 & 3 \\ 2 & 7 & 6 \\ 0 & -2 & -1 \end{vmatrix}$ 的转置行列式 $D^{\mathrm{T}}$,并通过计算验证 $D^{\mathrm{T}}=D$.

**解**　$D^{\mathrm{T}}=\begin{vmatrix} 1 & 2 & 0 \\ 4 & 7 & -2 \\ 3 & 6 & -1 \end{vmatrix}$,

$D^{\mathrm{T}}=1\times7\times(-1)+4\times6\times0+2\times(-2)\times3-0\times7\times3-2\times4\times(-1)-1\times6\times(-2)=1$,

同理计算可得 $D=1$,所以 $D^{\mathrm{T}}=D$.

**例 1.7** 通过计算分别讨论 3 阶行列式 $D=\begin{vmatrix}1&4&3\\2&7&6\\0&-2&-1\end{vmatrix}$ 和 $D_1=\begin{vmatrix}1&4&3\\0&-2&-1\\2&7&6\end{vmatrix}$，$D_2=\begin{vmatrix}1&4&3\\20&70&60\\0&-2&-1\end{vmatrix}$ 的数量关系.

**解** $D_1=1\times(-2)\times6+2\times(-1)\times4+3\times7\times0-3\times(-2)\times2-7\times(-1)\times1-6\times4\times0=-1$，

$D_2=1\times70\times(-1)+20\times(-2)\times3+4\times60\times0-3\times70\times0-60\times(-2)\times1-20\times4\times(-1)=10$.

又 $D=1$，所以 $D_1=-D, D_2=10D$.

**例 1.8** 分解 2 阶行列式 $\begin{vmatrix}a_{11}+x&a_{12}+z\\a_{21}+y&a_{22}+w\end{vmatrix}$.

**解**

$$\begin{aligned}\begin{vmatrix}a_{11}+x&a_{12}+z\\a_{21}+y&a_{22}+w\end{vmatrix}&=\begin{vmatrix}a_{11}&a_{12}+z\\a_{21}&a_{22}+w\end{vmatrix}+\begin{vmatrix}x&a_{12}+z\\y&a_{22}+w\end{vmatrix}\\&=\begin{vmatrix}a_{11}&a_{12}\\a_{21}&a_{22}\end{vmatrix}+\begin{vmatrix}a_{11}&z\\a_{21}&w\end{vmatrix}+\begin{vmatrix}x&a_{12}\\y&a_{22}\end{vmatrix}+\begin{vmatrix}x&z\\y&w\end{vmatrix}.\end{aligned}$$

## 【应用案例】

[完成案例 3]

**解** 若利用对角线法则直接计算，则计算量较大，现利用性质 1.4，有

$$D=\begin{vmatrix}400-2&4&-1\\300+1&3&0\\200+2&2&-2\end{vmatrix}=\begin{vmatrix}400&4&-1\\300&3&0\\200&2&-2\end{vmatrix}+\begin{vmatrix}-2&4&-1\\1&3&0\\2&2&-2\end{vmatrix}=0+24=24.$$

## 【巩固练习】

5. 求 3 阶行列式 $D=\begin{vmatrix}1&0&7\\-2&4&3\\-1&2&5\end{vmatrix}$ 的转置行列式 $D^{\mathrm{T}}$，通过计算它们的数值来说明它们是相等的.

6. 计算 3 阶行列式 $D=\begin{vmatrix}-1&3&2\\3&5&-1\\102&-301&-194\end{vmatrix}$.

7. 证明：$\begin{vmatrix}a_1&b_1&a_1x+b_1y+c_1\\a_2&b_2&a_2x+b_2y+c_2\\a_3&b_3&a_3x+b_3y+c_3\end{vmatrix}=\begin{vmatrix}a_1&b_1&c_1\\a_2&b_2&c_2\\a_3&b_3&c_3\end{vmatrix}$.

# 1.3　行列式的计算

## 1.3.1　余子式与代数余子式

【知识储备】

**定义 1.5**　在 $n$ 阶行列式 $D=\begin{vmatrix} a_{11} & a_{12} & \cdots & a_{1n} \\ a_{21} & a_{22} & \cdots & a_{2n} \\ \vdots & \vdots & & \vdots \\ a_{n1} & a_{n2} & \cdots & a_{nn} \end{vmatrix}$ 中，把元素 $a_{ij}$ 所在的第 $i$ 行和第 $j$ 列划去后，剩下的 $(n-1)^2$ 个元素保持原有相对位置所组成的 $n-1$ 阶行列式

$$\begin{vmatrix} a_{1,1} & \cdots & a_{1,j-1} & a_{1,j+1} & \cdots & a_{1,n} \\ \vdots & & \vdots & \vdots & & \vdots \\ a_{i-1,1} & \cdots & a_{i-1,j-1} & a_{i-1,j+1} & \cdots & a_{i-1,n} \\ a_{i+1,1} & \cdots & a_{i+1,j-1} & a_{i+1,j+1} & \cdots & a_{i+1,n} \\ \vdots & & \vdots & \vdots & & \vdots \\ a_{n,1} & \cdots & a_{n,j-1} & a_{n,j+1} & \cdots & a_{n,n} \end{vmatrix}$$

称为**元素 $a_{ij}$ 的余子式**，记作 $M_{ij}$，而把 $(-1)^{i+j}M_{ij}$ 称为**元素 $a_{ij}$ 的代数余子式**，记作 $A_{ij}$，这里 $(-1)$ 的幂指数是元素 $a_{ij}$ 的两个下标之和，即 $A_{ij}=(-1)^{i+j}M_{ij}$.

【例题精讲】

**例 1.9**　求 2 行列式 $\begin{vmatrix} 1 & -2 \\ -4 & 6 \end{vmatrix}$ 中元素 $a_{12}$ 的余子式和代数余子式.

**解**　$a_{12}=-2$ 的余子式为 $M_{12}=|-4|=-4$，代数余子式为 $A_{12}=(-1)^{1+2}(-4)=4$.

**例 1.10**　求 $\begin{vmatrix} 1 & 2 & 3 & 4 \\ -2 & 0 & 1 & 6 \\ 5 & -1 & 7 & 8 \\ 10 & -2 & -7 & 0 \end{vmatrix}$ 中元素 $a_{33}$，$a_{32}$ 的余子式和代数余子式.

**解**　$a_{33}=7$ 的余子式为 $M_{33}=\begin{vmatrix} 1 & 2 & 4 \\ -2 & 0 & 6 \\ 10 & -2 & 0 \end{vmatrix}=148$，

代数余子式为 $A_{33}=(-1)^{3+3}\begin{vmatrix} 1 & 2 & 4 \\ -2 & 0 & 6 \\ 10 & -2 & 0 \end{vmatrix}=(-1)^{3+3}148=148$，

元素 $a_{32}=-1$ 的余子式为 $M_{32}=\begin{vmatrix}1 & 3 & 4\\-2 & 1 & 6\\10 & -7 & 0\end{vmatrix}=238$，

代数余子式为 $A_{32}=(-1)^{3+2}\begin{vmatrix}1 & 3 & 4\\-2 & 1 & 6\\10 & -7 & 0\end{vmatrix}=(-1)^{3+2}238=-238$.

## 1.3.2 行列式按行(列)展开

【知识储备】

**1. 3 阶行列式按行(列)展开**

3 阶行列式 $D=a_{11}a_{22}a_{33}+a_{12}a_{23}a_{31}+a_{13}a_{21}a_{32}-a_{11}a_{23}a_{32}-a_{12}a_{21}a_{33}-a_{13}a_{22}a_{31}$ 的展开式整理为

$$D=a_{11}(a_{22}a_{33}-a_{23}a_{32})-a_{12}(a_{21}a_{33}-a_{23}a_{31})+a_{13}(a_{21}a_{32}-a_{22}a_{31}).$$

根据 2 阶行列式的定义，有

$$D=a_{11}\begin{vmatrix}a_{22} & a_{23}\\a_{32} & a_{33}\end{vmatrix}+a_{12}\left(-\begin{vmatrix}a_{21} & a_{23}\\a_{31} & a_{33}\end{vmatrix}\right)+a_{13}\begin{vmatrix}a_{21} & a_{22}\\a_{31} & a_{32}\end{vmatrix}, \tag{1.5}$$

这里，$\begin{vmatrix}a_{22} & a_{23}\\a_{32} & a_{33}\end{vmatrix}=A_{11}$，$-\begin{vmatrix}a_{21} & a_{23}\\a_{31} & a_{33}\end{vmatrix}=A_{12}$，$\begin{vmatrix}a_{21} & a_{22}\\a_{31} & a_{32}\end{vmatrix}=A_{13}$.

于是，根据(1.5)式，3 阶行列式可表示为 $D=a_{11}A_{11}+a_{12}A_{12}+a_{13}A_{13}$，称行列式按 $a_{11}$，$a_{12}$，$a_{13}$ 所在的第 1 行展开.

类似地，3 阶行列式 $D$ 的展开式还可以整理为

$$\begin{aligned}D&=-a_{12}(a_{21}a_{33}-a_{23}a_{31})+a_{22}(a_{11}a_{33}-a_{13}a_{31})-a_{32}(a_{11}a_{23}-a_{13}a_{21})\\&=(-1)^{1+2}a_{12}\begin{vmatrix}a_{21} & a_{23}\\a_{31} & a_{33}\end{vmatrix}+(-1)^{2+2}a_{22}\begin{vmatrix}a_{11} & a_{13}\\a_{31} & a_{33}\end{vmatrix}+(-1)^{3+2}a_{32}\begin{vmatrix}a_{11} & a_{13}\\a_{21} & a_{23}\end{vmatrix}\\&=a_{12}A_{12}+a_{22}A_{22}+a_{32}A_{32},\end{aligned}$$

称行列式按 $a_{12}$，$a_{22}$，$a_{32}$ 所在的第 2 列展开.

在 3 阶行列式的计算中，我们可以按任意行或列展开来求值.

**2. 行列式按行(列)展开定理**

**定理 1.1** $n$ 阶行列式 $D$ 等于任意一行(列)的各元素与其对应的代数余子式的乘积之和，即

$$D=a_{i1}A_{i1}+a_{i2}A_{i2}+\cdots+a_{in}A_{in}\ (i=1,2,3,\cdots,n)$$

或

$$D=a_{1j}A_{1j}+a_{2j}A_{2j}+\cdots+a_{nj}A_{nj}\ (j=1,2,3,\cdots,n).$$

若行列式等于它的第 $i$ 行(或第 $j$ 列)的各元素与其对应的代数余子式的乘积之和，我们就称行列式按第 $i$ 行(或第 $j$ 列)展开.

**推论 1.4** 行列式某行(列)元素与另一行(列)元素的代数余子式乘积之和为零，即

$$a_{i1}A_{j1}+a_{i2}A_{j2}+\cdots+a_{in}A_{jn}=0(i,j=1,2,3,\cdots,n,i\neq j)$$

或

$$a_{1i}A_{1j}+a_{2i}A_{2j}+\cdots+a_{ni}A_{nj}=0(i,j=1,2,3,\cdots,n,i\neq j).$$

**证** 根据定义，$\begin{vmatrix} a_{11} & a_{12} & \cdots & a_{1n} \\ \vdots & \vdots & & \vdots \\ a_{i1} & a_{i2} & \cdots & a_{in} \\ \vdots & \vdots & & \vdots \\ a_{j1} & a_{j2} & \cdots & a_{jn} \\ \vdots & \vdots & & \vdots \\ a_{n1} & a_{n2} & \cdots & a_{nn} \end{vmatrix}=a_{i1}A_{i1}+a_{i2}A_{i2}+\cdots+a_{in}A_{in}$，

于是，当行列式的其他元素不变，仅仅把第 $i$ 行的元素相应地换成第 $j$ 行的元素后可得

$$a_{j1}A_{i1}+a_{j2}A_{i2}+\cdots+a_{jn}A_{in}=\begin{vmatrix} a_{11} & a_{12} & \cdots & a_{1n} \\ \vdots & \vdots & & \vdots \\ a_{j1} & a_{j2} & \cdots & a_{jn} \\ \vdots & \vdots & & \vdots \\ a_{j1} & a_{j2} & \cdots & a_{jn} \\ \vdots & \vdots & & \vdots \\ a_{n1} & a_{n2} & \cdots & a_{nn} \end{vmatrix}=0.$$

## 【例题精讲】

**例 1.11** 计算 3 阶行列式 $D=\begin{vmatrix} 1 & 4 & 3 \\ 2 & 7 & 6 \\ 0 & -2 & -1 \end{vmatrix}$.

**解** 将其按第 1 行展开，得

$$\begin{aligned} D &=1\times(-1)^{1+1}\begin{vmatrix} 7 & 6 \\ -2 & -1 \end{vmatrix}+4\times(-1)^{1+2}\begin{vmatrix} 2 & 6 \\ 0 & -1 \end{vmatrix}+3\times(-1)^{1+3}\begin{vmatrix} 2 & 7 \\ 0 & -2 \end{vmatrix} \\ &=5-4\times(-2)+3\times(-4)=1. \end{aligned}$$

将其按第 2 列展开，得

$$\begin{aligned} D &=4\times(-1)^{1+2}\begin{vmatrix} 2 & 6 \\ 0 & -1 \end{vmatrix}+7\times(-1)^{2+2}\begin{vmatrix} 1 & 3 \\ 0 & -1 \end{vmatrix}+(-2)\times(-1)^{3+2}\begin{vmatrix} 1 & 3 \\ 2 & 6 \end{vmatrix} \\ &=-4\times(-2)+7\times(-1)+2\times 0=1. \end{aligned}$$

**例 1.12** 将 4 阶行列式 $D=\begin{vmatrix} 2 & -5 & 1 & 2 \\ -3 & 7 & -1 & 4 \\ 5 & -9 & 2 & 7 \\ -4 & -6 & 1 & -2 \end{vmatrix}$ 分别按第 2 行、第 4 列展开.

**解** 将其按第 2 行展开，可得

$$D=-3\times(-1)^{2+1}\begin{vmatrix}-5&1&2\\-9&2&7\\-6&1&-2\end{vmatrix}+7\times(-1)^{2+2}\begin{vmatrix}2&1&2\\5&2&7\\-4&1&-2\end{vmatrix}+$$

$$(-1)\times(-1)^{2+3}\begin{vmatrix}2&-5&2\\5&-9&7\\-4&-6&-2\end{vmatrix}+4\times(-1)^{2+4}\begin{vmatrix}2&-5&1\\5&-9&2\\-4&-6&1\end{vmatrix}.$$

将其按第 4 列展开，可得

$$D=2\times(-1)^{1+4}\begin{vmatrix}-3&7&-1\\5&-9&2\\-4&-6&1\end{vmatrix}+4\times(-1)^{2+4}\begin{vmatrix}2&-5&1\\5&-9&2\\-4&-6&1\end{vmatrix}+$$

$$7\times(-1)^{3+4}\begin{vmatrix}2&-5&1\\-3&7&-1\\-4&-6&1\end{vmatrix}+(-2)\times(-1)^{4+4}\begin{vmatrix}2&-5&1\\-3&7&-1\\5&-9&2\end{vmatrix}.$$

**例 1.13** 计算 4 阶对角行列式(不在对角线上的元素均为零的行列式)：

(1) $D=\begin{vmatrix}\lambda_1&0&0&0\\0&\lambda_2&0&0\\0&0&\lambda_3&0\\0&0&0&\lambda_4\end{vmatrix}$；(2) $D=\begin{vmatrix}0&0&0&\lambda_1\\0&0&\lambda_2&0\\0&\lambda_3&0&0\\\lambda_4&0&0&0\end{vmatrix}$.

**解** (1) 将行列式按第 1 行展开，可得

$$D=\lambda_1(-1)^{1+1}\begin{vmatrix}\lambda_2&0&0\\0&\lambda_3&0\\0&0&\lambda_4\end{vmatrix}.$$

再将 3 阶行列式按第 1 行展开，得

$$D=\lambda_1\lambda_2(-1)^{1+1}\begin{vmatrix}\lambda_3&0\\0&\lambda_4\end{vmatrix}=\lambda_1\lambda_2\lambda_3\lambda_4.$$

一般地，$n$ 阶对角行列式

$$D=\begin{vmatrix}\lambda_1&&&\\&\lambda_2&&\\&&\ddots&\\&&&\lambda_n\end{vmatrix}=\lambda_1\lambda_2\cdots\lambda_n.$$

(2) 将行列式按第 1 行展开，得

$$D=\lambda_1(-1)^{1+4}\begin{vmatrix}0&0&\lambda_2\\0&\lambda_3&0\\\lambda_4&0&0\end{vmatrix}.$$

再将 3 阶行列式按第 1 行展开，得

$$D=\lambda_1(-1)^{1+4}\lambda_2(-1)^{1+3}\begin{vmatrix}0 & \lambda_3\\ \lambda_4 & 0\end{vmatrix}$$

$$=\lambda_1(-1)^{1+4}\lambda_2(-1)^{1+3}\lambda_3(-1)^{1+2}\times(-1)^{1+1}\lambda_4$$

$$=(-1)^{4+\frac{(4+1)\times 4}{2}}\lambda_1\lambda_2\lambda_3\lambda_4=\lambda_1\lambda_2\lambda_3\lambda_4.$$

一般地，$n$ 阶对角行列式 $D=\begin{vmatrix} & & & \lambda_1\\ & & \lambda_2 & \\ & \iddots & & \\ \lambda_n & & & \end{vmatrix}=(-1)^{\frac{n(n-1)}{2}}\lambda_1\lambda_2\cdots\lambda_n.$

**例 1.14**　计算上三角形行列式(每一列中位于主对角线元素下方的元素都为零的行列式)：

$$D=\begin{vmatrix}a_{11} & a_{12} & \cdots & a_{1n}\\ 0 & a_{22} & \cdots & a_{2n}\\ \vdots & \vdots & & \vdots\\ 0 & 0 & \cdots & a_{nn}\end{vmatrix}.$$

**解**　按第 1 列展开，得 $D=a_{11}\times(-1)^{1+1}\begin{vmatrix}a_{22} & a_{23} & \cdots & a_{2n}\\ 0 & a_{33} & \cdots & a_{3n}\\ \vdots & \vdots & & \vdots\\ 0 & 0 & \cdots & a_{nn}\end{vmatrix}$

将 $n-1$ 阶行列式按第 1 列展开，得 $D=a_{11}\times a_{22}\times(-1)^{1+1}\begin{vmatrix}a_{33} & \cdots & a_{3n}\\ \vdots & & \vdots\\ 0 & \cdots & a_{nn}\end{vmatrix}$

如此继续，可得 $D=a_{11}a_{22}\cdots a_{nn}$.

同样地，下三角形行列式(每一列中位于主对角线元素上方的元素都为零的行列式)

$$\begin{vmatrix}a_{11} & 0 & \cdots & 0\\ a_{21} & a_{22} & \cdots & 0\\ \vdots & \vdots & & \vdots\\ a_{n1} & a_{n2} & \cdots & a_{nn}\end{vmatrix}=a_{11}a_{22}\cdots a_{nn}.$$

总之，上(下)三角形行列式等于主对角线上元素的乘积.

**例 1.15***　试证明 $\begin{vmatrix}a_{11} & a_{12} & 0 & 0\\ a_{21} & a_{22} & 0 & 0\\ c_{11} & c_{12} & b_{11} & b_{12}\\ c_{21} & c_{22} & b_{21} & b_{22}\end{vmatrix}=\begin{vmatrix}a_{11} & a_{12}\\ a_{21} & a_{22}\end{vmatrix}\times\begin{vmatrix}b_{11} & b_{12}\\ b_{21} & b_{22}\end{vmatrix}.$

**证**　将左边的行列式按第 1 行展开，得

$$\text{左边}=a_{11}\times\begin{vmatrix}a_{22} & 0 & 0\\ c_{12} & b_{11} & b_{12}\\ c_{22} & b_{21} & b_{22}\end{vmatrix}+a_{12}\times\left(-\begin{vmatrix}a_{21} & 0 & 0\\ c_{11} & b_{11} & b_{12}\\ c_{21} & b_{21} & b_{22}\end{vmatrix}\right)$$

$$=a_{11}a_{22}\times\begin{vmatrix} b_{11} & b_{12} \\ b_{21} & b_{22} \end{vmatrix}-a_{12}a_{21}\times\begin{vmatrix} b_{11} & b_{12} \\ b_{21} & b_{22} \end{vmatrix}=(a_{11}a_{22}-a_{12}a_{21})\times\begin{vmatrix} b_{11} & b_{12} \\ b_{21} & b_{22} \end{vmatrix}=\text{右边},$$

所以结论成立.

一般地,有 $\begin{vmatrix} a_{11} & \cdots & a_{1m} & 0 & \cdots & 0 \\ \vdots & & \vdots & \vdots & & \vdots \\ a_{m1} & \cdots & a_{mm} & 0 & \cdots & 0 \\ c_{11} & \cdots & c_{1m} & b_{11} & \cdots & b_{1n} \\ \vdots & & \vdots & \vdots & & \vdots \\ c_{n1} & \cdots & c_{nm} & b_{n1} & \cdots & b_{nn} \end{vmatrix}=\begin{vmatrix} a_{11} & \cdots & a_{1m} \\ \vdots & & \vdots \\ a_{m1} & \cdots & a_{mm} \end{vmatrix}\times\begin{vmatrix} b_{11} & \cdots & b_{1n} \\ \vdots & & \vdots \\ b_{n1} & \cdots & b_{nn} \end{vmatrix}$.

## 1.3.3 行列式的计算

【知识储备】

**1. 上三角形法(将行列式化为上三角形行列式)**

行列式的基本计算方法之一是根据行列式的特点,利用行列式的性质,将其逐步化为上三角形行列式.由前面的结论我们已知,上三角形行列式等于主对角线上元素的乘积.

把行列式化为上三角形行列式的一般步骤:

① 把 $a_{11}$ 变为 1,可以通过行或列的交换,也可以将第 1 行(列)乘 $\frac{1}{a_{11}}$ $(a_{11}\neq 0)$,但要注意尽量避免出现分数,以免给后面的计算增加麻烦;

② 把第 1 行的元素分别乘 $-a_{21}, -a_{31}, \cdots, -a_{n1}$,加到第 $2,3,\cdots,n$ 行对应元素上去,这样就把第 1 列中 $a_{11}$ 以下的元素都化为零;

③ 在新的行列式中,把 $a_{22}$ 变为 1,把第 2 行的元素分别乘 $-a_{32}, -a_{42}, \cdots, -a_{n2}$,加到第 $3,4,\cdots,n$ 行对应元素上去,这样就把第 2 列中 $a_{22}$ 以下的元素也化为零;

④ 用类似的方法依次把新行列式主对角线元素 $a_{33},\cdots,a_{n-1,n-1}$ 变为 1,并将其所在列中位于其以下的元素全部化为零,这样行列式就化为上三角形行列式.

注意:在上述变换过程中,主对角线上的元素 $a_{ii}$ $(i=1,2,\cdots,n-1)$ 不能为零,若出现零,则可通过交换行使得主对角线上元素不为零.

**2. 降阶法[将行列式按行(列)展开,逐步降阶]**

利用行列式的展开计算行列式的值时,通常先选择比较简单的一行(列)(元素中 0 和 1 较多或元素之间成倍数关系即可考虑为较简单),用行列式的性质尽量将所选行(列)多化出一些零,然后按这一行(列)展开,使得原行列式转化为低一阶的行列式,如此继续,直到将原行列式转化为 3 阶或 2 阶行列式为止,进而计算出结果.

【例题精讲】

**例 1.16**　计算4阶行列式：$D=\begin{vmatrix} 2 & -5 & 1 & 2 \\ -3 & 7 & -1 & 4 \\ 5 & -9 & 2 & 7 \\ 4 & -6 & 1 & -2 \end{vmatrix}$.

**解**　*方法一*　先利用行列式的性质将它化为上三角形行列式，然后求解.

$$D \xlongequal{c_1 \leftrightarrow c_3} -\begin{vmatrix} 1 & -5 & 2 & 2 \\ -1 & 7 & -3 & 4 \\ 2 & -9 & 5 & 7 \\ 1 & -6 & 4 & -2 \end{vmatrix} \xlongequal[r_4+r_1\times(-1)]{\substack{r_2+r_1 \\ r_3+r_1\times(-2)}} -\begin{vmatrix} 1 & -5 & 2 & 2 \\ 0 & 2 & -1 & 6 \\ 0 & 1 & 1 & 3 \\ 0 & -1 & 2 & -4 \end{vmatrix}$$

$$\xlongequal{r_2 \leftrightarrow r_3} \begin{vmatrix} 1 & -5 & 2 & 2 \\ 0 & 1 & 1 & 3 \\ 0 & 2 & -1 & 6 \\ 0 & -1 & 2 & -4 \end{vmatrix} \xlongequal[r_4+r_2]{r_3+r_2\times(-2)} \begin{vmatrix} 1 & -5 & 2 & 2 \\ 0 & 1 & 1 & 3 \\ 0 & 0 & -3 & 0 \\ 0 & 0 & 3 & -1 \end{vmatrix}$$

$$\xlongequal{r_4+r_3} \begin{vmatrix} 1 & -5 & 2 & 2 \\ 0 & 1 & 1 & 3 \\ 0 & 0 & -3 & 0 \\ 0 & 0 & 0 & -1 \end{vmatrix} = 3.$$

*方法二*　将行列式按某行(列)展开.

$$D \xlongequal[r_4+r_1\times(-1)]{\substack{r_2+r_1 \\ r_3+r_1\times(-2)}} \begin{vmatrix} 2 & -5 & 1 & 2 \\ -1 & 2 & 0 & 6 \\ 1 & 1 & 0 & 3 \\ 2 & -1 & 0 & -4 \end{vmatrix} = 1\times(-1)^{1+3} \begin{vmatrix} -1 & 2 & 6 \\ 1 & 1 & 3 \\ 2 & -1 & -4 \end{vmatrix}$$

$$\xlongequal[r_3+r_1\times 2]{r_2+r_1\times 1} \begin{vmatrix} -1 & 2 & 6 \\ 0 & 3 & 9 \\ 0 & 3 & 8 \end{vmatrix} = (-1)\times(-1)^{1+1} \begin{vmatrix} 3 & 9 \\ 3 & 8 \end{vmatrix} = 3.$$

**例 1.17**　计算4阶行列式：$D=\begin{vmatrix} 1 & 1 & 1 & 1 \\ a & b & c & d \\ a^2 & b^2 & c^2 & d^2 \\ a^3 & b^3 & c^3 & d^3 \end{vmatrix}$.

**解**　$$D \xlongequal[r_2+r_1\times(-a)]{\substack{r_4+r_3\times(-a) \\ r_3+r_2\times(-a)}} \begin{vmatrix} 1 & 1 & 1 & 1 \\ 0 & b-a & c-a & d-a \\ 0 & b(b-a) & c(c-a) & d(d-a) \\ 0 & b^2(b-a) & c^2(c-a) & d^2(d-a) \end{vmatrix}$$

$$=\begin{vmatrix} b-a & c-a & d-a \\ b(b-a) & c(c-a) & d(d-a) \\ b^2(b-a) & c^2(c-a) & d^2(d-a) \end{vmatrix}=(b-a)(c-a)(d-a)\begin{vmatrix} 1 & 1 & 1 \\ b & c & d \\ b^2 & c^2 & d^2 \end{vmatrix}$$

$$\xlongequal[r_2+r_1\times(-b)]{r_3+r_2\times(-b)}(b-a)(c-a)(d-a)\begin{vmatrix} 1 & 1 & 1 \\ 0 & c-b & d-b \\ 0 & c(c-b) & d(d-b) \end{vmatrix}$$

$$=(b-a)(c-a)(d-a)\begin{vmatrix} c-b & d-b \\ c(c-b) & d(d-b) \end{vmatrix}$$

$$=(b-a)(c-a)(d-a)(c-b)(d-b)\begin{vmatrix} 1 & 1 \\ c & d \end{vmatrix}$$

$$=(b-a)(c-a)(d-a)(c-b)(d-b)(d-c).$$

**例 1.18*** 证明范德蒙德(Vandermonde)行列式

$$D_n=\begin{vmatrix} 1 & 1 & \cdots & 1 \\ x_1 & x_2 & \cdots & x_n \\ x_1^2 & x_2^2 & \cdots & x_n^2 \\ \vdots & \vdots & & \vdots \\ x_1^{n-1} & x_2^{n-1} & \cdots & x_n^{n-1} \end{vmatrix}=\prod_{1\leqslant j<i\leqslant n}(x_i-x_j),$$

其中“$\prod$”表示所有满足不等式的因子的乘积.

**证** 用数学归纳法.

当 $n=2$ 时,$D_2=\begin{vmatrix} 1 & 1 \\ x_1 & x_2 \end{vmatrix}=x_2-x_1=\prod\limits_{1\leqslant j<i\leqslant 2}(x_i-x_j)$,命题成立.

假设 $n-1$ 阶范德蒙德行列式成立，则

$$D_n\xlongequal[\substack{\vdots \\ r_2+r_1\times(-x_1)}]{\substack{r_n+r_{n-1}\times(-x_1) \\ r_{n-1}+r_{n-2}\times(-x_1)}}\begin{vmatrix} 1 & 1 & \cdots & 1 \\ 0 & x_2-x_1 & \cdots & x_n-x_1 \\ 0 & x_2(x_2-x_1) & \cdots & x_n(x_n-x_1) \\ \vdots & \vdots & & \vdots \\ 0 & x_2^{n-2}(x_2-x_1) & \cdots & x_n^{n-2}(x_n-x_1) \end{vmatrix}.$$

上面这个行列式按第 1 列展开后,提出 $n-1$ 阶行列式中每一列的公因子,可得

$$D_n=(x_2-x_1)\cdots(x_n-x_1)\begin{vmatrix} 1 & 1 & \cdots & 1 \\ x_2 & x_3 & \cdots & x_n \\ x_2^2 & x_3^2 & \cdots & x_n^2 \\ \vdots & \vdots & & \vdots \\ x_2^{n-2} & x_3^{n-2} & \cdots & x_n^{n-2} \end{vmatrix}.$$

上式最后一个行列式是 $n-1$ 阶范德蒙德行列式,由归纳假设,有

$$\begin{vmatrix} 1 & 1 & \cdots & 1 \\ x_2 & x_3 & \cdots & x_n \\ x_2^2 & x_3^2 & \cdots & x_n^2 \\ \vdots & \vdots & & \vdots \\ x_2^{n-2} & x_3^{n-2} & \cdots & x_n^{n-2} \end{vmatrix} = \prod_{2\leqslant j<i\leqslant n}(x_i-x_j).$$

所以 $D_n=\prod\limits_{1\leqslant j<i\leqslant n}(x_i-x_j)$.

**例 1.19**　计算4阶行列式：$D=\begin{vmatrix} a & b & b & b \\ b & a & b & b \\ b & b & a & b \\ b & b & b & a \end{vmatrix}$.

**解**　方法一　在这个行列式中，各行(列)的元素之和相等，若把后面三列(行)的元素都加到第1列(行)上，则第1列(行)上的元素是相等的，这样再把它化为上三角形行列式就比较简单了.

$$D\xlongequal{c_1+c_2+c_3+c_4}\begin{vmatrix} a+3b & b & b & b \\ a+3b & a & b & b \\ a+3b & b & a & b \\ a+3b & b & b & a \end{vmatrix}\xlongequal[r_4+r_1\times(-1)]{\substack{r_2+r_1\times(-1)\\ r_3+r_1\times(-1)}}\begin{vmatrix} a+3b & b & b & b \\ 0 & a-b & 0 & 0 \\ 0 & 0 & a-b & 0 \\ 0 & 0 & 0 & a-b \end{vmatrix}$$

$$=(a+3b)(a-b)^3.$$

方法二　行列式中的元素不是 $a$ 就是 $b$，如果 $a=b$，那么行列式的值就是零了，不过一般来讲 $a\neq b$，但是 $a=b+(a-b)$.

$$\begin{vmatrix} a & b & b & b \\ b & a & b & b \\ b & b & a & b \\ b & b & b & a \end{vmatrix}=\begin{vmatrix} b+(a-b) & b+0 & b+0 & b+0 \\ b+0 & b+(a-b) & b+0 & b+0 \\ b+0 & b+0 & b+(a-b) & b+0 \\ b+0 & b+0 & b+0 & b+(a-b) \end{vmatrix}.$$

根据性质1.4，此行列式应等于 $2^4=16$ 个行列式的和，但由于这些行列式中若有两列元素都是 $b$，则该行列式就等于零，而16个行列式中只有5个不等于零，所以

$$D=\begin{vmatrix} b & 0 & 0 & 0 \\ b & a-b & 0 & 0 \\ b & 0 & a-b & 0 \\ b & 0 & 0 & a-b \end{vmatrix}+\begin{vmatrix} a-b & b & 0 & 0 \\ 0 & b & 0 & 0 \\ 0 & b & a-b & 0 \\ 0 & b & 0 & a-b \end{vmatrix}+\begin{vmatrix} a-b & 0 & b & 0 \\ 0 & a-b & b & 0 \\ 0 & 0 & b & 0 \\ 0 & 0 & b & a-b \end{vmatrix}+$$

$$\begin{vmatrix} a-b & 0 & 0 & b \\ 0 & a-b & 0 & b \\ 0 & 0 & a-b & b \\ 0 & 0 & 0 & b \end{vmatrix}+\begin{vmatrix} a-b & 0 & 0 & 0 \\ 0 & a-b & 0 & 0 \\ 0 & 0 & a-b & 0 \\ 0 & 0 & 0 & a-b \end{vmatrix}=(a+3b)(a-b)^3.$$

把一个行列式拆成几个简单行列式的和的方法称为“拆项法”. 表面上看似乎把问题复杂化了，但由于这些拆分出来的行列式值或是等于零或是易计算的，所以利用该方法也能简

化行列式的计算.一般来讲,若行列式本身某些元素是两项之和,则优先考虑使用此方法.

【巩固练习】

8. 分别写出下面行列式中元素 $a_{12}$,$a_{22}$ 的余子式和代数余子式:

(1) $\begin{vmatrix} a & b \\ c & d \end{vmatrix}$; (2) $\begin{vmatrix} x & y & z \\ -1 & 0 & 2 \\ 4 & -4 & 6 \end{vmatrix}$; (3) $\begin{vmatrix} 1 & 2 & 3 & 4 \\ 2 & 1 & 1 & 1 \\ 1 & 3 & 1 & 1 \\ 1 & 1 & 4 & 1 \end{vmatrix}$.

9. 计算行列式的值:

(1) $\begin{vmatrix} 0 & 1 & 0 & 0 \\ 0 & 0 & 2 & 0 \\ 0 & 0 & 0 & 3 \\ 4 & 0 & 0 & 0 \end{vmatrix}$; (2) $\begin{vmatrix} 2 & 0 & 0 & 1 \\ 0 & 2 & 1 & 0 \\ 0 & 1 & 2 & 0 \\ 1 & 0 & 0 & 2 \end{vmatrix}$; (3) $\begin{vmatrix} 3 & 1 & -1 & 2 \\ -5 & 1 & 3 & -4 \\ 2 & 0 & 1 & -1 \\ 1 & -5 & 3 & -3 \end{vmatrix}$;

(4) $\begin{vmatrix} -1 & 5 & 2 & 0 \\ \frac{2}{3} & 4 & 4 & -3 \\ \frac{1}{3} & -6 & -2 & 1 \\ \frac{4}{3} & -12 & 0 & 3 \end{vmatrix}$; (5) $\begin{vmatrix} 5 & 1 & 1 & 1 \\ 1 & 5 & 1 & 1 \\ 1 & 1 & 5 & 1 \\ 1 & 1 & 1 & 5 \end{vmatrix}$; (6) $\begin{vmatrix} 1 & 2 & 3 & 4 \\ 2 & 3 & 4 & 1 \\ 3 & 4 & 1 & 2 \\ 4 & 1 & 2 & 3 \end{vmatrix}$.

10. 证明:

$$\begin{vmatrix} 1 & 1 & 1 & 1 \\ a & b & c & d \\ a^2 & b^2 & c^2 & d^2 \\ a^4 & b^4 & c^4 & d^4 \end{vmatrix}=(a-b)(a-c)(a-d)(b-c)(b-d)(c-d)(a+b+c+d).$$

## 1.4 克拉默(Cramer)法则

### 1.4.1 克拉默法则

【案例引入】

[案例 4] 现用燕麦 850 g、黑豆 550 g、薏米 1 200 g 制作三种营养早餐,要求正好用完,一份早餐所需原料见表 1-1:

表1-1 三种营养早餐原料配比

| 原料 | 早餐 | | |
|---|---|---|---|
| | A | B | C |
| 燕麦 | 20 | 10 | 30 |
| 黑豆 | 10 | 10 | 20 |
| 薏米 | 40 | 20 | 10 |

问:这么多原料可以制作A,B,C三种早餐各多少份?

**解** 设A,B,C三种早餐分别制作了$x_1,x_2,x_3$份,根据题意可得方程组

$$\begin{cases}20x_1+10x_2+30x_3=850,\\10x_1+10x_2+20x_3=550,\\40x_1+20x_2+10x_3=1\ 200.\end{cases}$$

系数行列式$D=\begin{vmatrix}20&10&30\\10&10&20\\40&20&10\end{vmatrix}=-5\ 000\neq0$,故方程组有唯一解.

又$D_1=\begin{vmatrix}850&10&30\\550&10&20\\1\ 200&20&10\end{vmatrix}=-100\ 000$,

$D_2=\begin{vmatrix}20&850&30\\10&550&20\\40&1\ 200&10\end{vmatrix}=-75\ 000$,$D_3=\begin{vmatrix}20&10&850\\10&10&550\\40&20&1\ 200\end{vmatrix}=-50\ 000$,

从而有$x_1=\dfrac{D_1}{D}=20$,$x_2=\dfrac{D_2}{D}=15$,$x_3=\dfrac{D_3}{D}=10$.

所以,这么多原料可以分别制作A,B,C三种早餐20份、15份、10份.

## 【知识储备】

**定理1.2** (克拉默法则)如果线性方程组

$$\begin{cases}a_{11}x_1+a_{12}x_2+\cdots+a_{1n}x_n=b_1,\\a_{21}x_1+a_{22}x_2+\cdots+a_{2n}x_n=b_2,\\\qquad\vdots\\a_{n1}x_1+a_{n2}x_2+\cdots+a_{nn}x_n=b_n\end{cases}\tag{1.6}$$

的系数行列式$D=\begin{vmatrix}a_{11}&a_{12}&\cdots&a_{1n}\\a_{21}&a_{22}&\cdots&a_{2n}\\\vdots&\vdots&&\vdots\\a_{n1}&a_{n2}&\cdots&a_{nn}\end{vmatrix}\neq0$,那么方程组有唯一解,且解可通过系数表示为

$x_1=\dfrac{D_1}{D},x_2=\dfrac{D_2}{D},\cdots,x_j=\dfrac{D_j}{D},\cdots,x_n=\dfrac{D_n}{D}$,其中$D_j(j=1,2,\cdots,n)$是把系数行列式$D$中第$j$

列的元素用方程组右端的常数项代替后所得到的 $n$ 阶行列式，即

$$D_j=\begin{vmatrix} a_{11} & \cdots & a_{1,j-1} & b_1 & a_{1,j+1} & \cdots & a_{1n} \\ a_{21} & \cdots & a_{2,j-1} & b_2 & a_{2,j+1} & \cdots & a_{2n} \\ \vdots & & \vdots & \vdots & \vdots & & \vdots \\ a_{n1} & \cdots & a_{n,j-1} & b_n & a_{n,j+1} & \cdots & a_{nn} \end{vmatrix}.$$

克拉默法则给出的结论体现了线性方程组的解与它的系数、常数项之间的关系，很完美，也很容易记忆. 它是 $n$ 阶行列式的一个直接应用.

应用克拉默法则解线性方程组时要注意以下几点：

① 方程组应是标准形式，即类似于方程组(1.6)的形式，方程个数应与未知量个数相等；

② 方程组的系数行列式应不等于零；

③ 方程中缺少的未知数其系数为零.

【例题精讲】

**例 1.20** 解线性方程组 $\begin{cases} 5x_1+4x_3+2x_4=25, \\ x_1-x_2+2x_3+x_4=9, \\ 4x_1+x_2+2x_3=12, \\ x_1+x_2+x_3+x_4=10. \end{cases}$

**解** 系数行列式 $D=\begin{vmatrix} 5 & 0 & 4 & 2 \\ 1 & -1 & 2 & 1 \\ 4 & 1 & 2 & 0 \\ 1 & 1 & 1 & 1 \end{vmatrix}=-7\neq 0.$

又 $D_1=\begin{vmatrix} 25 & 0 & 4 & 2 \\ 9 & -1 & 2 & 1 \\ 12 & 1 & 2 & 0 \\ 10 & 1 & 1 & 1 \end{vmatrix}=-7, D_2=\begin{vmatrix} 5 & 25 & 4 & 2 \\ 1 & 9 & 2 & 1 \\ 4 & 12 & 2 & 0 \\ 1 & 10 & 1 & 1 \end{vmatrix}=-14,$

$D_3=\begin{vmatrix} 5 & 0 & 25 & 2 \\ 1 & -1 & 9 & 1 \\ 4 & 1 & 12 & 0 \\ 1 & 1 & 10 & 1 \end{vmatrix}=-21, D_4=\begin{vmatrix} 5 & 0 & 4 & 25 \\ 1 & -1 & 2 & 9 \\ 4 & 1 & 2 & 12 \\ 1 & 1 & 1 & 10 \end{vmatrix}=-28,$

所以，根据克拉默法则，方程组有唯一解

$$x_1=\frac{D_1}{D}=\frac{-7}{-7}=1, x_2=\frac{D_2}{D}=\frac{-14}{-7}=2, x_3=\frac{D_3}{D}=\frac{-21}{-7}=3, x_4=\frac{D_4}{D}=\frac{-28}{-7}=4.$$

由上我们可以看到，克拉默法则对方程组的要求较高，只能用来解这类方程个数和未知量个数相等且系数行列式 $D\neq 0$ 的线性方程组，计算量也很大. 因此，克拉默法则更多的是具有理论意义.

## 1.4.2　线性方程组解的讨论

【知识储备】

**定义 1.6**　在线性方程组(1.6)中，右端的常数 $b_1,b_2,\cdots,b_n$ 不全为 0 时，(1.6)称为非齐次线性方程组. 当 $b_1,b_2,\cdots,b_n$ 全为 0，即线性方程组的形式是

$$\begin{cases} a_{11}x_1+a_{12}x_2+\cdots+a_{1n}x_n=0, \\ a_{21}x_1+a_{22}x_2+\cdots+a_{2n}x_n=0, \\ \quad\vdots \\ a_{n1}x_1+a_{n2}x_2+\cdots+a_{nn}x_n=0 \end{cases} \tag{1.7}$$

时，称为齐次线性方程组.

对于齐次线性方程组(1.7)，$x_1=x_2=\cdots=x_n=0$ 一定是它的解，这个解叫作齐次线性方程组的**零解**. 若有一组不全为零的数是方程组(1.7)的解，则称它为齐次线性方程组的**非零解**. 齐次线性方程组(1.7)一定有零解，但不一定有非零解.

根据克拉默法则，有下列齐次线性方程组解的相关定理.

**定理 1.3**　若齐次线性方程组(1.7)的系数行列式 $D\neq 0$，则方程组只有零解.

**推论 1.5**　若齐次线性方程组(1.7)有非零解，则它的系数行列式必为零，即 $D=0$.

$D=0$ 是齐次线性方程组有非零解的必要条件，在后面章节中还将证明这一条件也是充分的. 也就是说，齐次线性方程组有非零解的充要条件是其系数行列式等于零.

【例题精讲】

**例 1.21**　问 $\lambda$ 取何值时，齐次线性方程组 $\begin{cases} \lambda x_1+x_2+2x_3=0, \\ x_1+\lambda x_2+x_3=0, \\ x_1+x_2+x_3=0 \end{cases}$ 有非零解？

**解**　由推论 1.5 知，系数行列式 $D=\begin{vmatrix} \lambda & 1 & 2 \\ 1 & \lambda & 1 \\ 1 & 1 & 1 \end{vmatrix}=\lambda^2-3\lambda+2=(\lambda-1)(\lambda-2)=0$，

解得 $\lambda_1=1,\lambda_2=2$.

可以验证，当 $\lambda_1=1,\lambda_2=2$ 时，方程组确有非零解.

【应用案例】

**例 1.22**　求过平面上两个不同点 $(x_1,y_1)$，$(x_2,y_2)$ 的直线方程.

**解**　设所求直线的一般方程为 $ax+by+c=0$（$a,b,c$ 不全为零）.

因为直线过 $(x_1,y_1)$，$(x_2,y_2)$ 两点，故 $\begin{cases} ax_1+by_1+c=0, \\ ax_2+by_2+c=0. \end{cases}$

将三个方程联立,可得$\begin{cases}ax+by+c=0,\\ax_1+by_1+c=0,\\ax_2+by_2+c=0,\end{cases}$把它看成是以 $a,b,c$ 为未知量的齐次线性方程组,因 $a,b,c$ 不全为零,故该齐次线性方程组有非零解.由推论 1.5 可得

$$\begin{vmatrix}x & y & 1\\x_1 & y_1 & 1\\x_2 & y_2 & 1\end{vmatrix}=0. \tag{1.8}$$

这就是所求直线方程.

**例 1.23** 求过平面上两点(3,7),(−2,5)的直线方程.

**解** 将两点的坐标代入方程(1.8)可得$\begin{vmatrix}x & y & 1\\3 & 7 & 1\\-2 & 5 & 1\end{vmatrix}=0$,展开得直线方程为 $2x-5y+29=0$.

【巩固练习】

11. 用克拉默法则求解下列方程组:

(1) $\begin{cases}2x_1-x_2-x_3=4,\\3x_1+4x_2-2x_3=11,\\3x_1-2x_2+4x_3=11;\end{cases}$ (2) $\begin{cases}2x_1+x_2-5x_3+x_4=8,\\x_1-3x_2-6x_4=9,\\2x_2-x_3+2x_4=-5,\\x_1+4x_2-7x_3+6x_4=0.\end{cases}$

12. 若齐次线性方程组$\begin{cases}kx_1+x_2+x_3=0,\\x_1+kx_2-x_3=0,\\2x_1-x_2+x_3=0\end{cases}$有非零解,求 $k$ 的值.

# 第1章复习题

## 一、单项选择题

1. 下列行列式不等于零的是(　　).

A. 行列式 $D$ 中有两行元素对应成比例　　B. 行列式 $D$ 满足 $D+2D^{\mathrm{T}}=6$

C. 行列式 $D$ 中有一行元素全为零　　D. 行列式 $D$ 中有两行对应元素之和均为零

2. 下列 $n$ 阶行列式的值必为零的是(　　).

A. 行列式主对角线上的元素全为零　　B. 三角形行列式主对角线上有一个元素为零

C. 行列式零元素的个数多于 $n$ 个　　D. 行列式非零元素的个数不多于 $n$ 个

3. 4阶行列式 $\begin{vmatrix} a_1 & 0 & 0 & b_1 \\ 0 & a_2 & b_2 & 0 \\ 0 & b_3 & a_3 & 0 \\ b_4 & 0 & 0 & a_4 \end{vmatrix}$ 的值等于(　　).

A. $a_1a_2a_3a_4-b_1b_2b_3b_4$　　B. $a_1a_2a_3a_4+b_1b_2b_3b_4$

C. $(a_1a_2-b_1b_2)(a_3a_4-b_3b_4)$　　D. $(a_2a_3-b_2b_3)(a_1a_4-b_1b_4)$

4. 设行列式 $D_1=\begin{vmatrix} a & b \\ c & d \end{vmatrix}$，$D_2=\begin{vmatrix} 2a+b & 2b \\ 2c+d & 2d \end{vmatrix}$，则 $D_1$ 与 $D_2$ 的关系为(　　).

A. $D_2=D_1$　　B. $D_2=2D_1$　　C. $D_2=3D_1$　　D. $D_2=4D_1$

5. 若行列式 $D=\begin{vmatrix} a_{11} & a_{12} & a_{13} \\ a_{21} & a_{22} & a_{23} \\ a_{31} & a_{32} & a_{33} \end{vmatrix}=1$，则行列式 $D_1=\begin{vmatrix} 4a_{11} & 2a_{11}-3a_{12} & a_{13} \\ 4a_{21} & 2a_{21}-3a_{22} & a_{23} \\ 4a_{31} & 2a_{31}-3a_{32} & a_{33} \end{vmatrix}=$(　　).

A. $-12$　　B. 12　　C. $-24$　　D. 24

## 二、填空题

6. 4阶行列式 $\begin{vmatrix} 4 & -1 & 3 & 1 \\ -9 & 7 & 1 & 1 \\ 1 & -2 & -1 & 0 \\ 2 & 3 & -5 & 2 \end{vmatrix}$ 中元素 $a_{43}$ 的余子式为________(用行列式表示).

7. 当 $k=$________时，$\begin{vmatrix} 2 & -1 \\ 3 & k \end{vmatrix}=3$.

8. 行列式 $\begin{vmatrix} a & a & a \\ b & b & 0 \\ c & 0 & 0 \end{vmatrix}$ 的值为____________.

9. 已知4阶行列式 $D$ 中，第三行元素依次为 $2,-3,-1,-1$，它们的余子式分别为 $0,3,-1,2$，则 $D$ 的值等于____________.

10. 设行列式 $\begin{vmatrix} 2 & 5 & 3 \\ 3 & 2 & 3 \\ -1 & 7 & 3 \end{vmatrix}$，则 $A_{12}+A_{22}+A_{32}=$ ______.

11. 设3阶行列式 $\begin{vmatrix} 2 & -1 & 0 \\ 0 & 2 & 3 \\ 5 & 1 & 4 \end{vmatrix}=-5$，则 $\begin{vmatrix} 4 & -2 & 0 \\ 0 & 4 & 6 \\ 10 & 2 & 8 \end{vmatrix}=$ ______.

12. 已知 $\begin{vmatrix} a_1 & b_1 & c_1 \\ a_2 & b_2 & c_2 \\ a_3 & b_3 & c_3 \end{vmatrix}=k$，则 $\begin{vmatrix} 5a_2 & 5b_2 & 5c_2 \\ 2a_1 & 2b_1 & 2c_1 \\ 3a_3 & 3b_3 & 3c_3 \end{vmatrix}=$ ______.

13. 当 $\lambda$ 是多少时，线性方程组 $\begin{cases} x_1-x_2+x_3=0, \\ 2x_1-x_2+3x_3=0, \\ \lambda x_1-2x_2=0 \end{cases}$ 有非零解？

## 三、计算题

14. 计算下列行列式：

(1) $\begin{vmatrix} 3 & \sin x & 2+\cos x \\ 3 & \cos x & 2-\sin x \\ 3 & 0 & 2 \end{vmatrix}$；　　(2) $\begin{vmatrix} 1 & 1 & 1 & 1 \\ 1 & 2 & 3 & 4 \\ 1 & 3 & 6 & 10 \\ 1 & 4 & 10 & 20 \end{vmatrix}$；

(3) $\begin{vmatrix} -1 & 10 & -3 & 5 \\ 3 & -2 & 2 & -1 \\ 2 & 8 & 3 & 4 \\ 1 & 3 & 0 & 1 \end{vmatrix}$；　　(4) $\begin{vmatrix} 2 & 1 & 1 & 1 \\ 4 & 2 & 1 & -1 \\ 201 & 102 & -99 & 98 \\ 1 & 2 & 1 & -2 \end{vmatrix}$.

15. 已知 $\begin{vmatrix} a & b & c \\ 1 & 0 & \frac{2}{5} \\ 1 & 1 & 1 \end{vmatrix}=1$，求 $\begin{vmatrix} a-3 & b-3 & c-3 \\ 5 & 0 & 2 \\ 2 & 2 & 2 \end{vmatrix}+\begin{vmatrix} 0 & 0 & 2 \\ 0 & 3 & a \\ 4 & b & c \end{vmatrix}$.

## 四、证明题

16. $\begin{vmatrix} a^2+1 & ab & ac \\ ab & b^2+1 & bc \\ ac & bc & c^2+1 \end{vmatrix}=a^2+b^2+c^2+1$.

17. $\begin{vmatrix} a & 1 & 0 & 0 \\ -1 & b & 1 & 0 \\ 0 & -1 & c & 1 \\ 0 & 0 & -1 & d \end{vmatrix}=abcd+ab+ad+cd+1$.

## 五、解答题

18. 解方程 $\begin{vmatrix} 3+x & 3 & 3 \\ 3 & 5+x & 1 \\ 3 & 2 & 4+x \end{vmatrix}=0$.

19. 用克拉默法则求解下列方程组：

(1) $\begin{cases} 5x_1-3x_2=13, \\ 3x_1+4x_2=2; \end{cases}$

(2) $\begin{cases} 2x_1-x_2+3x_3=3, \\ 3x_1+x_2-5x_3=0, \\ 4x_1-x_2+x_3=3; \end{cases}$

(3) $\begin{cases} 2x_1-3x_2+x_3-x_4=1, \\ x_1+3x_2+x_3-2x_4=0, \\ 3x_1-5x_2-2x_3+x_4=4, \\ 4x_1+x_2-5x_3-x_4=-1. \end{cases}$

## 名家链接

高斯(Johann Carl Friedrich Gauss,1777—1855),德国著名数学家、物理学家、天文学家、大地测量学家,近代数学奠基者之一,享有“数学王子”的美誉,一生成就斐然,以他名字命名的成果就有100多个.

高斯生于德国不伦瑞克市的一个贫穷之家,受舅舅的帮助,高斯才能进入学校读书.他不仅聪明而且非常乐于思考.10岁时,老师出了那道著名的“从1加到100”的题目,高斯用等差数列求和的方法很快就得到了答案,表现出过人的数学才华.

1792年,15岁的高斯在布伦兹维克公爵的资助下进入卡罗琳学院学习,18岁时进入德国著名的哥廷根大学学习.22岁时,高斯完成了他的博士论文,证明了代数学基本定理:任一多项式方程都有(复数)根.高斯指出了之前许多数学家已给出的证明中的问题,并提出自己的见解.他共给出了四种不同的证明方法.

高斯是数学史上最为杰出的数学家之一,他的成就几乎遍及数学的各个领域.大学时代高斯就提出了“最小二乘法”,证明了数论中的“二次互反律”,用尺规作图法构造出了正十七边形.在对足够多的测量数据进行处理后,高斯通过计算,成功得到高斯钟形曲线(正态分布曲线).1801年,24岁的高斯发表了数学史上的经典著作《算学研究》,开辟了数论研究的全新时代.在这本书中,高斯不仅对19世纪以前数论中一系列孤立的结果予以系统地整理,给出了标准记号和完整的体系,而且详细地阐述了自己的成果.由于高斯非凡的数学才华和伟大成就,德国数学家克莱因评价道:如果我们把18世纪的数学家想象为一系列的崇山峻岭,那么最后一个使人肃然起敬的顶峰便是高斯.

除了数学外,高斯在天文学、大地测量学、光学、地磁学与电学等方面都有突出的成就.高斯在最小二乘法基础上借助测量平差理论,计算出天体的运行轨迹,并用这种方法发现了谷神星的运行轨迹.几个月以后,这颗小行星准时出现在高斯指定的位置上.这一领域内的伟大著作之一就是高斯1809年发表的《天体运动理论》.

1820年前后,为了用数学方法测定地球表面的形状和大小,高斯开始对一些曲面的几何性质进行研究,并于1827年发表了《曲面的一般研究》.爱因斯坦评论说:高斯对于近代物理学的发展,尤其是对于相对论的数学基础所作的贡献(指曲面论),其重要性超越一切,是无与伦比的.1833年,高斯从他的天文台拉了一条电线,一直通到韦伯的实验室,构造了世界上第一台电报机,这使高斯的声望超出了学术圈而进入公众视野.1840年,高斯和韦伯还画出了世界上第一张地球磁场图,而且定出了地磁南极和地磁北极的位置.次年,这些位置得到美国科学家的证实.

1855年2月23日清晨,高斯在哥廷根住所安详去世,享年78岁.

# 第2章 矩 阵

矩阵的概念在19世纪逐渐形成.1844年,德国数学家艾森斯坦(F. Eisenstein)讨论了矩阵及其乘积.1850年,英国数学家西尔维斯特(J. Sylvester) 首次使用"矩阵"一词.1858年,英国数学家凯莱(A. Cayley)发表了《矩阵论的研究报告》,系统阐述了矩阵的理论.

矩阵是线性代数的重要组成部分,几乎贯穿于线性代数整篇内容.矩阵不仅在数学的许多研究分支中是一个重要工具,而且在经济领域、工程管理、计算机科学、人工智能、日常管理中有着广泛的应用.

本章知识点主要有:矩阵的概念、矩阵的运算、矩阵的初等变换、逆矩阵、分块矩阵.

## 2.1 矩阵的概念

### 2.1.1 矩阵的概念

【案例引入】

[**案例1**] 2021年,某公司生产A,B,C三种型号的产品,每种型号的产品前四个月的月产量见表2-1.

**表2-1 2021年某公司前四个月的月产量(单位:t)**

| 产品型号 | 月份 | | | |
|---|---|---|---|---|
| | 1月 | 2月 | 3月 | 4月 |
| A | 500 | 480 | 510 | 520 |
| B | 320 | 310 | 300 | 290 |
| C | 610 | 590 | 580 | 610 |

请将上述问题利用数学知识简洁明了地表述.

[案例 2] 黑白图(图 2-1)在计算机中是如何存储的?

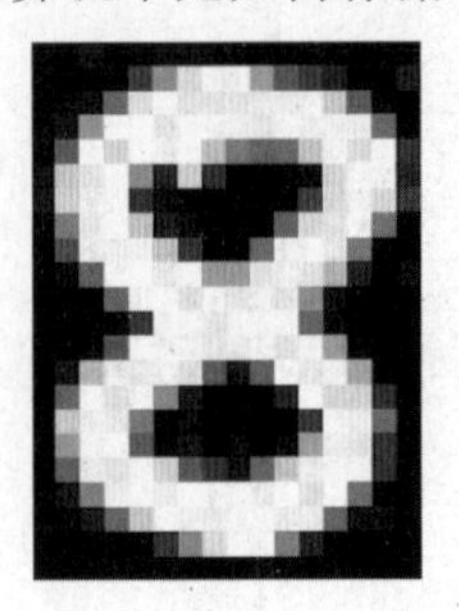

图 2-1

【知识储备】

1. 矩阵的概念

**定义 2.1** $m\times n$ 个数 $a_{ij}(i=1,2,\cdots,m;j=1,2,\cdots,n)$ 排成的 $m$ 行 $n$ 列由方括弧(或圆括弧)括起来的矩形数表,称为 $m\times n$ 矩阵,即

$$\begin{pmatrix} a_{11} & a_{12} & \cdots & a_{1n} \\ a_{21} & a_{22} & \cdots & a_{2n} \\ \vdots & \vdots & & \vdots \\ a_{m1} & a_{m2} & \cdots & a_{mn} \end{pmatrix}.$$

上述数表的横排称为矩阵的行,纵列称为矩阵的列,$a_{ij}$ 称为此矩阵第 $i$ 行第 $j$ 列的元素.通常矩阵用大写字母 $\boldsymbol{A},\boldsymbol{B},\boldsymbol{C}$ 等表示,有时为了突出表明矩阵的行数和列数,也用 $\boldsymbol{A}_{m\times n}$ 或 $(a_{ij})_{m\times n}$ 表示一个 $m$ 行 $n$ 列的矩阵.

2. 行列式与矩阵的区别

(1) 本质不同:行列式表示数值;矩阵表示数表.

(2) 表示形式不同:行列式用"| |"表示;矩阵用"( )"或"[ ]"表示.

(3) 表示形状不同:行列式的行数与列数相等,形状一定是正方形;矩阵的行数不一定等于列数,形状一般是矩形.

## 2.1.2 特殊矩阵

1. 零矩阵

元素全为零的矩阵称为零矩阵,记为 $\boldsymbol{O}$.

2. 行矩阵和列矩阵

取 $m=1$,即只有一行元素的矩阵 $\boldsymbol{A}=(a_1,a_2,\cdots,a_n)$ 称为行矩阵或 $n$ 维行向量;取 $n=1$,即只有一列元素的矩阵 $\boldsymbol{B}=\begin{pmatrix} b_1 \\ b_2 \\ \vdots \\ b_m \end{pmatrix}$ 称为列矩阵或 $m$ 维列向量.

3. **方阵**

取 $m=n$,即行数和列数相等的矩阵称为 $n$ 阶方阵,简记为 $\boldsymbol{A}_n$.

4. **对角阵**

除主对角线以外的所有元素均为零的 $n$ 阶方阵,称为 $n$ 阶对角阵,即

$$\begin{pmatrix} a_{11} & & & \\ & a_{22} & & \\ & & \ddots & \\ & & & a_{nn} \end{pmatrix}.$$

5. **数量矩阵**

主对角线上元素相同的 $n$ 阶对角阵称为 $n$ 阶数量矩阵,即

$$\begin{pmatrix} k & 0 & \cdots & 0 \\ 0 & k & \cdots & 0 \\ \vdots & \vdots & & \vdots \\ 0 & 0 & \cdots & k \end{pmatrix}.$$

6. **单位矩阵**

主对角线上的所有元素都是 1 的 $n$ 阶数量矩阵称为 $n$ 阶单位矩阵,记为 $\boldsymbol{E}_n$,即

$$\begin{pmatrix} 1 & 0 & \cdots & 0 \\ 0 & 1 & \cdots & 0 \\ \vdots & \vdots & & \vdots \\ 0 & 0 & \cdots & 1 \end{pmatrix}.$$

7. **上三角矩阵**

主对角线以下元素全为 0 的 $n$ 阶方阵称为 $n$ 阶上三角矩阵,即

$$\begin{pmatrix} a_{11} & a_{12} & \cdots & a_{1n} \\ 0 & a_{22} & \cdots & a_{2n} \\ \vdots & \vdots & & \vdots \\ 0 & 0 & \cdots & a_{nn} \end{pmatrix}.$$

同理可定义下三角矩阵.

8. **转置矩阵**

把矩阵 $\boldsymbol{A}=(a_{ij})_{m\times n}$ 的行、列互换得到的 $n\times m$ 矩阵,称为 $\boldsymbol{A}$ 的转置矩阵,记为 $\boldsymbol{A}^{\mathrm{T}}$. 即

若 $\boldsymbol{A}=\begin{pmatrix} a_{11} & a_{12} & \cdots & a_{1n} \\ a_{21} & a_{22} & \cdots & a_{2n} \\ \vdots & \vdots & & \vdots \\ a_{m1} & a_{m2} & \cdots & a_{mn} \end{pmatrix}$, 则 $\boldsymbol{A}^{\mathrm{T}}=\begin{pmatrix} a_{11} & a_{21} & \cdots & a_{m1} \\ a_{12} & a_{22} & \cdots & a_{m2} \\ \vdots & \vdots & & \vdots \\ a_{1n} & a_{2n} & \cdots & a_{mn} \end{pmatrix}$.

例如，$A=\begin{pmatrix}1&2&2&1\\3&2&-3&2\\0&4&1&5\end{pmatrix}$，则 $A^{\mathrm{T}}=\begin{pmatrix}1&3&0\\2&2&4\\2&-3&1\\1&2&5\end{pmatrix}$.

### 9. 行阶梯形矩阵

若非零矩阵 $A$ 满足：

(1) 若有零行(元素全为 0 的行)，则零行在矩阵的最下端；

(2) 每个非零行的左边第一个非零元素的列标随着行标的递增而严格递增.

则称该矩阵 $A$ 为行阶梯形矩阵.

例如，$\begin{pmatrix}1&2&1&2\\0&3&1&4\\0&0&1&1\\0&0&0&0\end{pmatrix}$，$\begin{pmatrix}1&2&1&2&1\\0&0&2&1&2\\0&0&0&1&3\\0&0&0&0&0\\0&0&0&0&0\end{pmatrix}$ 是行阶梯形矩阵，而 $\begin{pmatrix}1&2&1&2\\0&3&1&4\\0&3&1&1\\0&0&0&0\end{pmatrix}$，$\begin{pmatrix}1&2&1&2\\0&0&0&0\\0&0&1&1\\0&2&3&4\end{pmatrix}$ 都不是行阶梯形矩阵.

### 10. 行最简形矩阵

非零行左边第一个非零元素为 1，且其所对应的列的其他元素都为 0 的行阶梯形矩阵称为行最简形矩阵.

例如，$\begin{pmatrix}1&3&0&-1&0\\0&0&1&1&0\\0&0&0&0&1\end{pmatrix}$，$\begin{pmatrix}1&0&2\\0&1&1\\0&0&0\end{pmatrix}$ 都是行最简形矩阵.

### 11*. 对称矩阵

元素满足 $a_{ij}=a_{ji}(i,j=1,2,\cdots,n)$ 的 $n$ 阶方阵称为 $n$ 阶对称矩阵或对称阵，即

$$\begin{pmatrix}a_{11}&a_{12}&\cdots&a_{1n}\\a_{12}&a_{22}&\cdots&a_{2n}\\\vdots&\vdots&&\vdots\\a_{1n}&a_{2n}&\cdots&a_{nn}\end{pmatrix}.$$

例如，$A=\begin{pmatrix}1&3&-4\\3&-2&0\\-4&0&5\end{pmatrix}$ 就是一个 3 阶对称矩阵.

### 12*. 反对称矩阵

元素满足 $a_{ii}=0,a_{ij}=-a_{ji}(i,j=1,2,\cdots,n,i\neq j)$ 的 $n$ 阶方阵称为 $n$ 阶反对称矩阵或反对称阵，即

$$\begin{pmatrix} 0 & a_{12} & \cdots & a_{1n} \\ -a_{12} & 0 & \cdots & a_{2n} \\ \vdots & \vdots & & \vdots \\ -a_{1n} & -a_{2n} & \cdots & 0 \end{pmatrix}.$$

例如，$\boldsymbol{B}=\begin{pmatrix} 0 & 5 & 1 \\ -5 & 0 & -3 \\ -1 & 3 & 0 \end{pmatrix}$就是一个3阶反对称矩阵.

## 【应用案例】

**[完成案例1]**

**解** 表2-1中的数据可用3行4列的矩阵表示为

$$\begin{pmatrix} 500 & 480 & 510 & 520 \\ 320 & 310 & 300 & 290 \\ 610 & 590 & 580 & 610 \end{pmatrix}.$$

**[完成案例2]**

**解** 黑白图像(图2-1)是由一个个像素点构成的，每个像素点由0～255中的一个数字表示.例如，图像尺寸为24×16(图2-2).在计算机中以一个24行16列的矩阵(图2-3)存储，其中每个元素的取值是介于0～255之间的整数.

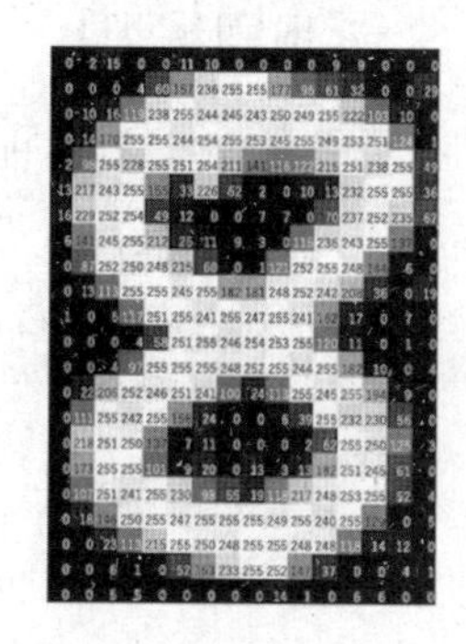

**图2-2**

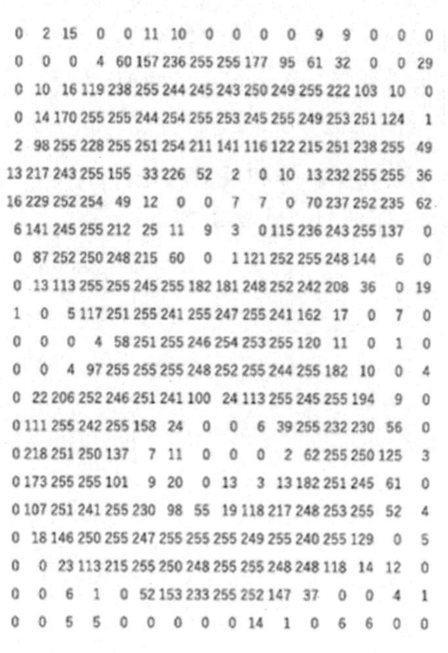

| 0 | 2 | 15 | 0 | 0 | 11 | 10 | 0 | 0 | 0 | 0 | 9 | 9 | 0 | 0 | 0 |
|---|---|---|---|---|---|---|---|---|---|---|---|---|---|---|---|
| 0 | 0 | 0 | 4 | 60 | 157 | 236 | 255 | 255 | 177 | 95 | 61 | 32 | 0 | 0 | 29 |
| 0 | 10 | 16 | 119 | 238 | 255 | 244 | 245 | 243 | 250 | 249 | 255 | 222 | 103 | 10 | 0 |
| 0 | 14 | 170 | 255 | 255 | 244 | 254 | 255 | 253 | 245 | 255 | 249 | 253 | 251 | 124 | 1 |
| 2 | 98 | 255 | 228 | 255 | 251 | 254 | 211 | 141 | 116 | 122 | 215 | 251 | 238 | 255 | 49 |
| 13 | 217 | 243 | 255 | 155 | 33 | 226 | 52 | 2 | 0 | 10 | 13 | 232 | 255 | 255 | 36 |
| 16 | 229 | 252 | 254 | 49 | 12 | 0 | 0 | 7 | 7 | 0 | 70 | 237 | 252 | 235 | 62 |
| 6 | 141 | 245 | 255 | 212 | 25 | 11 | 9 | 3 | 0 | 115 | 236 | 243 | 255 | 137 | 0 |
| 0 | 87 | 252 | 250 | 248 | 215 | 60 | 0 | 1 | 121 | 252 | 255 | 248 | 144 | 6 | 0 |
| 0 | 13 | 113 | 255 | 255 | 245 | 255 | 182 | 181 | 248 | 252 | 242 | 208 | 36 | 0 | 19 |
| 1 | 0 | 5 | 117 | 251 | 255 | 241 | 255 | 247 | 255 | 241 | 162 | 17 | 0 | 7 | 0 |
| 0 | 0 | 0 | 4 | 58 | 251 | 255 | 246 | 254 | 253 | 255 | 120 | 11 | 0 | 1 | 0 |
| 0 | 0 | 4 | 97 | 255 | 255 | 255 | 248 | 252 | 255 | 244 | 255 | 182 | 10 | 0 | 4 |
| 0 | 22 | 206 | 252 | 246 | 251 | 241 | 100 | 24 | 113 | 255 | 245 | 255 | 194 | 9 | 0 |
| 0 | 111 | 255 | 242 | 255 | 158 | 24 | 0 | 0 | 6 | 39 | 255 | 232 | 230 | 56 | 0 |
| 0 | 218 | 251 | 250 | 137 | 7 | 11 | 0 | 0 | 0 | 2 | 62 | 255 | 250 | 125 | 3 |
| 0 | 173 | 255 | 255 | 101 | 9 | 20 | 0 | 13 | 3 | 13 | 182 | 251 | 245 | 61 | 0 |
| 0 | 107 | 251 | 241 | 255 | 230 | 98 | 55 | 19 | 118 | 217 | 248 | 253 | 255 | 52 | 4 |
| 0 | 18 | 146 | 250 | 255 | 247 | 255 | 255 | 255 | 249 | 255 | 240 | 255 | 129 | 0 | 5 |
| 0 | 0 | 23 | 113 | 215 | 255 | 250 | 248 | 255 | 255 | 248 | 248 | 118 | 14 | 12 | 0 |
| 0 | 0 | 6 | 1 | 0 | 52 | 153 | 233 | 255 | 252 | 147 | 37 | 0 | 0 | 4 | 1 |
| 0 | 0 | 5 | 5 | 0 | 0 | 0 | 0 | 0 | 14 | 1 | 0 | 6 | 6 | 0 | 0 |

**图2-3**

**例2.1**(交通运输) 目前，苏州与邻近3个城市南通、无锡、上海的火车直通情况如图2-4所示(连线表示有直达无需换乘的火车)，如何用矩阵表示直达情况？

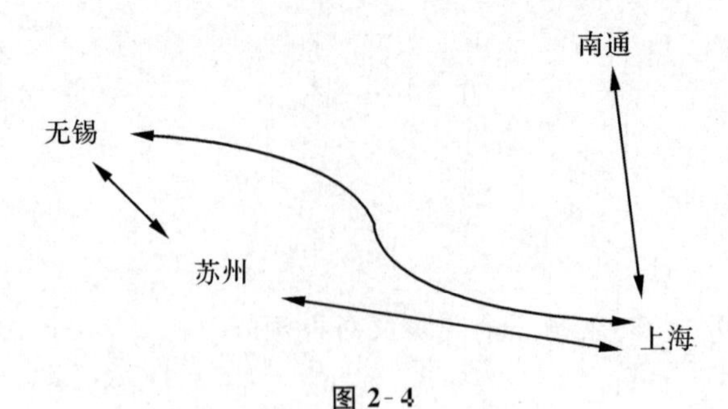


图 2-4

**解** 图 2-4 中有向线段连接两地表示有从起点直达终点的火车，此时用“1”表示，否则用“0”表示. 按无锡、苏州、南通、上海的顺序表示火车直达情况的矩阵为

$$\begin{pmatrix} 0 & 1 & 0 & 1 \\ 1 & 0 & 0 & 1 \\ 0 & 0 & 0 & 1 \\ 1 & 1 & 1 & 0 \end{pmatrix}.$$

## 【巩固练习】

1. 下列矩阵分别是几行几列的矩阵？

(1) $(1,4,-\sqrt{3})$； (2) $\begin{pmatrix} -1 & 0 \\ 9 & 7 \end{pmatrix}$； (3) $\begin{pmatrix} 2 \\ -5 \\ 3 \end{pmatrix}$； (4) $\begin{pmatrix} -1 & 2 & 8 & 0 \\ 5 & 0 & 3 & 1 \end{pmatrix}$.

2. 若 $\begin{pmatrix} 2+a & 0 \\ 0 & a+b \\ c & c+d-1 \end{pmatrix}$ 为零矩阵，求 $a,b,c,d$ 的值.

3*. 尝试分别写出一个 3 阶对称矩阵和反对称矩阵.

4. 分别判断下列矩阵是哪种类型的特殊矩阵：

(1) $\begin{pmatrix} 5 & 0 & 4 \\ 0 & -1 & 5 \\ 0 & 0 & 0 \end{pmatrix}$； (2) $\begin{pmatrix} -3 & 0 & 0 \\ 0 & -3 & 0 \\ 0 & 0 & -3 \end{pmatrix}$；

(3) $\begin{pmatrix} 1 & 0 \\ 0 & 1 \end{pmatrix}$； (4) $\begin{pmatrix} 0 & 0 & 0 \\ 0 & 0 & 0 \end{pmatrix}$；

(5) $\begin{pmatrix} 2 & 0 & 0 \\ 0 & -3 & 0 \\ 0 & 0 & 6 \end{pmatrix}$； (6) $\begin{pmatrix} -2 & 0 \\ 8 & 5 \end{pmatrix}$.

5.(图的邻接矩阵)图论是数学的一个分支,以图为研究对象.图由若干个给定的点和连接两点的线构成.设 $G=(V,E)$ 为有 $n$ 个结点的图,用 $V$ 表示顶点,$E$ 表示边.矩阵 $\mathbf{A}=(a_{ij})$ 称为图 $G$ 的邻接矩阵,当顶点 $V_i$ 和 $V_j$ 有线段连接时,$a_{ij}=1$,否则 $a_{ij}=0$. 用邻接矩阵表示图 2-5.

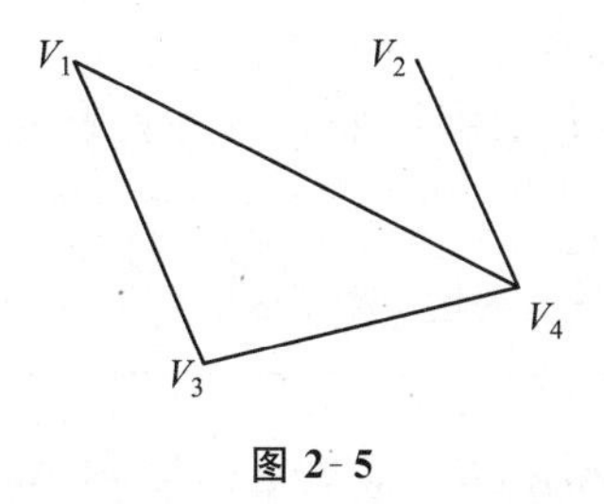


图 2-5

## 2.2 矩阵的运算

现代科技中处处可见矩阵,深入研究矩阵之间的关系,需要引入矩阵的运算.矩阵的运算也是机器学习等领域算法的核心.

### 2.2.1 矩阵的线性运算

【案例引入】

**[案例 3]**(学生总评成绩) 已知甲、乙、丙三位同学修四门课程,成绩如表 2-2 和表 2-3 所示.假设这四门课程的平时成绩和期末考试成绩分别占 40%和 60%.

**表 2-2 平时成绩**

| 姓名 | 课程 | | | |
|---|---|---|---|---|
| | 线性代数 | 大学英语 | 计算机 | 电路分析 |
| 甲 | 80 | 75 | 90 | 70 |
| 乙 | 95 | 80 | 85 | 70 |
| 丙 | 70 | 65 | 60 | 85 |

**表 2-3 期末考试成绩**

| 姓名 | 课程 | | | |
|---|---|---|---|---|
| | 线性代数 | 大学英语 | 计算机 | 电路分析 |
| 甲 | 70 | 80 | 70 | 80 |
| 乙 | 85 | 85 | 80 | 85 |
| 丙 | 65 | 70 | 60 | 90 |

用矩阵运算直接求出这三位同学四门课程的总评成绩.

## 【知识储备】

### 1. 同型矩阵与矩阵相等

**定义 2.2** 若矩阵 $\boldsymbol{A}$ 和矩阵 $\boldsymbol{B}$ 分别具有相同的行数和列数,则称这两个矩阵为同型矩阵.

**定义 2.3** 若矩阵 $\boldsymbol{A}$ 和矩阵 $\boldsymbol{B}$ 是两个对应位置元素分别相等的同型矩阵,则称这两个矩阵相等,记作 $\boldsymbol{A}=\boldsymbol{B}$.

**思考** 零矩阵一定相等吗?(不一定,为什么?)

### 2. 矩阵的加减法

**定义 2.4** 设矩阵 $\boldsymbol{A}=(a_{ij})_{m\times n}$,$\boldsymbol{B}=(b_{ij})_{m\times n}$,则称 $\boldsymbol{A}+\boldsymbol{B}$ 为矩阵 $\boldsymbol{A}$ 与矩阵 $\boldsymbol{B}$ 的和矩阵,即

$$\boldsymbol{A}+\boldsymbol{B}=(a_{ij}+b_{ij})_{m\times n}=\begin{pmatrix} a_{11}+b_{11} & a_{12}+b_{12} & \cdots & a_{1n}+b_{1n} \\ a_{21}+b_{21} & a_{22}+b_{22} & \cdots & a_{2n}+b_{2n} \\ \vdots & \vdots & & \vdots \\ a_{m1}+b_{m1} & a_{m2}+b_{m2} & \cdots & a_{mn}+b_{mn} \end{pmatrix}.$$

**注** 矩阵相加的前提条件是矩阵必定是同型矩阵.

矩阵加法的运算规律:

(1) 交换律:$\boldsymbol{A}+\boldsymbol{B}=\boldsymbol{B}+\boldsymbol{A}$;

(2) 结合律:$(\boldsymbol{A}+\boldsymbol{B})+\boldsymbol{C}=\boldsymbol{A}+(\boldsymbol{B}+\boldsymbol{C})$.

**定义 2.5** 设 $\boldsymbol{A}=(a_{ij})_{m\times n}$,则$(-a_{ij})_{m\times n}$称为 $\boldsymbol{A}$ 的负矩阵,记为$-\boldsymbol{A}$,即

$$-\boldsymbol{A}=\begin{pmatrix} -a_{11} & -a_{12} & \cdots & -a_{1n} \\ -a_{21} & -a_{22} & \cdots & -a_{2n} \\ \vdots & \vdots & & \vdots \\ -a_{m1} & -a_{m2} & \cdots & -a_{mn} \end{pmatrix}.$$

在此基础上规定,矩阵的减法为

$$\boldsymbol{A}-\boldsymbol{B}=\boldsymbol{A}+(-\boldsymbol{B})=\begin{pmatrix} a_{11}-b_{11} & a_{12}-b_{12} & \cdots & a_{1n}-b_{1n} \\ a_{21}-b_{21} & a_{22}-b_{22} & \cdots & a_{2n}-b_{2n} \\ \vdots & \vdots & & \vdots \\ a_{m1}-b_{m1} & a_{m2}-b_{m2} & \cdots & a_{mn}-b_{mn} \end{pmatrix}.$$

### 3. 矩阵的数乘

**定义 2.6** 设 $k$ 为一实数,$\boldsymbol{A}=(a_{ij})_{m\times n}$,则$(ka_{ij})_{m\times n}$称为数 $k$ 与矩阵 $\boldsymbol{A}$ 的乘法,即

$$k\boldsymbol{A}=\begin{pmatrix} ka_{11} & ka_{12} & \cdots & ka_{1n} \\ ka_{21} & ka_{22} & \cdots & ka_{2n} \\ \vdots & \vdots & & \vdots \\ ka_{m1} & ka_{m2} & \cdots & ka_{mn} \end{pmatrix}.$$

注意数乘矩阵与数乘行列式的区别.

数乘矩阵的运算规律：(设 $\boldsymbol{A},\boldsymbol{B}$ 为同型矩阵，$\lambda,\mu$ 为实数)

(1) 分配律：$(\lambda+\mu)\boldsymbol{A}=\lambda\boldsymbol{A}+\mu\boldsymbol{A}$，$\lambda(\boldsymbol{A}+\boldsymbol{B})=\lambda\boldsymbol{A}+\lambda\boldsymbol{B}$；

(2) 结合律：$(\lambda\mu)\boldsymbol{A}=\lambda(\mu\boldsymbol{A})$.

## 【例题精讲】

**例 2.2** 设 $\boldsymbol{A}=\begin{pmatrix}1&2&1\\-2&3&-1\end{pmatrix}$，$\boldsymbol{B}=\begin{pmatrix}1&2&2\\-2&-1&0\end{pmatrix}$，$\boldsymbol{C}=\begin{pmatrix}2&0&-4\\-2&6&4\end{pmatrix}$，求：

(1) $-2\boldsymbol{B}$；(2) $2\left(\boldsymbol{B}+\frac{1}{2}\boldsymbol{C}\right)$；(3) $\boldsymbol{A}-2\boldsymbol{B}+\frac{1}{2}\boldsymbol{C}$.

**解** (1) $-2\boldsymbol{B}=\begin{pmatrix}-2&-4&-4\\4&2&0\end{pmatrix}$；

(2) $2\left(\boldsymbol{B}+\frac{1}{2}\boldsymbol{C}\right)=2\boldsymbol{B}+\boldsymbol{C}=\begin{pmatrix}2+2&4+0&4-4\\-4-2&-2+6&0+4\end{pmatrix}=\begin{pmatrix}4&4&0\\-6&4&4\end{pmatrix}$；

(3) 
$$\boldsymbol{A}-2\boldsymbol{B}+\frac{1}{2}\boldsymbol{C}=\begin{pmatrix}1&2&1\\-2&3&-1\end{pmatrix}+\begin{pmatrix}-2&-4&-4\\4&2&0\end{pmatrix}+\begin{pmatrix}1&0&-2\\-1&3&2\end{pmatrix}$$
$$=\begin{pmatrix}0&-2&-5\\1&8&1\end{pmatrix}.$$

**例 2.3** 已知 $\boldsymbol{A}=\begin{pmatrix}1&0&1\\-1&0&2\end{pmatrix}$，$\boldsymbol{B}=\begin{pmatrix}-2&1&0\\1&1&2\end{pmatrix}$，求 $\boldsymbol{X}$ 使得 $\boldsymbol{X}+\boldsymbol{A}=\boldsymbol{B}$ 成立.

**解** 因为 $\boldsymbol{X}+\boldsymbol{A}=\boldsymbol{B}$，故 $\boldsymbol{X}=\boldsymbol{B}-\boldsymbol{A}=\begin{pmatrix}-2&1&0\\1&1&2\end{pmatrix}-\begin{pmatrix}1&0&1\\-1&0&2\end{pmatrix}=\begin{pmatrix}-3&1&-1\\2&1&0\end{pmatrix}$.

## 【应用案例】

[完成案例 3]

**解** 设三位同学四门课的平时成绩用矩阵 $\boldsymbol{A}$ 表示，期末考试成绩用矩阵 $\boldsymbol{B}$ 表示，则总评成绩为

$$\boldsymbol{C}=0.4\boldsymbol{A}+0.6\boldsymbol{B}=0.4\times\begin{pmatrix}80&75&90&70\\95&80&85&70\\70&65&60&85\end{pmatrix}+0.6\times\begin{pmatrix}70&80&70&80\\85&85&80&85\\65&70&60&90\end{pmatrix}$$
$$=\begin{pmatrix}32&30&36&28\\38&32&34&28\\28&26&24&34\end{pmatrix}+\begin{pmatrix}42&48&42&48\\51&51&48&51\\39&42&36&54\end{pmatrix}$$

线代 英语 计 电

$$=\begin{pmatrix}74&78&78&76\\89&83&82&79\\67&68&60&88\end{pmatrix}\begin{matrix}甲\\乙.\\丙\end{matrix}$$

### 2.2.2 矩阵的乘法运算

【案例引入】

［**案例 4**］ 某集团有三个连锁店，同时销售空调和冰箱，一天的销售数据用矩阵 $\boldsymbol{A}$ 表示，这两种商品的销售单价和单位利润用矩阵 $\boldsymbol{B}$ 表示，求这三个连锁店一天两种商品的总营业额和总盈利分别是多少.

$$\begin{matrix} & \text{空调} & \text{冰箱} & \\ \boldsymbol{A}= & \begin{pmatrix} 120 & 100 \\ 150 & 90 \\ 110 & 100 \end{pmatrix} & & \begin{matrix}\text{连锁店 1}\\ \text{连锁店 2}\\ \text{连锁店 3}\end{matrix}\end{matrix} \qquad \begin{matrix} & \text{单价/元} \quad \text{单位利润/元} & \\ \boldsymbol{B}= & \begin{pmatrix} 2\,500 & 200 \\ 1\,800 & 150 \end{pmatrix} & \begin{matrix}\text{空调}\\ \text{冰箱}\end{matrix}\end{matrix}$$

则有

$$\begin{matrix} & \text{营业额/元} \qquad\qquad \text{盈利/元} & \\ \boldsymbol{C}= & \begin{pmatrix} 120\times2\,500+100\times1\,800 & 120\times200+100\times150 \\ 150\times2\,500+90\times1\,800 & 150\times200+90\times150 \\ 110\times2\,500+100\times1\,800 & 110\times200+100\times150 \end{pmatrix} & \begin{matrix}\text{连锁店 1}\\ \text{连锁店 2}\\ \text{连锁店 3}\end{matrix}\end{matrix}$$

$$=\begin{pmatrix} 480\,000 & 39\,000 \\ 537\,000 & 43\,500 \\ 455\,000 & 37\,000 \end{pmatrix}.$$

矩阵 $\boldsymbol{C}$ 中第 1 行的两个元素分别是连锁店 1 的营业额和盈利，第 2 行两个元素分别是连锁店 2 的营业额和盈利，第 3 行两个元素分别是连锁店 3 的营业额和盈利，由此可引入矩阵乘法.

【知识储备】

**定义 2.7** 设矩阵 $\boldsymbol{A}=(a_{ij})_{m\times s}$，$\boldsymbol{B}=(b_{ij})_{s\times n}$，则由元素

$$c_{ij}=a_{i1}b_{1j}+a_{i2}b_{2j}+\cdots+a_{is}b_{sn}(i=1,2,\cdots,m;j=1,2,\cdots,n)$$

构成的 $m$ 行 $n$ 列的矩阵 $\boldsymbol{C}$ 称为矩阵 $\boldsymbol{A}$ 左乘矩阵 $\boldsymbol{B}$，简称矩阵 $\boldsymbol{A}$ 乘矩阵 $\boldsymbol{B}$，即 $\boldsymbol{C}=\boldsymbol{AB}$.

(1) 矩阵乘法的前提条件：左边矩阵 $\boldsymbol{A}$ 的列数等于右边矩阵 $\boldsymbol{B}$ 的行数.

(2) 矩阵乘法形状：$\boldsymbol{C}=\boldsymbol{AB}$ 仍然是一个矩阵，$\boldsymbol{C}$ 的行数等于左边矩阵 $\boldsymbol{A}$ 的行数，$\boldsymbol{C}$ 的列数等于右边矩阵 $\boldsymbol{B}$ 的列数.

(3) 矩阵乘法元素：矩阵 $\boldsymbol{C}$ 中第 $i$ 行第 $j$ 列元素等于矩阵 $\boldsymbol{A}$ 中第 $i$ 行元素与矩阵 $\boldsymbol{B}$ 中第 $j$ 列对应元素乘积之和.

(4) 矩阵乘法运算的规律：

① 不满足交换律：$\boldsymbol{AB}\neq\boldsymbol{BA}$，当 $\boldsymbol{AB}=\boldsymbol{BA}$ 时，称矩阵 $\boldsymbol{A}$ 与矩阵 $\boldsymbol{B}$ 可交换；

② 不满足零因子律：当 $\boldsymbol{AB}=\boldsymbol{O}$ 时，不能推出 $\boldsymbol{A}=\boldsymbol{O}$ 或 $\boldsymbol{B}=\boldsymbol{O}$；

③ 满足结合律：$(\boldsymbol{AB})\boldsymbol{C}=\boldsymbol{A}(\boldsymbol{BC})$；

④ 满足数乘结合律：$k(\boldsymbol{AB})=(k\boldsymbol{A})\boldsymbol{B}=\boldsymbol{A}(k\boldsymbol{B})$，其中 $k$ 为实数；

⑤ 满足分配律：$\boldsymbol{A}(\boldsymbol{B}+\boldsymbol{C})=\boldsymbol{AB}+\boldsymbol{AC}$，$(\boldsymbol{B}+\boldsymbol{C})\boldsymbol{A}=\boldsymbol{BA}+\boldsymbol{CA}$；

⑥ 单位矩阵与零矩阵：$\boldsymbol{AE}=\boldsymbol{EA}=\boldsymbol{A}$，$\boldsymbol{OA}=\boldsymbol{AO}=\boldsymbol{O}$；

⑦ 与转置矩阵相关的运算规律：$(\boldsymbol{A}^{\mathrm{T}})^{\mathrm{T}}=\boldsymbol{A}$，$(\boldsymbol{A}+\boldsymbol{B})^{\mathrm{T}}=\boldsymbol{A}^{\mathrm{T}}+\boldsymbol{B}^{\mathrm{T}}$，$(k\boldsymbol{A})^{\mathrm{T}}=k\boldsymbol{A}^{\mathrm{T}}$，$(\boldsymbol{AB})^{\mathrm{T}}=\boldsymbol{B}^{\mathrm{T}}\boldsymbol{A}^{\mathrm{T}}$.

**定义 2.8** 设 $\boldsymbol{A}$ 是 $n$ 阶方阵，$k$ 是正整数，称 $\boldsymbol{A}^k=\underbrace{\boldsymbol{AA}\cdots\boldsymbol{A}}_{k\text{个}}$ 为方阵 $\boldsymbol{A}$ 的 $k$ 次幂.

方阵幂运算的规律：

(1) $k,l$ 为任意非负整数，$\boldsymbol{A}^k\boldsymbol{A}^l=\boldsymbol{A}^{k+l}$，$(\boldsymbol{A}^k)^l=\boldsymbol{A}^{kl}$；

(2) 因为矩阵乘法不满足交换律，一般地，$(\boldsymbol{AB})^k\neq\boldsymbol{A}^k\boldsymbol{B}^k$；

(3) $\boldsymbol{A}^0=\boldsymbol{E}$.

## 【例题精讲】

**例 2.4** 已知 $\boldsymbol{A}=\begin{pmatrix}2&-1\\1&0\\-3&4\end{pmatrix}$，$\boldsymbol{B}=\begin{pmatrix}1&-2\\3&4\end{pmatrix}$，求 $\boldsymbol{AB}$.

**解** $\boldsymbol{AB}=\begin{pmatrix}2&-1\\1&0\\-3&4\end{pmatrix}\begin{pmatrix}1&-2\\3&4\end{pmatrix}=\begin{pmatrix}-1&-8\\1&-2\\9&22\end{pmatrix}$.

此题 $\boldsymbol{BA}$ 无意义.

**例 2.5** 已知 $\boldsymbol{A}=\begin{pmatrix}1&-2&1\\1&1&1\end{pmatrix}$，$\boldsymbol{B}=\begin{pmatrix}1&2\\-1&1\\-2&3\end{pmatrix}$，求 $\boldsymbol{AB}$ 和 $\boldsymbol{BA}$.

**解** $\boldsymbol{AB}=\begin{pmatrix}1&3\\-2&6\end{pmatrix}$，$\boldsymbol{BA}=\begin{pmatrix}3&0&3\\0&3&0\\1&7&1\end{pmatrix}$.

即使 $\boldsymbol{AB}$，$\boldsymbol{BA}$ 都有意义，也未必相等.

**例 2.6** 已知 $\boldsymbol{A}=\begin{pmatrix}-1&1\\0&-1\end{pmatrix}$，$\boldsymbol{B}=\begin{pmatrix}2&-3\\0&2\end{pmatrix}$，求 $\boldsymbol{AB}$ 和 $\boldsymbol{BA}$.

**解** $\boldsymbol{AB}=\begin{pmatrix}-2&5\\0&-2\end{pmatrix}=\boldsymbol{BA}$，此时，矩阵 $\boldsymbol{A}$ 与矩阵 $\boldsymbol{B}$ 是可交换矩阵.

**例 2.7** 已知 $\boldsymbol{A}=\begin{pmatrix}1&1\\-1&-1\end{pmatrix}$，$\boldsymbol{B}=\begin{pmatrix}1&-1\\-1&1\end{pmatrix}$，求 $\boldsymbol{AB}$.

**解** $\boldsymbol{AB}=\boldsymbol{O}$（但是 $\boldsymbol{A}\neq\boldsymbol{O}$，$\boldsymbol{B}\neq\boldsymbol{O}$）.

**例 2.8** 已知 $\boldsymbol{A}=\begin{pmatrix}1&2\\2&4\end{pmatrix}$，$\boldsymbol{B}=\begin{pmatrix}-1&3\\-2&1\end{pmatrix}$，$\boldsymbol{C}=\begin{pmatrix}-7&1\\1&2\end{pmatrix}$，求 $\boldsymbol{AB}$ 和 $\boldsymbol{AC}$.

解 $\boldsymbol{AB}=\boldsymbol{AC}=\begin{pmatrix}-5 & 5\\-10 & 10\end{pmatrix}$(但是$\boldsymbol{A}\neq\boldsymbol{O},\boldsymbol{B}\neq\boldsymbol{C}$).

**例 2.9** 已知$\boldsymbol{A}=\begin{pmatrix}1 & 1 & 1 & 1\\1 & 1 & -1 & -1\\1 & -1 & 1 & -1\\1 & -1 & -1 & 1\end{pmatrix}$,求$\boldsymbol{A}^{16}$.

解 $\boldsymbol{A}^2=\begin{pmatrix}1 & 1 & 1 & 1\\1 & 1 & -1 & -1\\1 & -1 & 1 & -1\\1 & -1 & -1 & 1\end{pmatrix}\begin{pmatrix}1 & 1 & 1 & 1\\1 & 1 & -1 & -1\\1 & -1 & 1 & -1\\1 & -1 & -1 & 1\end{pmatrix}=4\boldsymbol{E}$,则$\boldsymbol{A}^{16}=(\boldsymbol{A}^2)^8=4^8\boldsymbol{E}_4$.

【应用案例】

**例 2.10**(日常管理) 假期学校分别安排 50 人、4 人、12 人进行三种不同类型的培训学习,相关费用见表 2-4,求学校为教工假期培训所付的总报名费和总住宿费.

表 2-4 相关费用

| 人数 | 类型 | |
|---|---|---|
| | 报名费/(元/人) | 住宿费/(元/人) |
| 50 | 800 | 120 |
| 4 | 1 500 | 150 |
| 12 | 1 000 | 120 |

解 记$\boldsymbol{A}=(50\quad 4\quad 12)$,$\boldsymbol{B}=\begin{pmatrix}800 & 120\\1\,500 & 150\\1\,000 & 120\end{pmatrix}$,则

$$\boldsymbol{AB}=(50\quad 4\quad 12)\begin{pmatrix}800 & 120\\1\,500 & 150\\1\,000 & 120\end{pmatrix}=(58\,000\quad 8\,040).$$

学校为教工假期培训所付的总报名费为 58 000 元,总住宿费为 8 040 元.

**例 2.11**(密码学的应用——加密) 密码学是研究编制密码和破译密码的科学.编制密码有许多方法,Hill 加密是一种基于矩阵乘法的加密技术.

设 26 个英文字母(不区分大小写)分别对应自然数 1~26,空格与 0 对应.取密钥矩阵

$$\boldsymbol{A}=\begin{pmatrix}1 & 1 & 1\\1 & 2 & 3\\1 & 3 & 4\end{pmatrix},$$

利用矩阵乘法对信息"I love my motherland"(我爱我的祖国)进行加密.

解 明文"I love my motherland"的编码为"9 0 12 15 22 5 0 13 25 0 13 15 20 8 5 18 12 1 14 4".因为加密矩阵为 3 阶方阵,故将编码顺序改写成 3×7 的矩阵(若不够,末尾补 0)为

$$X=\begin{pmatrix}9 & 0 & 12 & 15 & 22 & 5 & 0\\ 13 & 25 & 0 & 13 & 15 & 20 & 8\\ 5 & 18 & 12 & 1 & 14 & 4 & 0\end{pmatrix}.$$

密文矩阵为

$$\begin{aligned}Y=AX&=\begin{pmatrix}1 & 1 & 1\\ 1 & 2 & 3\\ 1 & 3 & 4\end{pmatrix}\begin{pmatrix}9 & 0 & 12 & 15 & 22 & 5 & 0\\ 13 & 25 & 0 & 13 & 15 & 20 & 8\\ 5 & 18 & 12 & 1 & 14 & 4 & 0\end{pmatrix}\\&=\begin{pmatrix}27 & 43 & 24 & 29 & 51 & 29 & 8\\ 50 & 104 & 48 & 44 & 94 & 57 & 16\\ 68 & 147 & 60 & 58 & 123 & 81 & 24\end{pmatrix}.\end{aligned}$$

取模 27(除以 27 取余数),得密文信息矩阵

$$Y^*=\begin{pmatrix}0 & 16 & 24 & 2 & 24 & 2 & 8\\ 23 & 23 & 21 & 17 & 13 & 3 & 16\\ 14 & 12 & 6 & 4 & 15 & 0 & 24\end{pmatrix}.$$

转换成英文信息,即密文为“ pxbxbhwwuqmcpnlfdo x”.

从密文中很难得到明文中的信息,可确保信息安全.

**思考** 已知密文,如何解密得到明文(续逆矩阵)?

**例 2.12**(邻接矩阵——运输) 多个城市之间的专线运输如图 2-6 所示,问从甲地可以连续两次专线运输到达丙地吗?从乙地是否可以连续三次专线运输到达丁地?

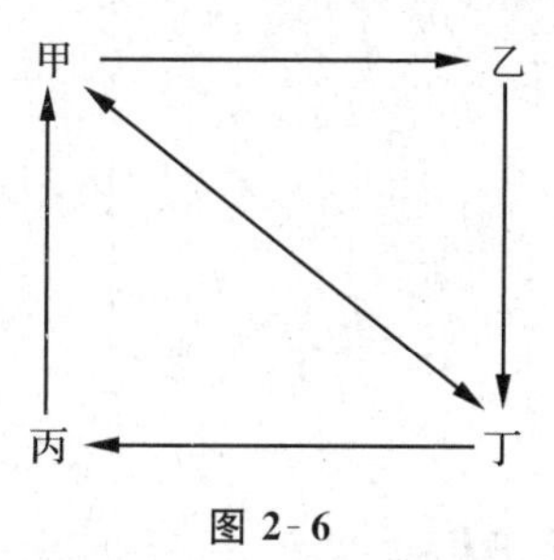


图 2-6

**解** 如图 2-6 所示,“从甲地到乙地”用单向有向线段连接,此时邻接矩阵 $\boldsymbol{A}$ 的 $a_{12}$ 元素取“1”,$a_{21}$ 元素取“0”. 因此邻接矩阵为

$$A=\begin{pmatrix}0 & 1 & 0 & 1\\ 0 & 0 & 0 & 1\\ 1 & 0 & 0 & 0\\ 1 & 0 & 1 & 0\end{pmatrix}.$$

需两次专线运输能到达的地点,可以用邻接矩阵的 2 次方幂求得. 其实际含义就是把第一次专线运输到达的地点作为起点,求下一次专线运输能到达的终点.

$$A^2=\begin{pmatrix}0&1&0&1\\0&0&0&1\\1&0&0&0\\1&0&1&0\end{pmatrix}\begin{pmatrix}0&1&0&1\\0&0&0&1\\1&0&0&0\\1&0&1&0\end{pmatrix}=\begin{pmatrix}1&0&1&1\\1&0&1&0\\0&1&0&1\\1&1&0&1\end{pmatrix}.$$

因为矩阵 $\boldsymbol{A}^2$ 中第 1 行第 3 列元素为 1,所以从甲地可以连续两次专线运输到达丙地.

同理,$\boldsymbol{A}^3=\begin{pmatrix}2&1&1&1\\1&1&0&1\\1&0&1&1\\1&1&1&2\end{pmatrix}$表示连续三次专线运输的目的地. 而 $\boldsymbol{A}^3$ 中第 2 行第 4 列元素为 1,所以从乙地可以连续三次专线运输到达丁地.

**例 2.13**(多项式乘积) 设多项式

$$f(x)=a_nx^n+a_{n-1}x^{n-1}+\cdots+a_1x+a_0,$$
$$g(x)=b_mx^m+b_{m-1}x^{m-1}+\cdots+b_1x+b_0,$$

计算 $f(x)g(x)$.

**解** 多项式 $f(x)=a_nx^n+a_{n-1}x^{n-1}+\cdots+a_1x+a_0$ 的系数矩阵为

$$\boldsymbol{B}=(a_n,a_{n-1},\cdots,a_1,a_0)^{\mathrm{T}}.$$

由多项式 $g(x)$ 构造一个矩阵

$$\boldsymbol{A}=\begin{pmatrix}b_m&&&\\b_{m-1}&b_m&&\\\vdots&b_{m-1}&\ddots&\\b_0&\vdots&\ddots&b_m\\&b_0&&b_{m-1}\\&&\ddots&\vdots\\&&&b_0\end{pmatrix}_{(m+n+1)\times(n+1)},$$

则多项式 $f(x)g(x)$ 的系数矩阵为 $\boldsymbol{AB}$.

取 $f(x)=x^2-1,g(x)=3x+1$,则多项式 $f(x)g(x)$ 的系数矩阵为

$$\begin{pmatrix}3&&\\1&3&\\&1&3\\&&1\end{pmatrix}\begin{pmatrix}1\\0\\-1\end{pmatrix}=\begin{pmatrix}3\\1\\-3\\-1\end{pmatrix},$$

故乘积多项式为 $f(x)g(x)=3x^3+x^2-3x-1$.

**例 2.14*** (卷积神经网络 CNN——卷积核)卷积神经网络是人工智能中深度学习的代表性算法之一. 卷积运算的核心思想:将输入图像的某一类特征利用特征过滤器(也称为卷积核)进行卷积运算,提取该图像相应特征的特征图. 假设图像矩阵为 $\begin{pmatrix}1&2\\3&-1\end{pmatrix}$,卷积核为

$\begin{pmatrix}2 & -1\\0 & -2\end{pmatrix}$,卷积运算为 $1\times2+2\times(-1)+3\times0+(-1)\times(-2)=2$.

现有一黑白图像为 $\begin{pmatrix}1 & 1 & 1 & 1\\0 & 1 & 1 & 0\\0 & 1 & 0 & 1\\1 & 1 & 1 & 0\end{pmatrix}$,卷积核为 $\begin{pmatrix}0 & -1 & 0\\-1 & 5 & -1\\0 & -1 & 0\end{pmatrix}$,求特征图.

**解** 特征图的第1行第1列元素为 $1\times0+1\times(-1)+1\times0+0\times(-1)+1\times5+1\times(-1)+0\times0+1\times(-1)+0\times0=2$,同理可得特征图为 $\begin{pmatrix}2 & 3\\3 & -4\end{pmatrix}$.

矩阵的应用还有很多.例如,同一场景的多幅图像受不同程度的加性噪声污染,可通过矩阵的线性运算对该图像实现噪声去除(思想类似于多次测量求均值,降低单次测量误差)及信息检索等.

**【巩固练习】**

6. 求下列各题中的 $x,y,z,w$.

(1) $\begin{pmatrix}1 & 2\\3 & -1\end{pmatrix}-\frac{1}{3}\begin{pmatrix}x & -2\\7 & y\end{pmatrix}=\begin{pmatrix}2 & z\\w & -2\end{pmatrix}$;

(2) $\begin{pmatrix}x & -y\\3z & 2\end{pmatrix}+\begin{pmatrix}y & 2x\\w & z\end{pmatrix}=\begin{pmatrix}3 & 0\\2 & 4\end{pmatrix}$;

(3) $\begin{pmatrix}x & 2y\\z & -8\end{pmatrix}=\begin{pmatrix}0 & 1\\1 & 0\end{pmatrix}\begin{pmatrix}-1 & 2x\\-2w & w\end{pmatrix}$.

7. 设 $\boldsymbol{A}=\begin{pmatrix}1 & -2 & 3\\4 & 5 & -1\end{pmatrix}$,$\boldsymbol{B}=\begin{pmatrix}0 & 3 & 5\\7 & -6 & 1\end{pmatrix}$,求:(1) $\boldsymbol{A}+2\boldsymbol{B}$;(2) $3\boldsymbol{A}-5(\boldsymbol{B}-2\boldsymbol{A})$.

8. 计算下列矩阵:

(1) $\begin{pmatrix}1\\2\\3\end{pmatrix}(1,\ 1,\ 1)$;  (2) $(1,\ 1,\ 1)\begin{pmatrix}1\\2\\3\end{pmatrix}$;

(3) $\begin{pmatrix}1 & 0 & 0\\0 & 0 & 1\\0 & 1 & 0\end{pmatrix}\begin{pmatrix}2 & 5\\3 & 6\\4 & 7\end{pmatrix}$;  (4) $\begin{pmatrix}0 & 1\\2 & 3\end{pmatrix}\begin{pmatrix}-2 & 5\\1 & -1\end{pmatrix}$;

(5) $\begin{pmatrix}1 & 0 & 1 & 4\\3 & 2 & 3 & 0\\1 & -1 & -1 & 2\end{pmatrix}\begin{pmatrix}2 & 1\\1 & 0\\4 & -1\\0 & 2\end{pmatrix}\begin{pmatrix}-1 & -2 & 0\\3 & 1 & 2\end{pmatrix}$.

9. 设 $\boldsymbol{A}=\begin{pmatrix}2 & 0 & 7\\3 & 1 & 8\end{pmatrix}$,$\boldsymbol{B}=\begin{pmatrix}1 & 3\\2 & 4\\3 & 5\end{pmatrix}$,计算 $\boldsymbol{AB}$,$\boldsymbol{AA}^{\mathrm{T}}$,$\boldsymbol{B}^{\mathrm{T}}\boldsymbol{A}^{\mathrm{T}}$.

10. 某工厂一周内生产三种商品的日生产量和成本单价见表 2-7.

**表 2-7 工厂一周日产量**

| 商品 | 日生产量/百件 | | | | | | | 成本单价/(元/百件) |
|---|---|---|---|---|---|---|---|---|
| | 一 | 二 | 三 | 四 | 五 | 六 | 日 | |
| 商品一 | 9 | 4 | 0 | 10 | 9 | 3 | 11 | 5 |
| 商品二 | 8 | 5 | 8 | 11 | 10 | 0 | 10 | 4 |
| 商品三 | 7 | 5 | 6 | 7 | 10 | 4 | 10 | 3 |

试用矩阵运算计算出每日的总成本.

## 2.3 矩阵的初等变换与矩阵的秩

### 2.3.1 矩阵的初等变换

矩阵论的思想贯穿线性代数学习的整个过程,而矩阵的初等变换是研究矩阵的一种非常重要且常用的方法.

【案例引入】

**[案例 5]** 如何将矩阵 $\boldsymbol{B}=\begin{pmatrix}1 & 3 & -9 & 3\\ 1 & 4 & -12 & 7\\ -1 & 0 & 0 & 9\end{pmatrix}$ 化为行阶梯形矩阵和行最简形矩阵?

【知识储备】

**1. 矩阵的初等变换**

**定义 2.9** 对矩阵的行施行下列 3 种变换之一的变换称为矩阵的初等行变换.

(1) (互换变换)互换矩阵第 $i$ 行和第 $j$ 行对应元素的位置,记为 $r_i \leftrightarrow r_j$;

(2) (倍乘变换)将矩阵第 $i$ 行所有元素乘非零常数 $k$,记为 $kr_i$;

(3) (倍加变换)将矩阵的第 $i$ 行所有元素乘非零常数 $k$ 后加到第 $j$ 行对应元素上,记为 $r_j+kr_i$.

若将定义 2.9 中的“行”(用 $r$ 表示)都换成“列”(用 $c$ 表示),就成为矩阵的初等列变换. 矩阵的初等行变换和初等列变换统称为矩阵的初等变换.

**2. 初等矩阵**

**定义 2.10** 单位矩阵 $\boldsymbol{E}$ 经过一次初等变换得到的矩阵称为初等矩阵.

对应矩阵的 3 种类型的初等变换,有 3 种类型的初等矩阵.

(1) 互换单位矩阵 $\boldsymbol{E}$ 的两行(列).

单位矩阵 $\boldsymbol{E}$ 的第 $i$ 行(列)和第 $j$ 行(列)互换,即 $r_i \leftrightarrow r_j(c_i \leftrightarrow c_j)$,得到初等矩阵

$$\boldsymbol{E}(i,j)=\begin{pmatrix} 1 & & & & & & & & \\ & \ddots & & & & & & & \\ & & 1 & & & & & & \\ & & & 0 & & \cdots & & 1 & & \\ & & & & 1 & & & & \\ & & & \vdots & & \ddots & & \vdots & \\ & & & & & & 1 & & \\ & & & 1 & & \cdots & & 0 & \\ & & & & & & & & 1 \\ & & & & & & & & & \ddots \\ & & & & & & & & & & 1 \end{pmatrix}\begin{matrix} \\ \\ \\ \leftarrow 第\,i\,行 \\ \\ \\ \\ \leftarrow 第\,j\,行 \\ \\ \\ \\ \end{matrix}$$

(2) 单位矩阵 $\boldsymbol{E}$ 的第 $i$ 行(列)乘非零常数 $k$,即 $kr_i(kc_i)$,得到初等矩阵

$$\boldsymbol{E}(i(k))=\begin{pmatrix} 1 & & & & & & \\ & \ddots & & & & & \\ & & 1 & & & & \\ & & & k & & & \\ & & & & 1 & & \\ & & & & & \ddots & \\ & & & & & & 1 \end{pmatrix}\begin{matrix} \\ \\ \\ \leftarrow 第\,i\,行 \\ \\ \\ \\ \end{matrix}$$

(3) 单位矩阵 $\boldsymbol{E}$ 的第 $j$ 行(第 $i$ 列)乘非零常数 $k$ 加到第 $i$ 行(第 $j$ 列)上,即 $r_i+kr_j$ $(c_j+kc_i)$,得到初等矩阵

$$\boldsymbol{E}(ij(k))=\begin{pmatrix} 1 & & & & & & \\ & \ddots & & & & & \\ & & 1 & \cdots & k & & \\ & & & \ddots & \vdots & & \\ & & & & 1 & & \\ & & & & & \ddots & \\ & & & & & & 1 \end{pmatrix}\begin{matrix} \\ \\ \leftarrow 第\,i\,行 \\ \\ \leftarrow 第\,j\,行 \\ \\ \\ \end{matrix}$$

**3. 初等变换相关定理**

**定理 2.1** 任何非零矩阵都可以经过有限次初等行变换化为行阶梯形矩阵和行最简形矩阵.

**定理 2.2** 对矩阵 $\boldsymbol{A}=(a_{ij})_{m\times n}$施行一次初等行变换,相当于在矩阵 $\boldsymbol{A}$ 的左边乘相应的 $m$ 阶初等矩阵;对矩阵 $\boldsymbol{A}=(a_{ij})_{m\times n}$施行一次初等列变换,相当于在矩阵 $\boldsymbol{A}$ 的右边乘相应的 $n$ 阶初等矩阵,简称“左行右列”原则.

【例题精讲】

例 2.15　将矩阵 $A=\begin{pmatrix}1 & -1 & -1 & 1 & 0\\0 & 1 & 2 & -4 & 1\\0 & 0 & 0 & 0 & 0\\3 & -3 & -5 & 7 & -1\end{pmatrix}$ 化为行阶梯形矩阵和行最简形矩阵.

解　先将矩阵化为行阶梯形矩阵

$$A=\begin{pmatrix}1 & -1 & -1 & 1 & 0\\0 & 1 & 2 & -4 & 1\\0 & 0 & 0 & 0 & 0\\3 & -3 & -5 & 7 & -1\end{pmatrix}\xrightarrow{r_3\leftrightarrow r_4}\begin{pmatrix}1 & -1 & -1 & 1 & 0\\0 & 1 & 2 & -4 & 1\\3 & -3 & -5 & 7 & -1\\0 & 0 & 0 & 0 & 0\end{pmatrix}$$

$$\xrightarrow{r_3-3r_1}\begin{pmatrix}1 & -1 & -1 & 1 & 0\\0 & 1 & 2 & -4 & 1\\0 & 0 & -2 & 4 & -1\\0 & 0 & 0 & 0 & 0\end{pmatrix}=B.$$

再将此行阶梯形矩阵化为行最简形矩阵.

$$B\xrightarrow[r_1-\frac{1}{2}r_3]{r_2+r_3}\begin{pmatrix}1 & -1 & 0 & -1 & \frac{1}{2}\\0 & 1 & 0 & 0 & 0\\0 & 0 & -2 & 4 & -1\\0 & 0 & 0 & 0 & 0\end{pmatrix}\xrightarrow[-\frac{1}{2}r_3]{r_1+r_2}\begin{pmatrix}1 & 0 & 0 & -1 & \frac{1}{2}\\0 & 1 & 0 & 0 & 0\\0 & 0 & 1 & -2 & \frac{1}{2}\\0 & 0 & 0 & 0 & 0\end{pmatrix}=C.$$

故矩阵 $B$ 为所求行阶梯形矩阵，矩阵 $C$ 为行最简形矩阵.

【应用案例】

[完成案例 5]

解　先将矩阵化为行阶梯形矩阵.

$$B=\begin{pmatrix}1 & 3 & -9 & 3\\1 & 4 & -12 & 7\\-1 & 0 & 0 & 9\end{pmatrix}\xrightarrow[r_3+r_1]{r_2-r_1}\begin{pmatrix}1 & 3 & -9 & 3\\0 & 1 & -3 & 4\\0 & 3 & -9 & 12\end{pmatrix}\xrightarrow{r_3-3r_2}\begin{pmatrix}1 & 3 & -9 & 3\\0 & 1 & -3 & 4\\0 & 0 & 0 & 0\end{pmatrix}.$$

再将此行阶梯形矩阵化为行最简形矩阵.

$$\begin{pmatrix}1 & 3 & -9 & 3\\0 & 1 & -3 & 4\\0 & 0 & 0 & 0\end{pmatrix}\xrightarrow{r_1-3r_2}\begin{pmatrix}1 & 0 & 0 & -9\\0 & 1 & -3 & 4\\0 & 0 & 0 & 0\end{pmatrix}.$$

## 2.3.2　矩阵的秩

辩证唯物主义告诉我们要“透过现象看本质”. 矩阵的初等变换将矩阵 $A$ 变换到矩阵 $B$，

$\boldsymbol{A}$ 和 $\boldsymbol{B}$ 从表面上看不同，但其本质是相同的．例如，矩阵 $\boldsymbol{A}$ 和 $\boldsymbol{B}$ 的秩是相同的．

## 【案例引入】

［**案例 6**］ 什么是矩阵的秩？如何寻找矩阵 $\boldsymbol{A}=\begin{pmatrix}1&-1&-1&1&0\\0&1&2&-4&1\\0&0&0&0&0\\3&-3&-5&7&-1\end{pmatrix}$ 的秩？

## 【知识储备】

**定义 2.11** 在一个 $m$ 行 $n$ 列的矩阵 $\boldsymbol{A}$ 中任取 $k$ 行 $k$ 列，位于这些行、列交叉处的元素按原来相对位置构成的 $k$ 阶行列式称为 $\boldsymbol{A}$ 的一个 $k$ 阶子式．

例如，$\boldsymbol{A}=\begin{pmatrix}1&2&2&1\\3&2&-3&2\\0&4&1&5\end{pmatrix}$ 中第 1，3 行，第 2，4 列交叉位置处的元素构成的二阶子式为 $\begin{vmatrix}2&1\\4&5\end{vmatrix}$．

一般来说，$m\times n$ 矩阵 $\boldsymbol{A}$ 共有 $C_m^k C_n^k$ 个 $k$ 阶子式．

**定义 2.12** 矩阵 $\boldsymbol{A}$ 中不等于零的子式的最大阶数称为矩阵 $\boldsymbol{A}$ 的秩，记为 $r(\boldsymbol{A})$ 或秩$(\boldsymbol{A})$ 或 $R(\boldsymbol{A})$．

**规定** 零矩阵的秩为 0．

**注** (1) $R(\boldsymbol{A})=R(\boldsymbol{A}^{\mathrm{T}})$； (2) $0\leqslant R(\boldsymbol{A})\leqslant\min\{m,n\}$．

**定理 2.3** 矩阵的初等变换不改变矩阵的秩．

**定理 2.4** 行阶梯形矩阵的秩等于非零行的行数．

## 【例题精讲】

**例 2.16** 用初等行变换法，求矩阵 $\boldsymbol{B}=\begin{pmatrix}1&3&-9&3\\1&4&-12&7\\-1&0&0&9\end{pmatrix}$ 的秩．

**解** *方法一*：根据矩阵秩的定义求解．

$\begin{vmatrix}1&3\\1&4\end{vmatrix}=1\neq0$，而所有的 3 阶子式 $\begin{vmatrix}1&3&-9\\1&4&-12\\-1&0&0\end{vmatrix}=0$，$\begin{vmatrix}1&3&3\\1&4&7\\-1&0&9\end{vmatrix}=0$，

$\begin{vmatrix}1&-9&3\\1&-12&7\\-1&0&9\end{vmatrix}=0$，$\begin{vmatrix}3&-9&3\\4&-12&7\\0&0&9\end{vmatrix}=0$，根据矩阵秩的定义得到 $R(\boldsymbol{B})=2$．

方法二：把矩阵 $\boldsymbol{B}$ 化成行阶梯形矩阵，数一数非零行的行数即可.

$$\boldsymbol{B}\xrightarrow[r_3+r_1]{r_2-r_1}\begin{pmatrix}1&3&-9&3\\0&1&-3&4\\0&3&-9&12\end{pmatrix}\xrightarrow{r_3-3r_2}\begin{pmatrix}1&3&-9&3\\0&1&-3&4\\0&0&0&0\end{pmatrix},$$

故 $R(\boldsymbol{B})=2$.

**例 2.17** 设 $\mathbf{A}=\begin{pmatrix}k&1&-1\\-1&k&1\\1&-1&k\end{pmatrix}$，如果 $R(\mathbf{A})<3$，求 $k$ 的值.

**解** 因为 $R(\mathbf{A})<3$，故 $|\mathbf{A}|=\begin{vmatrix}k&1&-1\\-1&k&1\\1&-1&k\end{vmatrix}=k(k^2+3)=0$，解得 $k=0$.

## 【应用案例】

**[完成案例 6]**

**解** 矩阵秩的概念见定义 2.12.

方法一：根据矩阵秩的定义求解.

对于矩阵 $\mathbf{A}=\begin{pmatrix}1&-1&-1&1&0\\0&1&2&-4&1\\0&0&0&0&0\\3&-3&-5&7&-1\end{pmatrix}$，所有 4 阶子式都为零. 取第 1,2,4 行，第 1,2,3 列构成的 3 阶子式 $\begin{vmatrix}1&-1&-1\\0&1&2\\3&-3&-5\end{vmatrix}=-2\neq0$，根据矩阵秩的定义得到 $R(\mathbf{A})=3$.

方法二：把矩阵 $\mathbf{A}$ 化成行阶梯形矩阵，数一数非零行的行数即可.

由例 2.15 知，矩阵 $\mathbf{A}$ 的行阶梯形矩阵为 $\begin{pmatrix}1&-1&-1&1&0\\0&1&2&-4&1\\0&0&-2&4&-1\\0&0&0&0&0\end{pmatrix}$，故 $R(\mathbf{A})=3$.

## 【巩固练习】

11. 求下列矩阵的行阶梯形矩阵和行最简形矩阵：

(1) $\mathbf{A}=\begin{pmatrix}1&2&-1\\2&-3&1\\0&4&1\end{pmatrix}$；　(2) $\boldsymbol{B}=\begin{pmatrix}1&-2&-1&0&2\\-2&4&2&6&-6\\2&-1&0&2&3\\3&3&3&3&4\end{pmatrix}$.

12. 求下列矩阵的秩：

(1) $\boldsymbol{A}=\begin{pmatrix}1 & 1 & 1 & -1\\ -1 & 1 & 2 & 3\\ 2 & -2 & 5 & 0\end{pmatrix}$；　　(2) $\boldsymbol{B}=\begin{pmatrix}1 & 3 & 5 & -1\\ 2 & -1 & -3 & 4\\ 5 & 1 & -1 & 7\\ -7 & -7 & -9 & -1\end{pmatrix}$；

(3) $\boldsymbol{C}=\begin{pmatrix}3 & 2 & -1 & 2 & 0 & 1\\ 4 & 1 & 0 & -3 & 0 & 2\\ 2 & -1 & -2 & 1 & 1 & -3\\ 3 & 1 & 3 & -9 & -1 & 6\\ 3 & -1 & 5 & 7 & 2 & -7\end{pmatrix}$.

13. 已知 $\boldsymbol{A}=\begin{pmatrix}a & -1 & -1 & -1\\ -1 & a & -1 & -1\\ -1 & -1 & a & -1\\ -1 & -1 & -1 & a\end{pmatrix}$，$R(\boldsymbol{A})=3$，求 $a$ 的值.

14. 已知 $\boldsymbol{A}=\begin{pmatrix}1 & 2 & b & 2\\ 2 & 3 & 1 & a\\ 1 & 1 & 1 & -1\end{pmatrix}$的秩为 2，求 $a,b$ 的值.

15. 设矩阵 $\boldsymbol{A}=\begin{pmatrix}1 & -2 & 3a\\ -1 & 2a & -3\\ a & -2 & 3\end{pmatrix}$，问 $a$ 为何值时，可使

(1) $R(\boldsymbol{A})=3$；(2) $R(\boldsymbol{A})=2$；(3) $R(\boldsymbol{A})=1$？

## 2.4 逆矩阵

### 【案例引入】

**[案例 7]** 续例 2.11 密码学中的解密.

已知密文“ pxbxbhwwuqmcpnlfdo x”，密钥矩阵为 $\boldsymbol{A}=\begin{pmatrix}1 & 1 & 1\\ 1 & 2 & 3\\ 1 & 3 & 4\end{pmatrix}$，明文是什么？

估计看到这里，有同学会立刻回答明文是“I love my motherland”. 回答正确，不过如果把密钥矩阵改为 $\boldsymbol{A}=\begin{pmatrix}1 & 1 & 1\\ 1 & 2 & 3\\ 1 & 3 & 1\end{pmatrix}$，你还能回答明文是什么吗？接下来需要学习解决这类问题的一般方法.

## 【知识储备】

### 1. 方阵的行列式

**定义 2.13** 设 $n$ 阶方阵 $\boldsymbol{A}=\begin{pmatrix} a_{11} & a_{12} & \cdots & a_{1n} \\ a_{21} & a_{22} & \cdots & a_{2n} \\ \vdots & \vdots & & \vdots \\ a_{n1} & a_{n2} & \cdots & a_{nn} \end{pmatrix}$，则称对应的行列式 $\begin{vmatrix} a_{11} & a_{12} & \cdots & a_{1n} \\ a_{21} & a_{22} & \cdots & a_{2n} \\ \vdots & \vdots & & \vdots \\ a_{n1} & a_{n2} & \cdots & a_{nn} \end{vmatrix}$ 为方阵 $\boldsymbol{A}$ 的行列式，记为 $|\boldsymbol{A}|$ 或 $\det\boldsymbol{A}$.

方阵的行列式的运算规律：

(1) $|\boldsymbol{A}^{\mathrm{T}}|=|\boldsymbol{A}|$；(2) $|\lambda\boldsymbol{A}|=\lambda^n|\boldsymbol{A}|$；(3) $|\boldsymbol{AB}|=|\boldsymbol{A}||\boldsymbol{B}|$；(4) $|\boldsymbol{A}^k|=|\boldsymbol{A}|^k$.

### 2. 伴随矩阵

**定义 2.14** 设 $\boldsymbol{A}=(a_{ij})_{n\times n}$，行列式 $|\boldsymbol{A}|$ 的第 $i(i=1,2,\cdots,n)$ 行元素 $a_{ij}$ 的代数余子式 $A_{ij}(j=1,2,\cdots,n)$ 作为第 $i$ 列元素构成的 $n$ 阶矩阵

$$\boldsymbol{A}^*=\begin{pmatrix} A_{11} & A_{21} & \cdots & A_{n1} \\ A_{12} & A_{22} & \cdots & A_{n2} \\ \vdots & \vdots & & \vdots \\ A_{1n} & A_{2n} & \cdots & A_{nn} \end{pmatrix}$$

称为方阵 $\boldsymbol{A}$ 的伴随矩阵，记为 $\boldsymbol{A}^*$.

伴随矩阵的性质：

(1) $\boldsymbol{AA}^*=\boldsymbol{A}^*\boldsymbol{A}=|\boldsymbol{A}|\boldsymbol{E}$； (2) 若 $|\boldsymbol{A}|\neq 0$，则 $|\boldsymbol{A}^*|=|\boldsymbol{A}|^{n-1}$.

### 3. 逆矩阵概念

**定义 2.15** 设 $\boldsymbol{A}$ 为 $n$ 阶方阵，若存在 $n$ 阶方阵 $\boldsymbol{B}$，满足

$$\boldsymbol{AB}=\boldsymbol{BA}=\boldsymbol{E},$$

则称方阵 $\boldsymbol{A}$ 是可逆的，并称方阵 $\boldsymbol{B}$ 为方阵 $\boldsymbol{A}$ 的逆矩阵，记为 $\boldsymbol{A}^{-1}$，即 $\boldsymbol{B}=\boldsymbol{A}^{-1}$.

**注** 单位矩阵 $\boldsymbol{E}$ 的逆矩阵就是它本身；零矩阵不可逆.

**定理 2.5** 若 $\boldsymbol{A}$ 可逆，则 $\boldsymbol{A}$ 的逆矩阵必唯一.

**定理 2.6** 方阵 $\boldsymbol{A}$ 可逆的充分必要条件是 $|\boldsymbol{A}|\neq 0$，且当 $\boldsymbol{A}$ 可逆时，有

$$\boldsymbol{A}^{-1}=\frac{1}{|\boldsymbol{A}|}\boldsymbol{A}^*,$$

其中 $\boldsymbol{A}^*$ 是 $\boldsymbol{A}$ 的伴随矩阵.

### 4. 逆矩阵性质

**性质 2.1** 若 $\boldsymbol{A}$ 可逆，则 $\boldsymbol{A}^{-1}$ 亦可逆，且 $(\boldsymbol{A}^{-1})^{-1}=\boldsymbol{A}$.

**性质 2.2** 若 $\boldsymbol{A}$ 可逆，数 $\lambda\neq 0$，则 $\lambda\boldsymbol{A}$ 亦可逆，且 $(\lambda\boldsymbol{A})^{-1}=\frac{1}{\lambda}\boldsymbol{A}^{-1}$.

**性质 2.3** 若 $\boldsymbol{A}$ 可逆，则 $\boldsymbol{A}^{\mathrm{T}}$ 亦可逆，且 $(\boldsymbol{A}^{\mathrm{T}})^{-1}=(\boldsymbol{A}^{-1})^{\mathrm{T}}$.

**性质 2.4** 若 $\boldsymbol{A},\boldsymbol{B}$ 为同阶方阵，且均可逆，则 $\boldsymbol{AB}$ 也可逆，且 $(\boldsymbol{AB})^{-1}=\boldsymbol{B}^{-1}\boldsymbol{A}^{-1}$.

**性质 2.5** 若 $\boldsymbol{A}$ 可逆,则 $|\boldsymbol{A}^{-1}|=|\boldsymbol{A}|^{-1}$.

**5. 逆矩阵求法**

若方阵 $\boldsymbol{A}$ 可逆,则求 $\boldsymbol{A}^{-1}$ 有两种思路:

**思路一(伴随矩阵法)**

由定理 2.6 知,第一步求出 $\boldsymbol{A}$ 的伴随矩阵 $\boldsymbol{A}^*$;第二步代入公式 $\boldsymbol{A}^{-1}=\dfrac{1}{|\boldsymbol{A}|}\boldsymbol{A}^*$ 求得.

**思路二(初等行变换法)**

第一步由 $n$ 阶方阵 $\boldsymbol{A}$ 构造一个 $n\times 2n$ 的矩阵 $(\boldsymbol{A}\,\vdots\,\boldsymbol{E})$;第二步将矩阵 $(\boldsymbol{A}\,\vdots\,\boldsymbol{E})$ 利用初等行变换化为行最简形矩阵 $(\boldsymbol{E}\,\vdots\,\boldsymbol{A}^{-1})$;第三步根据 $(\boldsymbol{E}\,\vdots\,\boldsymbol{A}^{-1})$ 写出 $\boldsymbol{A}^{-1}$.

## 【例题精讲】

**例 2.18** 设 $\boldsymbol{A}=\begin{pmatrix}1&-1\\-1&2\end{pmatrix}$,$\boldsymbol{B}=\begin{pmatrix}2&1\\1&1\end{pmatrix}$,判断 $\boldsymbol{B}$ 是否是 $\boldsymbol{A}$ 的逆矩阵.

**解** 因为 $\boldsymbol{AB}=\boldsymbol{BA}=\boldsymbol{E}$,故 $\boldsymbol{B}$ 是 $\boldsymbol{A}$ 的逆矩阵.

**例 2.19** 设 $\boldsymbol{A}=\begin{pmatrix}1&-1\\3&2\end{pmatrix}$,判断 $\boldsymbol{A}$ 是否可逆;若 $\boldsymbol{A}$ 可逆,求出 $\boldsymbol{A}$ 的逆矩阵.

**解** 因为 $|\boldsymbol{A}|=5\neq 0$,故 $\boldsymbol{A}$ 可逆.

又 $A_{11}=2,A_{12}=-3,A_{21}=1,A_{22}=1$,

故 $\boldsymbol{A}^{-1}=\dfrac{1}{|\boldsymbol{A}|}\boldsymbol{A}^*=\dfrac{1}{5}\begin{pmatrix}2&1\\-3&1\end{pmatrix}$.

**例 2.20** 设 $\boldsymbol{A}=\begin{pmatrix}2&1&-1\\2&1&0\\1&-1&1\end{pmatrix}$,求 $\boldsymbol{A}$ 的逆矩阵.

**解** 方法一(伴随矩阵法)

$$|\boldsymbol{A}|=\begin{vmatrix}2&1&-1\\2&1&0\\1&-1&1\end{vmatrix}=3;$$

$$A_{11}=(-1)^{1+1}\begin{vmatrix}1&0\\-1&1\end{vmatrix}=1,\ A_{12}=(-1)^{1+2}\begin{vmatrix}2&0\\1&1\end{vmatrix}=-2,\ A_{13}=(-1)^{1+3}\begin{vmatrix}2&1\\1&-1\end{vmatrix}=-3,$$

$$A_{21}=(-1)^{2+1}\begin{vmatrix}1&-1\\-1&1\end{vmatrix}=0,\ A_{22}=(-1)^{2+2}\begin{vmatrix}2&-1\\1&1\end{vmatrix}=3,$$

$$A_{23}=(-1)^{2+3}\begin{vmatrix}2&1\\1&-1\end{vmatrix}=3,\ A_{31}=(-1)^{3+1}\begin{vmatrix}1&-1\\1&0\end{vmatrix}=1,$$

$$A_{32}=(-1)^{3+2}\begin{vmatrix}2&-1\\2&0\end{vmatrix}=-2,\ A_{33}=(-1)^{3+3}\begin{vmatrix}2&1\\2&1\end{vmatrix}=0.$$

由 $\boldsymbol{A}^{-1}=\frac{1}{|\boldsymbol{A}|}\boldsymbol{A}^{*}$ 得

$$\boldsymbol{A}^{-1}=\frac{1}{3}\boldsymbol{A}^{*}=\frac{1}{3}\begin{pmatrix}1&0&1\\-2&3&-2\\-3&3&0\end{pmatrix}.$$

方法二(初等行变换法)

$$(\boldsymbol{A}\vdots\boldsymbol{E})=\left(\begin{array}{ccc:ccc}2&1&-1&1&0&0\\2&1&0&0&1&0\\1&-1&1&0&0&1\end{array}\right)\xrightarrow{r_1\leftrightarrow r_3}\left(\begin{array}{ccc:ccc}1&-1&1&0&0&1\\2&1&0&0&1&0\\2&1&-1&1&0&0\end{array}\right)$$

$$\xrightarrow[r_3-2r_1]{r_2-2r_1}\left(\begin{array}{ccc:ccc}1&-1&1&0&0&1\\0&3&-2&0&1&-2\\0&3&-3&1&0&-2\end{array}\right)\xrightarrow{r_3-r_2}\left(\begin{array}{ccc:ccc}1&-1&1&0&0&1\\0&3&-2&0&1&-2\\0&0&-1&1&-1&0\end{array}\right)$$

$$\xrightarrow[r_2-2r_3]{r_1+r_3}\left(\begin{array}{ccc:ccc}1&-1&0&1&-1&1\\0&3&0&-2&3&-2\\0&0&-1&1&-1&0\end{array}\right)\xrightarrow[-r_3]{\frac{1}{3}r_2}\left(\begin{array}{ccc:ccc}1&-1&0&1&-1&1\\0&1&0&-\frac{2}{3}&1&-\frac{2}{3}\\0&0&1&-1&1&0\end{array}\right)$$

$$\xrightarrow{r_1+r_2}\left(\begin{array}{ccc:ccc}1&0&0&\frac{1}{3}&0&\frac{1}{3}\\0&1&0&-\frac{2}{3}&1&-\frac{2}{3}\\0&0&1&-1&1&0\end{array}\right),$$

故 $\boldsymbol{A}^{-1}=\begin{pmatrix}\frac{1}{3}&0&\frac{1}{3}\\-\frac{2}{3}&1&-\frac{2}{3}\\-1&1&0\end{pmatrix}$.

**例 2.21** 解矩阵方程 $\begin{pmatrix}2&1&-1\\2&1&0\\1&-1&1\end{pmatrix}\boldsymbol{X}=\begin{pmatrix}1&0\\2&3\\-2&4\end{pmatrix}$.

**解** 对于矩阵方程 $\boldsymbol{AX}=\boldsymbol{B}$,若 $\boldsymbol{A}$ 可逆,则矩阵方程的解为 $\boldsymbol{X}=\boldsymbol{A}^{-1}\boldsymbol{B}$. 由上例知

$$\begin{pmatrix}2&1&-1\\2&1&0\\1&-1&1\end{pmatrix}^{-1}=\begin{pmatrix}\frac{1}{3}&0&\frac{1}{3}\\-\frac{2}{3}&1&-\frac{2}{3}\\-1&1&0\end{pmatrix},$$

故有

$$X=\begin{pmatrix}\frac{1}{3} & 0 & \frac{1}{3}\\ -\frac{2}{3} & 1 & -\frac{2}{3}\\ -1 & 1 & 0\end{pmatrix}\begin{pmatrix}1 & 0\\ 2 & 3\\ -2 & 4\end{pmatrix}=\begin{pmatrix}-\frac{1}{3} & \frac{4}{3}\\ \frac{8}{3} & \frac{1}{3}\\ 1 & 3\end{pmatrix}.$$

一般地，若矩阵 $\boldsymbol{A},\boldsymbol{B}$ 可逆，则矩阵方程 $\boldsymbol{AXB}+\boldsymbol{C}=\boldsymbol{D}$ 的解为

$$\boldsymbol{X}=\boldsymbol{A}^{-1}(\boldsymbol{D}-\boldsymbol{C})\boldsymbol{B}^{-1}.$$

**例 2.22** 设 $\boldsymbol{A}=\begin{pmatrix}1 & & \\ & 2 & \\ & & 3\end{pmatrix}$ 为 3 阶对角阵，求 $\boldsymbol{A}^{-1}$.

**解** 因为 $|\boldsymbol{A}|=6\neq 0$，$A_{11}=6$，$A_{12}=0$，$A_{13}=0$，$A_{21}=0$，$A_{22}=3$，$A_{23}=0$，$A_{31}=0$，$A_{32}=0$，$A_{33}=2$，故

$$\boldsymbol{A}^{-1}=\begin{pmatrix}1 & & \\ & 2^{-1} & \\ & & 3^{-1}\end{pmatrix}.$$

**思考** 一般地，可逆对角阵的逆矩阵有什么规律？

**例 2.23** 设 $n$ 阶方阵 $\boldsymbol{A}$ 满足关系式 $\boldsymbol{A}^3+\boldsymbol{A}^2-\boldsymbol{A}-\boldsymbol{E}=\boldsymbol{O}$，证明 $\boldsymbol{A}$ 可逆，并求 $\boldsymbol{A}^{-1}$.

**证** 由 $\boldsymbol{A}^3+\boldsymbol{A}^2-\boldsymbol{A}-\boldsymbol{E}=\boldsymbol{O}$ 得 $\boldsymbol{A}^3+\boldsymbol{A}^2-\boldsymbol{A}=\boldsymbol{E}$，即 $\boldsymbol{A}(\boldsymbol{A}^2+\boldsymbol{A}-\boldsymbol{E})=\boldsymbol{E}$，故 $\boldsymbol{A}$ 可逆，且 $\boldsymbol{A}^{-1}=\boldsymbol{A}^2+\boldsymbol{A}-\boldsymbol{E}$.

## 【应用案例】

**[完成案例 7]** （密码学应用——解密）

**解** 密文“ pxbxbhwwuqmcpnlfdo x”的编码为“0 16 24 2 24 2 8 23 23 21 17 13 3 16 14 12 6 4 15 0 24”. 因为密钥矩阵为 3 阶方阵，故将编码写成 3 行矩阵，即

$$\boldsymbol{B}=\begin{pmatrix}0 & 16 & 24 & 2 & 24 & 2 & 8\\ 23 & 23 & 21 & 17 & 13 & 3 & 16\\ 14 & 12 & 6 & 4 & 15 & 0 & 24\end{pmatrix}.$$

因为加密过程是 $\boldsymbol{AX}=\boldsymbol{B}$，故明文对应的矩阵为 $\boldsymbol{X}=\boldsymbol{A}^{-1}\boldsymbol{B}$. 下面用初等行变换法求 $\boldsymbol{A}^{-1}\boldsymbol{B}$：

$$\left(\begin{array}{ccc|ccccccc}1 & 1 & 1 & 0 & 16 & 24 & 2 & 24 & 2 & 8\\ 1 & 2 & 3 & 23 & 23 & 21 & 17 & 13 & 3 & 16\\ 1 & 3 & 4 & 14 & 12 & 6 & 4 & 15 & 0 & 24\end{array}\right)$$

$$\xrightarrow[r_3-r_1]{r_2-r_1}\left(\begin{array}{ccc|ccccccc}1 & 1 & 1 & 0 & 16 & 24 & 2 & 24 & 2 & 8\\ 0 & 1 & 2 & 23 & 7 & -3 & 15 & -11 & 1 & 8\\ 0 & 2 & 3 & 14 & -4 & -18 & 2 & -9 & -2 & 16\end{array}\right)$$

$$\xrightarrow{r_3-2r_2}\left(\begin{array}{ccc|ccccccc}1 & 1 & 1 & 0 & 16 & 24 & 2 & 24 & 2 & 8\\ 0 & 1 & 2 & 23 & 7 & -3 & 15 & -11 & 1 & 8\\ 0 & 0 & -1 & -32 & -18 & -12 & -28 & 13 & -4 & 0\end{array}\right)$$

$$\xrightarrow[r_2+2r_3]{r_1+r_3}\left(\begin{array}{ccc:ccccccc}1&1&0&-32&-2&12&-26&37&-2&8\\0&1&0&-41&-29&-27&-41&15&-7&8\\0&0&-1&-32&-18&-12&-28&13&-4&0\end{array}\right)$$

$$\xrightarrow[-r_3]{r_1-r_2}\left(\begin{array}{ccc:ccccccc}1&0&0&9&27&39&15&22&5&0\\0&1&0&-41&-29&-27&-41&15&-7&8\\0&0&1&32&18&12&28&-13&4&0\end{array}\right),$$

即 $\boldsymbol{A}^{-1}\boldsymbol{B}=\begin{pmatrix}9&27&39&15&22&5&0\\-41&-29&-27&-41&15&-7&8\\32&18&12&28&-13&4&0\end{pmatrix}$.

取模 27，得明文信息矩阵 $\boldsymbol{X}^*=\begin{pmatrix}9&0&12&15&22&5&0\\13&25&0&13&15&20&8\\5&18&12&1&14&4&0\end{pmatrix}$，对应的英文是“I love my motherland”.

Hill 加密、解密实际上就是矩阵的乘法及其逆运算.

**例 2.24**（企业规划） 某企业主营甲、乙、丙三种产品，年初分别对每个季度三种产品的产量和各类成本进行全年规划，产量（单位：件）目标矩阵为 $\boldsymbol{A}$，总成本（单位：元）控制矩阵为 $\boldsymbol{C}$.

$$\begin{matrix} & \text{春季} & \text{夏季} & \text{秋季} & \text{冬季} & \\ \boldsymbol{A}= & \left(\begin{matrix}4\,000\\2\,000\\6\,000\end{matrix}\right. & \begin{matrix}5\,000\\3\,000\\6\,400\end{matrix} & \begin{matrix}4\,500\\2\,800\\5\,800\end{matrix} & \left.\begin{matrix}4\,000\\2\,200\\6\,000\end{matrix}\right) & \begin{matrix}\text{甲}\\\text{乙}\\\text{丙}\end{matrix}\end{matrix}$$

$$\begin{matrix} & \text{春季} & \text{夏季} & \text{秋季} & \text{冬季} & \\ \boldsymbol{C}= & \left(\begin{matrix}4\,600\\1\,700\\2\,500\end{matrix}\right. & \begin{matrix}5\,620\\2\,060\\3\,000\end{matrix} & \begin{matrix}5\,110\\1\,880\\2\,740\end{matrix} & \left.\begin{matrix}4\,680\\1\,740\\2\,560\end{matrix}\right) & \begin{matrix}\text{劳动}\\\text{企业管理费}\\\text{原材料}\end{matrix}\end{matrix}$$

问企业的各类单位成本应控制在多少之内？

**解** 设单位成本控制矩阵为 $\boldsymbol{B}$，由题知 $\boldsymbol{BA}=\boldsymbol{C}$，即 $\boldsymbol{B}=\boldsymbol{CA}^{-1}$. 根据初等行变换法可解得

$$\begin{matrix} & \text{甲} & \text{乙} & \text{丙} & \\ \boldsymbol{B}= & \left(\begin{matrix}0.5\\0.1\\0.1\end{matrix}\right. & \begin{matrix}0.4\\0.2\\0.3\end{matrix} & \left.\begin{matrix}0.3\\0.15\\0.25\end{matrix}\right) & \begin{matrix}\text{劳动}\\\text{企业管理费}\\\text{原材料}\end{matrix}\end{matrix}$$

## 【巩固练习】

16. 判断下列矩阵是否可逆，若可逆，求出其逆矩阵.

(1) $\boldsymbol{A}=\begin{pmatrix}1&2&3\\2&1&2\\1&3&3\end{pmatrix}$； (2) $\boldsymbol{B}=\begin{pmatrix}1&3\\2&4\end{pmatrix}$； (3) $\boldsymbol{C}=\begin{pmatrix}2&3&-1\\-1&-3&5\\1&5&-11\end{pmatrix}$.

17. 已知 $\boldsymbol{A}=\begin{pmatrix}1&1&-1\\-2&1&1\\1&1&1\end{pmatrix}$ 的逆矩阵 $\boldsymbol{A}^{-1}=\begin{pmatrix}0&-\frac{1}{3}&\frac{1}{3}\\\frac{1}{2}&\frac{1}{3}&\frac{1}{6}\\-\frac{1}{2}&0&\frac{1}{2}\end{pmatrix}$，求：

(1) $\boldsymbol{A}^{\mathrm{T}}$ 的逆矩阵；(2) $\boldsymbol{A}^{-1}$的逆矩阵.

18. 设 $\boldsymbol{A}=\begin{pmatrix}1&7&8\\0&2&9\\0&0&3\end{pmatrix}$，$\boldsymbol{B}=\begin{pmatrix}3&0&0\\7&4&0\\1&6&2\end{pmatrix}$，计算 $|\boldsymbol{AB}|$.

19. 设矩阵 $\boldsymbol{A}=\begin{pmatrix}1&3\\2&5\end{pmatrix}$，$\boldsymbol{B}=\begin{pmatrix}6&-1\\-4&1\end{pmatrix}$，$\boldsymbol{C}=\begin{pmatrix}3&-1\\-7&1\end{pmatrix}$，解下列矩阵方程：

(1) $\boldsymbol{AX}=\boldsymbol{B}$；　(2) $\boldsymbol{XA}=\boldsymbol{B}$；　(3) $\boldsymbol{AXB}=\boldsymbol{C}$.

20. 信息“believe in yourself”的编码为“2 5 12 9 5 22 5 0 9 14 0 25 15 21 18 19 5 12 6”. 密钥矩阵为 $\begin{pmatrix}1&2&1\\2&5&3\\2&3&2\end{pmatrix}$，密文是什么？

## 2.5* 分块矩阵

### 【案例引入】

［案例 8］ 云计算的关键之一是通过网络“云”将计算量巨大的数据处理问题分解到许多不同的服务器共同完成. 例如，取矩阵

$$\boldsymbol{A}=\begin{pmatrix}a_{11}&a_{12}&\cdots&a_{1n}\\a_{21}&a_{22}&\cdots&a_{2n}\\\vdots&\vdots&&\vdots\\a_{n1}&a_{n2}&\cdots&a_{nn}\end{pmatrix},\boldsymbol{B}=\begin{pmatrix}b_{11}&b_{12}&\cdots&b_{1n}\\b_{21}&b_{22}&\cdots&b_{2n}\\\vdots&\vdots&&\vdots\\b_{n1}&b_{n2}&\cdots&b_{nn}\end{pmatrix}，如何计算 \boldsymbol{C}=\boldsymbol{AB}？$$

谷歌开发了 MapReduce 工具，先将矩阵 $\boldsymbol{A}$，$\boldsymbol{B}$ 自动分成子块分发到不同的服务器上运算，然后把结果组合起来. 接下来的问题：(1) 如何将一个矩阵分成子块？(2) 又有怎样的运算呢？

### 【知识储备】

**1. 分块矩阵的概念**

**定义 2.16** 将矩阵 $\boldsymbol{A}$ 用一些贯穿行(列)的横(竖)的虚线分成若干小块，每个小块称为 $\boldsymbol{A}$ 的子块(子矩阵)，以子块为元素的矩阵称为分块矩阵.

例如，$\boldsymbol{A}=\begin{pmatrix} a_{11} & a_{12} & a_{13} & a_{14} & a_{15} \\ a_{21} & a_{22} & a_{23} & a_{24} & a_{25} \\ a_{31} & a_{32} & a_{33} & a_{34} & a_{35} \end{pmatrix}$，可以按不同方法分块：

$$\boldsymbol{A}=\left(\begin{array}{c:ccc:c} a_{11} & a_{12} & a_{13} & a_{14} & a_{15} \\ a_{21} & a_{22} & a_{23} & a_{24} & a_{25} \\ a_{31} & a_{32} & a_{33} & a_{34} & a_{35} \end{array}\right), \boldsymbol{A}=\left(\begin{array}{ccc:cc} a_{11} & a_{12} & a_{13} & a_{14} & a_{15} \\ \hdashline a_{21} & a_{22} & a_{23} & a_{24} & a_{25} \\ a_{31} & a_{32} & a_{33} & a_{34} & a_{35} \end{array}\right).$$

例如，$\boldsymbol{A}=\left(\begin{array}{cc:ccc} 3 & 1 & 2 & 0 & -3 \\ 1 & 3 & 1 & -2 & 0 \\ \hdashline 0 & 0 & 1 & 0 & 0 \\ 0 & 0 & 0 & 1 & 0 \\ 0 & 0 & 0 & 0 & 1 \end{array}\right)$，将矩阵 $\boldsymbol{A}$ 分成由 4 个子块构成的分块矩阵.

记 $\boldsymbol{A}_{11}=\begin{pmatrix} 3 & 1 \\ 1 & 3 \end{pmatrix}$，$\boldsymbol{A}_{12}=\begin{pmatrix} 2 & 0 & -3 \\ 1 & -2 & 0 \end{pmatrix}$，$\boldsymbol{O}=\begin{pmatrix} 0 & 0 \\ 0 & 0 \\ 0 & 0 \end{pmatrix}$，$\boldsymbol{E}_3=\begin{pmatrix} 1 & 0 & 0 \\ 0 & 1 & 0 \\ 0 & 0 & 1 \end{pmatrix}$，则 $\boldsymbol{A}$ 可表示成 $\boldsymbol{A}=\begin{pmatrix} \boldsymbol{A}_{11} & \boldsymbol{A}_{12} \\ \boldsymbol{O} & \boldsymbol{E}_3 \end{pmatrix}$.

**2. 分块矩阵的运算**

(1) 分块矩阵的加法.

**定义 2.17** 设 $\boldsymbol{A},\boldsymbol{B}$ 为同型矩阵，且分块方法相同，即

$$\boldsymbol{A}=\begin{pmatrix} \boldsymbol{A}_{11} & \boldsymbol{A}_{12} & \cdots & \boldsymbol{A}_{1r} \\ \boldsymbol{A}_{21} & \boldsymbol{A}_{22} & \cdots & \boldsymbol{A}_{2r} \\ \vdots & \vdots & & \vdots \\ \boldsymbol{A}_{s1} & \boldsymbol{A}_{s2} & \cdots & \boldsymbol{A}_{sr} \end{pmatrix}, \boldsymbol{B}=\begin{pmatrix} \boldsymbol{B}_{11} & \boldsymbol{B}_{12} & \cdots & \boldsymbol{B}_{1r} \\ \boldsymbol{B}_{21} & \boldsymbol{B}_{22} & \cdots & \boldsymbol{B}_{2r} \\ \vdots & \vdots & & \vdots \\ \boldsymbol{B}_{s1} & \boldsymbol{B}_{s2} & \cdots & \boldsymbol{B}_{sr} \end{pmatrix},$$

其中 $\boldsymbol{A}_{ij}, \boldsymbol{B}_{ij}$ $(i=1,2,\cdots,s;j=1,2,\cdots,r)$ 均为同型矩阵，则称

$$\boldsymbol{A}+\boldsymbol{B}=\begin{pmatrix} \boldsymbol{A}_{11}+\boldsymbol{B}_{11} & \boldsymbol{A}_{12}+\boldsymbol{B}_{12} & \cdots & \boldsymbol{A}_{1r}+\boldsymbol{B}_{1r} \\ \boldsymbol{A}_{21}+\boldsymbol{B}_{21} & \boldsymbol{A}_{22}+\boldsymbol{B}_{22} & \cdots & \boldsymbol{A}_{2r}+\boldsymbol{B}_{2r} \\ \vdots & \vdots & & \vdots \\ \boldsymbol{A}_{s1}+\boldsymbol{B}_{s1} & \boldsymbol{A}_{s2}+\boldsymbol{B}_{s2} & \cdots & \boldsymbol{A}_{sr}+\boldsymbol{B}_{sr} \end{pmatrix}$$

为分块矩阵的加法.

**定义 2.18** 设分块矩阵 $\boldsymbol{A}=\begin{pmatrix} \boldsymbol{A}_{11} & \boldsymbol{A}_{12} & \cdots & \boldsymbol{A}_{1r} \\ \boldsymbol{A}_{21} & \boldsymbol{A}_{22} & \cdots & \boldsymbol{A}_{2r} \\ \vdots & \vdots & & \vdots \\ \boldsymbol{A}_{s1} & \boldsymbol{A}_{s2} & \cdots & \boldsymbol{A}_{sr} \end{pmatrix}$，其中 $\boldsymbol{A}_{ij}$ $(i=1,2,\cdots,s;j=1,2,\cdots,r)$ 为子块，则称

$$\lambda\boldsymbol{A}=\begin{pmatrix}\lambda\boldsymbol{A}_{11} & \lambda\boldsymbol{A}_{12} & \cdots & \lambda\boldsymbol{A}_{1r}\\ \lambda\boldsymbol{A}_{21} & \lambda\boldsymbol{A}_{22} & \cdots & \lambda\boldsymbol{A}_{2r}\\ \vdots & \vdots & & \vdots\\ \lambda\boldsymbol{A}_{s1} & \lambda\boldsymbol{A}_{s2} & \cdots & \lambda\boldsymbol{A}_{sr}\end{pmatrix}$$

为分块矩阵的数乘.

(2) 分块矩阵的乘法.

**定义 2.19** 设 $\boldsymbol{A}$ 是 $m\times k$ 矩阵,$\boldsymbol{B}$ 是 $k\times n$ 矩阵,将 $\boldsymbol{A},\boldsymbol{B}$ 进行分块,即

$$\boldsymbol{A}=\begin{pmatrix}\boldsymbol{A}_{11} & \boldsymbol{A}_{12} & \cdots & \boldsymbol{A}_{1s}\\ \boldsymbol{A}_{21} & \boldsymbol{A}_{22} & \cdots & \boldsymbol{A}_{2s}\\ \vdots & \vdots & & \vdots\\ \boldsymbol{A}_{r1} & \boldsymbol{A}_{r2} & \cdots & \boldsymbol{A}_{rs}\end{pmatrix}\begin{matrix}m_1\\ m_2\\ \vdots\\ m_r\end{matrix}$$
$$\begin{matrix}k_1 & k_2 & \cdots & k_s\end{matrix}$$

$$\boldsymbol{B}=\begin{pmatrix}\boldsymbol{B}_{11} & \boldsymbol{B}_{12} & \cdots & \boldsymbol{B}_{1t}\\ \boldsymbol{B}_{21} & \boldsymbol{B}_{22} & \cdots & \boldsymbol{B}_{2t}\\ \vdots & \vdots & & \vdots\\ \boldsymbol{B}_{s1} & \boldsymbol{B}_{s2} & \cdots & \boldsymbol{B}_{st}\end{pmatrix}\begin{matrix}k_1\\ k_2\\ \vdots\\ k_s\end{matrix}$$
$$\begin{matrix}n_1 & n_2 & \cdots & n_t\end{matrix}$$

其中 $\boldsymbol{A}_{il}$ 是 $m_i\times k_l$ 阶子矩阵,$\boldsymbol{B}_{lj}$ 是 $k_l\times n_j$ 阶子矩阵($i=1,2,\cdots,r;l=1,2,\cdots,s;j=1,2,\cdots,t$),因此 $\boldsymbol{A}_{il}\boldsymbol{B}_{lj}$ 有意义,则称

$$\boldsymbol{AB}=\begin{pmatrix}\boldsymbol{C}_{11} & \boldsymbol{C}_{12} & \cdots & \boldsymbol{C}_{1t}\\ \boldsymbol{C}_{21} & \boldsymbol{C}_{22} & \cdots & \boldsymbol{C}_{2t}\\ \vdots & \vdots & & \vdots\\ \boldsymbol{C}_{r1} & \boldsymbol{C}_{r2} & \cdots & \boldsymbol{C}_{rt}\end{pmatrix}$$

为分块矩阵的乘法,其中

$$\boldsymbol{C}_{ij}=\sum_{l=1}^{s}\boldsymbol{A}_{il}\boldsymbol{B}_{lj}\ (i=1,2,\cdots,r;j=1,2,\cdots,t).$$

**3. 分块对角阵**

**定义 2.20** 对 $n$ 阶方阵 $\boldsymbol{A}$,若 $\boldsymbol{A}$ 的分块矩阵为

$$\boldsymbol{A}=\begin{pmatrix}\boldsymbol{A}_1 & & & \\ & \boldsymbol{A}_2 & & \\ & & \ddots & \\ & & & \boldsymbol{A}_s\end{pmatrix},$$

其中 $\boldsymbol{A}_i(i=1,2,\cdots,s)$ 为方阵,则称 $\boldsymbol{A}$ 为分块对角阵或准对角阵.

若 $\boldsymbol{A}$ 为分块对角阵,则 $|\boldsymbol{A}|=|\boldsymbol{A}_1||\boldsymbol{A}_2|\cdots|\boldsymbol{A}_s|$;分块对角阵 $\boldsymbol{A}$ 可逆的充要条件是 $|\boldsymbol{A}_i|\neq 0(i=1,2,\cdots,s)$,即每个 $\boldsymbol{A}_i(i=1,2,\cdots,s)$ 都可逆,且

$$\boldsymbol{A}^{-1}=\begin{pmatrix}\boldsymbol{A}_1^{-1} & & & \\ & \boldsymbol{A}_2^{-1} & & \\ & & \ddots & \\ & & & \boldsymbol{A}_s^{-1}\end{pmatrix}.$$

【例题精讲】

**例 2.25** 设矩阵 $\boldsymbol{A}=\begin{pmatrix}2 & -1 & 1 & 0\\ 0 & 3 & 0 & 1\\ 0 & 0 & 1 & 0\\ 0 & 0 & 0 & -1\end{pmatrix}$，$\boldsymbol{B}=\begin{pmatrix}1 & -1 & 0 & 0\\ 3 & 0 & 0 & 0\\ 5 & 2 & 1 & 0\\ 0 & -1 & 0 & 1\end{pmatrix}$，求 $\boldsymbol{A}+\boldsymbol{B}$.

**解** 根据 $\boldsymbol{A},\boldsymbol{B}$ 自身的特点，将 $\boldsymbol{A},\boldsymbol{B}$ 按同样的方式分块：

$$\boldsymbol{A}=\left(\begin{array}{cc:cc}2 & -1 & 1 & 0\\ 0 & 3 & 0 & 1\\ \hdashline 0 & 0 & 1 & 0\\ 0 & 0 & 0 & -1\end{array}\right),\boldsymbol{B}=\left(\begin{array}{cc:cc}1 & -1 & 0 & 0\\ 3 & 0 & 0 & 0\\ \hdashline 5 & 2 & 1 & 0\\ 0 & -1 & 0 & 1\end{array}\right).$$

令

$$\boldsymbol{A}_1=\begin{pmatrix}2 & -1\\ 0 & 3\end{pmatrix},\boldsymbol{E}_2=\begin{pmatrix}1 & 0\\ 0 & 1\end{pmatrix},\boldsymbol{O}=\begin{pmatrix}0 & 0\\ 0 & 0\end{pmatrix},\boldsymbol{A}_2=\begin{pmatrix}1 & 0\\ 0 & -1\end{pmatrix},\boldsymbol{B}_1=\begin{pmatrix}1 & -1\\ 3 & 0\end{pmatrix},\boldsymbol{B}_2=\begin{pmatrix}5 & 2\\ 0 & -1\end{pmatrix},$$

于是

$$\boldsymbol{A}=\begin{pmatrix}\boldsymbol{A}_1 & \boldsymbol{E}_2\\ \boldsymbol{O} & \boldsymbol{A}_2\end{pmatrix},\quad \boldsymbol{B}=\begin{pmatrix}\boldsymbol{B}_1 & \boldsymbol{O}\\ \boldsymbol{B}_2 & \boldsymbol{E}_2\end{pmatrix},$$

所以

$$\boldsymbol{A}+\boldsymbol{B}=\begin{pmatrix}\boldsymbol{A}_1+\boldsymbol{B}_1 & \boldsymbol{E}_2+\boldsymbol{O}\\ \boldsymbol{O}+\boldsymbol{B}_2 & \boldsymbol{A}_2+\boldsymbol{E}_2\end{pmatrix}=\begin{pmatrix}\boldsymbol{A}_1+\boldsymbol{B}_1 & \boldsymbol{E}_2\\ \boldsymbol{B}_2 & \boldsymbol{A}_2+\boldsymbol{E}_2\end{pmatrix}.$$

由于 $\boldsymbol{A}_1+\boldsymbol{B}_1=\begin{pmatrix}3 & -2\\ 3 & 3\end{pmatrix}$，$\boldsymbol{A}_2+\boldsymbol{E}_2=\begin{pmatrix}2 & 0\\ 0 & 0\end{pmatrix}$，故有

$$\boldsymbol{A}+\boldsymbol{B}=\begin{pmatrix}3 & -2 & 1 & 0\\ 3 & 3 & 0 & 1\\ 5 & 2 & 2 & 0\\ 0 & -1 & 0 & 0\end{pmatrix}.$$

**例 2.26** 设矩阵

$$\boldsymbol{A}=\begin{pmatrix}-1 & 0 & 0 & 0 & 0\\ 0 & -1 & 0 & 0 & 0\\ 3 & 0 & 1 & 0 & 0\\ -2 & 2 & 0 & 1 & 0\\ 1 & -1 & 0 & 0 & 1\end{pmatrix},\boldsymbol{B}=\begin{pmatrix}5 & 0 & 0 & -1 & 0\\ 2 & -1 & 0 & 0 & -1\\ 1 & 0 & 0 & 0 & 0\\ 0 & 1 & 0 & 0 & 0\\ 0 & 0 & 1 & 0 & 0\end{pmatrix},$$

求 $\boldsymbol{AB}$.

**解** 根据 $\boldsymbol{A},\boldsymbol{B}$ 的特点,将 $\boldsymbol{A},\boldsymbol{B}$ 进行分块:

$$\boldsymbol{A}=\begin{pmatrix}-\boldsymbol{E}_2 & \boldsymbol{O}_{2\times 3}\\ \boldsymbol{A}_1 & \boldsymbol{E}_3\end{pmatrix},\quad \boldsymbol{B}=\begin{pmatrix}\boldsymbol{B}_1 & -\boldsymbol{E}_2\\ \boldsymbol{E}_3 & \boldsymbol{O}_{3\times 2}\end{pmatrix},$$

其中 $\boldsymbol{E}_2,\boldsymbol{E}_3$ 为单位矩阵,

$$\boldsymbol{A}_1=\begin{pmatrix}3 & 0\\ -2 & 2\\ 1 & -1\end{pmatrix},\boldsymbol{O}_{2\times 3}=\begin{pmatrix}0 & 0 & 0\\ 0 & 0 & 0\end{pmatrix},\boldsymbol{B}_1=\begin{pmatrix}5 & 0 & 0\\ 2 & -1 & 0\end{pmatrix},\boldsymbol{O}_{3\times 2}=\begin{pmatrix}0 & 0\\ 0 & 0\\ 0 & 0\end{pmatrix}.$$

所以

$$\boldsymbol{AB}=\begin{pmatrix}-\boldsymbol{E}_2\boldsymbol{B}_1+\boldsymbol{O}_{2\times 3}\boldsymbol{E}_3 & (-\boldsymbol{E}_2)(-\boldsymbol{E}_2)+\boldsymbol{O}_{2\times 3}\boldsymbol{O}_{3\times 2}\\ \boldsymbol{A}_1\boldsymbol{B}_1+\boldsymbol{E}_3\boldsymbol{E}_3 & -\boldsymbol{A}_1\boldsymbol{E}_2+\boldsymbol{E}_3\boldsymbol{O}_{3\times 2}\end{pmatrix}=\begin{pmatrix}-\boldsymbol{B}_1 & \boldsymbol{E}_2\\ \boldsymbol{A}_1\boldsymbol{B}_1+\boldsymbol{E}_3 & -\boldsymbol{A}_1\end{pmatrix}.$$

又

$$\begin{aligned}\boldsymbol{A}_1\boldsymbol{B}_1+\boldsymbol{E}_3&=\begin{pmatrix}3 & 0\\ -2 & 2\\ 1 & -1\end{pmatrix}\begin{pmatrix}5 & 0 & 0\\ 2 & -1 & 0\end{pmatrix}+\begin{pmatrix}1 & 0 & 0\\ 0 & 1 & 0\\ 0 & 0 & 1\end{pmatrix}\\ &=\begin{pmatrix}16 & 0 & 0\\ -6 & -1 & 0\\ 3 & 1 & 1\end{pmatrix},\end{aligned}$$

故

$$\boldsymbol{AB}=\begin{pmatrix}-5 & 0 & 0 & 1 & 0\\ -2 & 1 & 0 & 0 & 1\\ 16 & 0 & 0 & -3 & 0\\ -6 & -1 & 0 & 2 & -2\\ 3 & 1 & 1 & -1 & 1\end{pmatrix}.$$

**例 2.27** 设矩阵 $\boldsymbol{A}=\begin{pmatrix}6 & 0 & 0\\ 0 & 2 & -1\\ 0 & 3 & 5\end{pmatrix}$,求 $\boldsymbol{A}^{-1}$.

**解** 根据 $\boldsymbol{A}$ 的特点进行分块:

$$\boldsymbol{A}=\begin{pmatrix}\boldsymbol{A}_1 & \boldsymbol{O}\\ \boldsymbol{O} & \boldsymbol{A}_2\end{pmatrix},$$

其中 $\boldsymbol{A}_1=(6),\boldsymbol{A}_2=\begin{pmatrix}2 & -1\\ 3 & 5\end{pmatrix}$.

因为 $\boldsymbol{A}_1^{-1}=\left(\frac{1}{6}\right),\boldsymbol{A}_2^{-1}=\begin{pmatrix}\frac{5}{13} & \frac{1}{13}\\ -\frac{3}{13} & \frac{2}{13}\end{pmatrix}$,故有

$$\boldsymbol{A}^{-1}=\begin{pmatrix}\frac{1}{6} & 0 & 0\\ 0 & \frac{5}{13} & \frac{1}{13}\\ 0 & -\frac{3}{13} & \frac{2}{13}\end{pmatrix}.$$

## 【应用案例】

[完成案例 8]

**解** 假设取矩阵

$$A=\begin{pmatrix}-1&0&0&0&0\\0&-1&0&0&0\\3&0&1&0&0\\-2&2&0&1&0\\1&-1&0&0&1\end{pmatrix},B=\begin{pmatrix}5&0&0&-1&0\\2&-1&0&0&-1\\1&0&0&0&0\\0&1&0&0&0\\0&0&1&0&0\end{pmatrix}.$$

MapReduce 会自动将矩阵 $\boldsymbol{A},\boldsymbol{B}$ 像例 2.26 一样进行分块，之后推送到不同服务器上进行运算，最后汇总组合起来就是所求的 $\boldsymbol{AB}$，即

$$AB=\begin{pmatrix}-5&0&0&1&0\\-2&1&0&0&1\\16&0&0&-3&0\\-6&-1&0&2&-2\\3&1&1&-1&1\end{pmatrix}.$$

## 【巩固练习】

21. 设矩阵 $A=\begin{pmatrix}3&0&0&0&0\\0&2&0&0&0\\0&0&1&0&1\\0&0&0&2&-1\\0&0&1&-1&1\end{pmatrix},B=\begin{pmatrix}1&2&0&0&0\\-3&4&0&0&0\\1&0&1&0&1\\0&-1&-1&2&-1\\2&0&0&-1&1\end{pmatrix}$，利用分块矩阵的乘法求 $\boldsymbol{AB}$.

22. 设矩阵 $A=\begin{pmatrix}1&2&0&0&0\\2&5&0&0&0\\0&0&-2&1&0\\0&0&0&-2&1\\0&0&0&0&-2\end{pmatrix}$，利用分块矩阵的方法求 $\boldsymbol{A}^{-1}$.

23. 将矩阵 $A=\begin{pmatrix}1&3&0&0&0\\2&5&0&0&0\\0&0&-2&0&0\\0&0&0&4&1\\0&0&0&-3&0\end{pmatrix}$ 分成分块对角阵.

24. 设矩阵 $\boldsymbol{A}=\begin{pmatrix}1 & 0 & -1 & 2\\ 0 & 1 & 3 & -4\\ 0 & 0 & -1 & 0\\ 0 & 0 & 0 & -1\end{pmatrix}$，$\boldsymbol{B}=\begin{pmatrix}-1 & 2 & 0 & 0\\ 7 & 0 & 0 & 0\\ 3 & 4 & 1 & 0\\ 0 & -2 & 0 & 1\end{pmatrix}$，用分块矩阵计算 $k\boldsymbol{A}$，$\boldsymbol{A}+\boldsymbol{B}$，$\boldsymbol{AB}$.

# 第2章复习题

## 一、单项选择题

1. 设$\boldsymbol{A},\boldsymbol{B},\boldsymbol{C}$均为$n$阶方阵，$\boldsymbol{AB}=\boldsymbol{BA}$，$\boldsymbol{AC}=\boldsymbol{CA}$，则$\boldsymbol{ABC}=$(　　).

A. $\boldsymbol{ACB}$　　B. $\boldsymbol{CAB}$　　C. $\boldsymbol{CBA}$　　D. $\boldsymbol{BCA}$

2. 设$\boldsymbol{A}$为3阶方阵，$\boldsymbol{B}$为4阶方阵，且行列式$|\boldsymbol{A}|=1$，$|\boldsymbol{B}|=-2$，则行列式$\big||\boldsymbol{B}|\boldsymbol{A}\big|$的值为(　　).

A. $-8$　　B. $-2$　　C. $2$　　D. $8$

3. 已知$\boldsymbol{A}$是一个$3\times 4$矩阵，下列命题正确的是(　　).

A. 若矩阵$\boldsymbol{A}$中所有3阶子式都为0，则秩$(\boldsymbol{A})=2$

B. 若矩阵$\boldsymbol{A}$中存在2阶子式不为0，则秩$(\boldsymbol{A})=2$

C. 若秩$(\boldsymbol{A})=2$，则$\boldsymbol{A}$中所有3阶子式都为0

D. 若秩$(\boldsymbol{A})=2$，则$\boldsymbol{A}$中所有2阶子式都不为0

4. 设$\boldsymbol{A},\boldsymbol{B},\boldsymbol{C}$为同阶可逆方阵，则$(\boldsymbol{ABC})^{-1}=$(　　).

A. $\boldsymbol{A}^{-1}\boldsymbol{B}^{-1}\boldsymbol{C}^{-1}$　　B. $\boldsymbol{C}^{-1}\boldsymbol{B}^{-1}\boldsymbol{A}^{-1}$　　C. $\boldsymbol{C}^{-1}\boldsymbol{A}^{-1}\boldsymbol{B}^{-1}$　　D. $\boldsymbol{A}^{-1}\boldsymbol{C}^{-1}\boldsymbol{B}^{-1}$

5. 已知2阶方阵$\boldsymbol{A}=\begin{pmatrix} a & b \\ c & d \end{pmatrix}$的行列式$|\boldsymbol{A}|=-1$，则$(\boldsymbol{A}^*)^{-1}=$(　　).

A. $\begin{pmatrix} -a & -b \\ -c & -d \end{pmatrix}$　　B. $\begin{pmatrix} d & -b \\ -c & a \end{pmatrix}$

C. $\begin{pmatrix} -d & b \\ c & -a \end{pmatrix}$　　D. $\begin{pmatrix} a & b \\ c & d \end{pmatrix}$

## 二、填空题

6. 行列式$\begin{vmatrix} 2\,007 & 2\,008 \\ 2\,009 & 2\,010 \end{vmatrix}$的值为__________.

7. 设矩阵$\boldsymbol{A}=\begin{pmatrix} 1 & -1 & 3 \\ 2 & 0 & 1 \end{pmatrix}$，$\boldsymbol{B}=\begin{pmatrix} 2 & 0 \\ 0 & 1 \end{pmatrix}$，则$\boldsymbol{A}^{\mathrm{T}}\boldsymbol{B}=$__________.

8. 设方阵$\boldsymbol{A}$满足$\boldsymbol{A}^3-2\boldsymbol{A}+\boldsymbol{E}=\boldsymbol{O}$，则$(\boldsymbol{A}^2-2\boldsymbol{E})^{-1}=$__________.

9. 设矩阵$\boldsymbol{A}=\begin{pmatrix} -1 & -2 & 0 & 0 \\ 4 & 7 & 0 & 0 \\ 0 & 0 & -2 & -1 \\ 0 & 0 & 3 & 1 \end{pmatrix}$，则$\boldsymbol{A}^{-1}=$__________.

10. 设方阵$\boldsymbol{A}=\begin{pmatrix} 1 & 0 & 0 \\ 2 & 2 & 0 \\ 3 & 3 & 3 \end{pmatrix}$，则$\left(\dfrac{1}{2}\boldsymbol{A}\right)^{-1}=$__________.

**三、计算题**

11. 设矩阵 $\boldsymbol{A}=\begin{pmatrix}1&2&0\\2&1&0\\0&5&1\end{pmatrix}$，$\boldsymbol{B}=\begin{pmatrix}1&1&3\\0&5&-2\\-1&2&1\end{pmatrix}$，求 $\boldsymbol{A}+2\boldsymbol{B}$，$\boldsymbol{A}^{\mathrm{T}}\boldsymbol{B}$.

12. 设矩阵 $\boldsymbol{A}=\begin{pmatrix}2&-3&1\\4&-5&2\\5&-7&3\end{pmatrix}$，判断 $\boldsymbol{A}$ 是否可逆，若可逆，求其逆矩阵 $\boldsymbol{A}^{-1}$.

13. 设矩阵 $\boldsymbol{A}=\begin{pmatrix}2&1\\-1&2\end{pmatrix}$，$\boldsymbol{E}$ 为 2 阶单位矩阵，矩阵 $\boldsymbol{B}$ 满足 $\boldsymbol{BA}=\boldsymbol{B}+\boldsymbol{E}$，求 $|\boldsymbol{B}|$.

14. 已知矩阵 $\boldsymbol{A}=\begin{pmatrix}2&3\\1&0\end{pmatrix}$，$\boldsymbol{B}=\begin{pmatrix}-3&-1\\-2&1\end{pmatrix}$，$\boldsymbol{C}=\begin{pmatrix}0&-1&1\\1&2&0\end{pmatrix}$，$\boldsymbol{D}=\begin{pmatrix}1&2&0\\1&0&1\end{pmatrix}$，矩阵 $\boldsymbol{X}$ 满足方程 $\boldsymbol{AX}+\boldsymbol{BX}+\boldsymbol{C}=\boldsymbol{D}$，求 $\boldsymbol{X}$.

15. 设矩阵 $\boldsymbol{A}=\begin{pmatrix}3&5&8\\2&4&0\\0&0&1\end{pmatrix}$，$\boldsymbol{B}=\begin{pmatrix}1&0&2&1\\0&2&5&9\\0&0&3&0\end{pmatrix}$，求矩阵 $\boldsymbol{AB}$ 的秩.

16. 设矩阵 $\boldsymbol{A}=\begin{pmatrix}1&0&0\\2&4&0\\3&5&-1\end{pmatrix}$，求 $(\boldsymbol{A}^{\mathrm{T}})^{-1}$.

17. 某计算机品牌厂商对其品牌的市场占有率进行调研，发现在 100 万人口的城市中大概有 80% 的人正在使用计算机，而自己的品牌在该地区的市场占有率为 25%. 为了提高市场占有率，对该城市进行了一系列的营销手段. 假设每月使用该品牌计算机的顾客中有 20% 改用其他品牌，而原来使用其他品牌计算机的顾客中又有 40% 将使用该品牌计算机. 若该城市总人数不变，请问 1 个月后该品牌计算机的市场占有率是多少？3 个月后又怎样？

18. 现有 4 个小朋友玩击鼓传花游戏. 游戏规则是：任意两个小朋友之间都可以相互传花，但当每一次鼓声响起到停止时，花必须传而且只传过一次.

(1) 把这 4 个小朋友看成 4 个结点，写出相应的邻接矩阵.

(2) 假设从第一个小朋友开始击鼓传花，经过 3 次传花后，花又回到第一个小朋友手中，共有多少种不同的传法？

(3) 假设从第一个小朋友开始击鼓传花，经过 1 次、2 次或 3 次传花，花传给第 3 个小朋友，共有多少种不同的传法？

## 名家链接

英国数学家凯莱(Arthur Cayley,1821—1895),1821年8月16日生于英国萨里郡的里士满,1895年1月26日卒于剑桥大学.凯莱自幼酷爱数学,一生无论经历怎样的挫折,始终不忘初心,热爱数学.

凯莱于1839年进入剑桥大学的三一学院学习,1842年以数学荣誉考试甲等第一名的资格毕业.毕业后任职于三一学院,开始从事数学研究,后因历史原因未继续受聘.1846年入林肯法律协会学习并于1849年成为律师.为了从事科学研究,他放弃了能赚钱的律师职业,于1863年回归剑桥大学,任纯粹数学的第一个"萨德勒"教授.之后,他将所有时间用于数学研究,直至逝世.

凯莱是数学史上最多产的数学家之一,仅次于欧拉和柯西.他一生坚持数学研究,发表了900多篇论文,形成了巨著《数学论文汇编》.在纯粹数学中,几乎没有一个领域未被凯莱涉及.他在非欧几何、线性代数、群论和高维几何领域都做过开拓性的工作.他与英国另一位杰出数学家西尔维斯特(James Joseph Sylvester,1814—1897)一起,创立了代数型的理论,共同奠定了关于代数不变量理论的基础.他是矩阵论的创立者,因为他首先把矩阵作为一个独立的数学概念提出,并首次发表了关于这个课题的一系列文章.1858年,他发表了关于矩阵的第一篇论文《矩阵论的研究报告》,系统阐述了关于矩阵的相关理论.

凯莱是一位兴趣十分广泛的数学家.他喜欢用零碎的时间阅读小说,终其一生,读了上千本小说.他对绘画也很喜欢,尤其在水彩画方面表现突出.他对植物学和自然科学也有浓厚的兴趣.他还是一位登山爱好者.虽然登山很辛苦,但每次登上顶峰时,他都异常兴奋,就像解决了一个数学难题或完成一个复杂数学理论时的体会一样.

# 第 3 章　线性方程组

线性方程组的解法，早在我国古代著作《九章算术》“方程”一章中就做了比较完整的阐述. 宋元时期的数学家秦九韶于公元 1247 年完成的《数书九章》一书，也已给出了相当于现在用增广矩阵研究解方程组的方法. 17 世纪后期，德国数学家莱布尼茨(Leibniz)才开始对线性方程组进行研究，同时英国数学家麦克劳林(Maclaurin)、瑞士数学家克拉默(Cramer)也对线性方程组进行研究. 18 世纪下半叶，法国数学家贝祖(Bezout)对线性方程组理论进行了一系列的研究，获得了关于齐次线性方程组的一些成果. 19 世纪，英国数学家史密斯(Smith)和道奇森(Dodgson)分别对方程组的增广矩阵和一般线性方程组解的判别做了深入研究，得到了相应的成果.

线性方程组的解的理论和求解方法是线性代数课程的核心内容之一. 在第 1 章中介绍的克拉默法则有其局限性，它只适用于讨论方程个数与未知数个数相同的线性方程组. 本章中我们主要利用向量理论，建立线性方程组的求解理论和求解方法，并讨论线性方程组解的存在性和通解结构.

线性方程组的求解方法不仅是线性代数以及数学其他分支的一个重要工具，而且在运筹学、线性规划、运输问题等管理科学以及大数据、人工智能领域有着广泛的应用.

本章知识点主要有：$n$ 维向量的概念与运算、向量组的线性相关性、向量组的秩与极大无关组、方程组解的判别、齐次和非齐次线性方程组解的结构.

## 3.1　高斯消元法

【案例引入】

[**案例 1**]　解线性方程组 $\begin{cases} x_1+x_2-2x_3=3, \\ 2x_1+x_2+x_3=8, \\ 4x_1-2x_2+5x_3=7. \end{cases}$

中学用消元法求出方程组有唯一解，下面探讨如何用矩阵的方法求解.

## 【知识储备】

由 $n$ 个未知量组成的一次方程组称为 $n$ 元线性方程组,其一般形式为

$$\begin{cases} a_{11}x_1+a_{12}x_2+\cdots+a_{1n}x_n=b_1, \\ a_{21}x_1+a_{22}x_2+\cdots+a_{2n}x_n=b_2, \\ \quad\vdots \\ a_{m1}x_1+a_{m2}x_2+\cdots+a_{mn}x_n=b_m, \end{cases} \tag{3.1}$$

其中 $x_1,x_2,\cdots,x_n$ 是待确定的未知量,$m$ 是方程的个数,这里 $m$ 与 $n$ 不一定相等. $a_{ij}$ 是第 $i$ 个方程第 $j$ 个未知量的系数,$b_i$ 是第 $i$ 个方程的常数项.

设

$$\boldsymbol{A}=\begin{pmatrix} a_{11} & a_{12} & \cdots & a_{1n} \\ a_{21} & a_{22} & \cdots & a_{2n} \\ \vdots & \vdots & & \vdots \\ a_{m1} & a_{m2} & \cdots & a_{mn} \end{pmatrix},\boldsymbol{X}=\begin{pmatrix} x_1 \\ x_2 \\ \vdots \\ x_n \end{pmatrix},\boldsymbol{B}=\begin{pmatrix} b_1 \\ b_2 \\ \vdots \\ b_m \end{pmatrix},$$

则线性方程组(3.1)对应的矩阵表示为 $\boldsymbol{AX}=\boldsymbol{B}$,其中矩阵 $\boldsymbol{A}$ 称为**系数矩阵**,$\boldsymbol{X}$ 为**未知数矩阵**,$\boldsymbol{B}$ 为**常数项矩阵**.

矩阵

$$(\boldsymbol{A}\vdots\boldsymbol{B})=\begin{pmatrix} a_{11} & a_{12} & \cdots & a_{1n} & b_1 \\ a_{21} & a_{22} & \cdots & a_{2n} & b_2 \\ \vdots & \vdots & & \vdots & \vdots \\ a_{m1} & a_{m2} & \cdots & a_{mn} & b_m \end{pmatrix}$$

称为线性方程组(3.1)的**增广矩阵**.

若将 $x_1=c_1,x_2=c_2,\cdots,x_n=c_n$ 代入线性方程组(3.1),能使每个方程都成为恒等式,则称 $(c_1,c_2,\cdots,c_n)^{\mathrm{T}}$ 为方程组的一个**解向量**(简称为解),方程组的全部解的集合称为它的**解集**. 解集相等的两个方程组称为**同解方程组**. 若不存在如上所述的 $(c_1,c_2,\cdots,c_n)^{\mathrm{T}}$,则称方程组**无解**.

## 【应用案例】

**[完成案例 1]**

**解** 线性方程组 增广矩阵

$$\begin{cases} x_1+x_2-2x_3=3, & ① \\ 2x_1+x_2+x_3=8, & ② \\ 4x_1-2x_2+5x_3=7, & ③ \end{cases} \qquad (\boldsymbol{A}\vdots\boldsymbol{B})=\begin{pmatrix} 1 & 1 & -2 & 3 \\ 2 & 1 & 1 & 8 \\ 4 & -2 & 5 & 7 \end{pmatrix}$$

①×(−2)+②,①×(−4)+③,得

$$\begin{cases} x_1+x_2-2x_3=3, & \\ -x_2+5x_3=2, & ④ \\ -6x_2+13x_3=-5, & ⑤ \end{cases} \qquad \xrightarrow[r_3-4r_1]{r_2-2r_1}\begin{pmatrix} 1 & 1 & -2 & 3 \\ 0 & -1 & 5 & 2 \\ 0 & -6 & 13 & -5 \end{pmatrix}$$

④×(−6)+⑤,得

$$\begin{cases}x_1+x_2-2x_3=3,\\-x_2+5x_3=2,\\-17x_3=-17,\quad ⑥\end{cases}\xrightarrow{r_3-6r_2}\begin{pmatrix}1&1&-2&3\\0&-1&5&2\\0&0&-17&-17\end{pmatrix}$$

由⑥得 $x_3=1$.

将 $x_3=1$ 分别代入①和④得

$$\begin{cases}x_1+x_2=5,\quad ⑦\\x_2=3,\\x_3=1.\end{cases}\longrightarrow\begin{pmatrix}1&1&0&5\\0&1&0&3\\0&0&1&1\end{pmatrix}$$

将 $x_2=3$ 代入⑦,得

$$\begin{cases}x_1=2\\x_2=3\\x_3=1\end{cases}\longrightarrow\begin{pmatrix}1&0&0&2\\0&1&0&3\\0&0&1&1\end{pmatrix}$$

线性方程组的解用矩阵表示为$(2,3,1)^{\mathrm{T}}$,这也是下节要学习的向量.

中学学习的用消元法求线性方程组的解的过程对应于将增广矩阵化为行阶梯形(或行最简形)矩阵的过程.

【巩固练习】

1. 解下列线性方程组:

(1) $\begin{cases}2x_1-3x_2+x_3=-3,\\5x_1-2x_2+7x_3=7,\\13x_1+8x_2=-5;\end{cases}$　　(2) $\begin{cases}3x_1+x_2+10x_3=1,\\x_1+3x_2+x_3=3,\\x_1+x_2+3x_3=9.\end{cases}$

## 3.2　$n$维向量

### 3.2.1　$n$维向量的概念及其运算

【案例引入】

[**案例2**]　现有某种调味品的成分配方如下:

胡椒130 g、香叶110 g、五加皮70 g、白芷40 g、白豆蔻60 g、干姜50 g、砂仁50 g、陈皮100 g、沙姜60 g、甘草100 g、草果50 g、桂皮50 g、小茴香70 g、丁香10 g、八角50 g.

**分析**　二维平面中点的横坐标 $x=-5$,纵坐标 $y=3$,可以约定横坐标在前,纵坐标在后,这样就将该点表示为$(-5,3)$,这就是一个二维向量.

同样地,将上述调味品成分配方按给出成分的先后顺序可以简记为(130,110,70,40,

60,50,50,100,60,100,50,50,70,10,50),这就是一个 15 维的行向量.

接下来就详细介绍 $n$ 维向量的概念及相关知识.

## 【知识储备】

**定义 3.1** 有 $n$ 个实数 $a_1,a_2,\cdots,a_n$ 组成的有序数组 $(a_1,a_2,\cdots,a_n)$ 称为一个 $\boldsymbol{n}$ **维向量**.

向量可以写成一行 $(a_1,a_2,\cdots,a_n)$,我们称它为 **$\boldsymbol{n}$ 维行向量**;也可以写成一列 $\begin{pmatrix}a_1\\a_2\\\vdots\\a_n\end{pmatrix}$,我们称它为 **$\boldsymbol{n}$ 维列向量**, $n$ 维列向量也可以写成 $(a_1,a_2,\cdots,a_n)^{\mathrm{T}}$.

本章中,我们用希腊字母 $\boldsymbol{\alpha},\boldsymbol{\beta},\boldsymbol{\gamma}$ 来表示 $n$ 维向量. 例如, $\boldsymbol{\alpha}=(1,2,3)$ 是三维行向量, $\boldsymbol{\beta}=\begin{pmatrix}1\\2\\3\end{pmatrix}$ 是三维列向量,但它们是不同的向量. 事实上,在第 2 章中, $n$ 维行向量可以看成一个 $1\times n$ 的矩阵, $n$ 维列向量可以看成一个 $n\times 1$ 的矩阵.

既然向量可以看成一个特殊的矩阵,那么向量相等以及向量运算的定义都与矩阵相等及矩阵运算相应的定义一致.

**定义 3.2**(向量相等) 设 $n$ 维向量 $\boldsymbol{\alpha}=(a_1,a_2,\cdots,a_n)$, $\boldsymbol{\beta}=(b_1,b_2,\cdots,b_n)$,则向量 $\boldsymbol{\alpha}$ 和和 $\boldsymbol{\beta}$ 相等即 $\boldsymbol{\alpha}=\boldsymbol{\beta}$ 的充分必要条件是 $a_i=b_i(i=1,2,\cdots,n)$.

**定义 3.3**(向量的加法) 设 $n$ 维向量 $\boldsymbol{\alpha}=(a_1,a_2,\cdots,a_n)$, $\boldsymbol{\beta}=(b_1,b_2,\cdots,b_n)$,则向量 $\boldsymbol{\alpha}$ 和 $\boldsymbol{\beta}$ 的加法:

$$\boldsymbol{\alpha}+\boldsymbol{\beta}=(a_1+b_1,a_2+b_2,\cdots,a_n+b_n).$$

**定义 3.4**(向量的数乘) 设 $n$ 维向量 $\boldsymbol{\alpha}=(a_1,a_2,\cdots,a_n)$, $k$ 是一个实数,则数 $k$ 和向量 $\boldsymbol{\alpha}$ 的数乘:

$$k\boldsymbol{\alpha}=(ka_1,ka_2,\cdots,ka_n).$$

## 【例题精讲】

**例 3.1** 设 $\boldsymbol{\alpha}=(1,1,5)$, $\boldsymbol{\beta}=(2,3,4)$,求 $2\boldsymbol{\alpha}+\boldsymbol{\beta}$, $3\boldsymbol{\alpha}-2\boldsymbol{\beta}$.

**解** $2\boldsymbol{\alpha}+\boldsymbol{\beta}=(2,2,10)+(2,3,4)=(4,5,14)$,

$3\boldsymbol{\alpha}-2\boldsymbol{\beta}=(3,3,15)-(4,6,8)=(-1,-3,7)$.

**例 3.2** 设 $\boldsymbol{\alpha}=(1,2,3,5)$, $\boldsymbol{\beta}=(1,-1,3,-2)$,且 $2\boldsymbol{\alpha}-\boldsymbol{\beta}+\boldsymbol{\gamma}=3\boldsymbol{\gamma}$,求向量 $\boldsymbol{\gamma}$.

**解** 移项后可得 $2\boldsymbol{\gamma}=2\boldsymbol{\alpha}-\boldsymbol{\beta}=(2,4,6,10)-(1,-1,3,-2)=(1,5,3,12)$,所以

$$\boldsymbol{\gamma}=\frac{1}{2}(1,5,3,12)=\left(\frac{1}{2},\frac{5}{2},\frac{3}{2},6\right).$$

### 3.2.2 向量组的线性组合

【案例引入】

［案例3］ 某混凝土公司的设备只能生产并存储3种基本类型的混凝土A,B,C,配方见表3-1.请问某种混凝土的5种成分分别为16,10,21,9,4,能否用A,B,C配成?

表3-1 混凝土配方

| 用料 | A | B | C |
|---|---|---|---|
| 水泥 | 20 | 18 | 12 |
| 水 | 10 | 10 | 10 |
| 砂 | 20 | 25 | 15 |
| 石 | 10 | 5 | 15 |
| 灰 | 0 | 2 | 8 |

【知识储备】

**定义3.5** 设$\boldsymbol{\alpha}_1,\boldsymbol{\alpha}_2,\cdots,\boldsymbol{\alpha}_m$是一个$n$维向量组,$k_1,k_2,\cdots,k_m$是一组实数,则称

$$k_1\boldsymbol{\alpha}_1+k_2\boldsymbol{\alpha}_2+\cdots+k_m\boldsymbol{\alpha}_m$$

为向量组$\boldsymbol{\alpha}_1,\boldsymbol{\alpha}_2,\cdots,\boldsymbol{\alpha}_m$的一个**线性组合**,实数$k_1,k_2,\cdots,k_m$称为该线性组合的**组合系数**.

如果向量$\boldsymbol{\beta}$可以表示成

$$\boldsymbol{\beta}=k_1\boldsymbol{\alpha}_1+k_2\boldsymbol{\alpha}_2+\cdots+k_m\boldsymbol{\alpha}_m,$$

那么称向量$\boldsymbol{\beta}$是向量组$\boldsymbol{\alpha}_1,\boldsymbol{\alpha}_2,\cdots,\boldsymbol{\alpha}_m$的线性组合,或称向量$\boldsymbol{\beta}$可用向量组$\boldsymbol{\alpha}_1,\boldsymbol{\alpha}_2,\cdots,\boldsymbol{\alpha}_m$线性表示.

显然,零向量可用任意相同维数的向量组$\boldsymbol{\alpha}_1,\boldsymbol{\alpha}_2,\cdots,\boldsymbol{\alpha}_m$线性表示:

$$\mathbf{0}=0\cdot\boldsymbol{\alpha}_1+0\cdot\boldsymbol{\alpha}_2+\cdots+0\cdot\boldsymbol{\alpha}_m.$$

**性质3.1** 设$\boldsymbol{\varepsilon}_1=(1,0,0),\boldsymbol{\varepsilon}_2=(0,1,0),\boldsymbol{\varepsilon}_3=(0,0,1)$,则任意一个三维向量$\boldsymbol{\alpha}=(a_1,a_2,a_3)$都可以由这三个**标准单位向量**$\boldsymbol{\varepsilon}_1,\boldsymbol{\varepsilon}_2,\boldsymbol{\varepsilon}_3$唯一地线性表示,即

$$\boldsymbol{\alpha}=(a_1,a_2,a_3)=a_1\boldsymbol{\varepsilon}_1+a_2\boldsymbol{\varepsilon}_2+a_3\boldsymbol{\varepsilon}_3.$$

**性质3.2** 设$\boldsymbol{\alpha}$和$\boldsymbol{\beta}$是两个非零向量,则$\boldsymbol{\beta}$可用$\boldsymbol{\alpha}$线性表示$\Leftrightarrow\boldsymbol{\beta}=k\boldsymbol{\alpha}$(也称$\boldsymbol{\beta}$与$\boldsymbol{\alpha}$共线).

为了更好地利用矩阵研究向量之间的线性关系,我们引入线性组合的矩阵表示法.

设$\boldsymbol{\beta}=(b_1,b_2,\cdots,b_n)^{\mathrm{T}}$是$n$维列向量,$\boldsymbol{\alpha}_1=(a_{11},a_{21},\cdots,a_{n1})^{\mathrm{T}},\boldsymbol{\alpha}_2=(a_{12},a_{22},\cdots,a_{n2})^{\mathrm{T}},\cdots,\boldsymbol{\alpha}_m=(a_{1m},\alpha_{2m},\cdots,a_{nm})^{\mathrm{T}}$是一个$n$维列向量组,则向量$\boldsymbol{\beta}$可用向量组$\boldsymbol{\alpha}_1,\boldsymbol{\alpha}_2,\cdots,\boldsymbol{\alpha}_m$线性表示的充分必要条件是存在$m$个实数$x_1,x_2,\cdots,x_m$,使得

$$\boldsymbol{\beta}=x_1\boldsymbol{\alpha}_1+x_2\boldsymbol{\alpha}_2+\cdots+x_m\boldsymbol{\alpha}_m.$$

也就是$m$元线性方程组

$$\begin{cases} a_{11}x_1+a_{12}x_2+\cdots+a_{1m}x_m=b_1, \\ a_{21}x_1+a_{22}x_2+\cdots+a_{2m}x_m=b_2, \\ \quad\vdots \\ a_{n1}x_1+a_{n2}x_2+\cdots+a_{nm}x_m=b_n \end{cases} \tag{3.2}$$

有解，而其组合系数就是该方程组的解.

我们可以构造 $n\times m$ 的矩阵 $\boldsymbol{A}=(\boldsymbol{\alpha}_1,\boldsymbol{\alpha}_2,\cdots,\boldsymbol{\alpha}_m)$，令 $\boldsymbol{X}=(x_1,x_2,\cdots,x_m)^{\mathrm{T}}$，则线性方程组(3.2)的矩阵形式为 $\boldsymbol{AX}=\boldsymbol{\beta}$. 因此，向量 $\boldsymbol{\beta}$ 可用向量组 $\boldsymbol{\alpha}_1,\boldsymbol{\alpha}_2,\cdots,\boldsymbol{\alpha}_m$ 线性表示的充分必要条件是线性方程组 $\boldsymbol{AX}=\boldsymbol{\beta}$ 有解，而且组合系数就是线性方程组的解.

这里需要指出的是，向量 $\boldsymbol{\beta}$ 和 $\boldsymbol{\alpha}_1,\boldsymbol{\alpha}_2,\cdots,\boldsymbol{\alpha}_m$ 都是 $n$ 维列向量，构造的矩阵 $\boldsymbol{A}$ 是 $n\times m$ 的矩阵(特别要注意向量的维数是 $n$，向量的个数是 $m$). 如果向量 $\boldsymbol{\beta}$ 和 $\boldsymbol{\alpha}_1,\boldsymbol{\alpha}_2,\cdots,\boldsymbol{\alpha}_m$ 都是 $n$ 维行向量，必须先把所有的行向量全部转置成列向量，再构造 $n\times m$ 的矩阵 $\boldsymbol{A}=(\boldsymbol{\alpha}_1^{\mathrm{T}},\boldsymbol{\alpha}_2^{\mathrm{T}},\cdots,\boldsymbol{\alpha}_m^{\mathrm{T}})$，向量 $\boldsymbol{\beta}$ 可用向量组 $\boldsymbol{\alpha}_1,\boldsymbol{\alpha}_2,\cdots,\boldsymbol{\alpha}_m$ 线性表示的充分必要条件是线性方程组 $\boldsymbol{AX}=\boldsymbol{\beta}^{\mathrm{T}}$ 有解.

## 【例题精讲】

**例 3.3** 设 $\boldsymbol{\beta}=(1,2,6)^{\mathrm{T}},\boldsymbol{\alpha}_1=(1,0,1)^{\mathrm{T}},\boldsymbol{\alpha}_2=(1,1,0)^{\mathrm{T}},\boldsymbol{\alpha}_3=(1,1,1)^{\mathrm{T}}$，试问向量 $\boldsymbol{\beta}$ 是否可用向量组 $\boldsymbol{\alpha}_1,\boldsymbol{\alpha}_2,\boldsymbol{\alpha}_3$ 线性表示？

**解** 设线性方程组为 $x_1\boldsymbol{\alpha}_1+x_2\boldsymbol{\alpha}_2+x_3\boldsymbol{\alpha}_3=\boldsymbol{\beta}$，则向量 $\boldsymbol{\beta}$ 是否可用向量组 $\boldsymbol{\alpha}_1,\boldsymbol{\alpha}_2,\boldsymbol{\alpha}_3$ 线性表示，取决于该方程组是否有解.

$$(\boldsymbol{A}\,\vdots\,\boldsymbol{\beta})=(\boldsymbol{\alpha}_1,\boldsymbol{\alpha}_2,\boldsymbol{\alpha}_3\,\vdots\,\boldsymbol{\beta})=\left(\begin{array}{ccc:c}1&1&1&1\\0&1&1&2\\1&0&1&6\end{array}\right)\to\left(\begin{array}{ccc:c}1&1&1&1\\0&1&1&2\\0&-1&0&5\end{array}\right)$$

$$\to\left(\begin{array}{ccc:c}1&1&1&1\\0&1&1&2\\0&0&1&7\end{array}\right)\to\left(\begin{array}{ccc:c}1&1&0&-6\\0&1&0&-5\\0&0&1&7\end{array}\right)\to\left(\begin{array}{ccc:c}1&0&0&-1\\0&1&0&-5\\0&0&1&7\end{array}\right).$$

由此可以得到方程组有唯一解 $\begin{cases}x_1=-1,\\x_2=-5,\\x_3=7.\end{cases}$

所以向量 $\boldsymbol{\beta}$ 可用向量组 $\boldsymbol{\alpha}_1,\boldsymbol{\alpha}_2,\boldsymbol{\alpha}_3$ 线性表示，且 $\boldsymbol{\beta}=-\boldsymbol{\alpha}_1-5\boldsymbol{\alpha}_2+7\boldsymbol{\alpha}_3$.

## 【应用案例】

[完成案例 3]

**解** 混凝土 A,B,C 分别用向量 $\boldsymbol{\alpha}_1=(20,10,20,10,0)^{\mathrm{T}},\boldsymbol{\alpha}_2=(18,10,25,5,2)^{\mathrm{T}},\boldsymbol{\alpha}_3=(12,10,15,15,8)^{\mathrm{T}}$ 表示，$\boldsymbol{\beta}=(16,10,21,9,4)^{\mathrm{T}}$.

设线性方程组为 $x_1\boldsymbol{\alpha}_1+x_2\boldsymbol{\alpha}_2+x_3\boldsymbol{\alpha}_3=\boldsymbol{\beta}$，则向量 $\boldsymbol{\beta}$ 是否可用向量组 $\boldsymbol{\alpha}_1,\boldsymbol{\alpha}_2,\boldsymbol{\alpha}_3$ 线性表示，取决于该方程组是否有解.

$$(\boldsymbol{A} \vdots \boldsymbol{\beta})=(\boldsymbol{\alpha}_1,\boldsymbol{\alpha}_2,\boldsymbol{\alpha}_3 \vdots \boldsymbol{\beta})=\begin{pmatrix} 20 & 18 & 12 & \vdots & 16 \\ 10 & 10 & 10 & \vdots & 10 \\ 20 & 25 & 15 & \vdots & 21 \\ 10 & 5 & 15 & \vdots & 9 \\ 0 & 2 & 8 & \vdots & 4 \end{pmatrix} \to \cdots \to \begin{pmatrix} 1 & 0 & 0 & \vdots & 0.08 \\ 0 & 1 & 0 & \vdots & 0.56 \\ 0 & 0 & 1 & \vdots & 0.36 \\ 0 & 0 & 0 & \vdots & 0 \\ 0 & 0 & 0 & \vdots & 0 \end{pmatrix}.$$

由此可以得到方程组有唯一解$\begin{cases} x_1=0.08, \\ x_2=0.56, \\ x_3=0.36. \end{cases}$

所以向量$\boldsymbol{\beta}$可用向量组$\boldsymbol{\alpha}_1,\boldsymbol{\alpha}_2,\boldsymbol{\alpha}_3$线性表示，且$\boldsymbol{\beta}=0.08\boldsymbol{\alpha}_1+0.56\boldsymbol{\alpha}_2+0.36\boldsymbol{\alpha}_3$.

### 3.2.3 向量组的线性相关性

【案例引入】

[**案例 4**] 续案例 3，问混凝土 A，B，C 之间能否相互配制？

若能，则混凝土 A，B，C 对应的向量组线性相关；若不能，则混凝土 A，B，C 对应的向量组线性无关.

【知识储备】

**定义 3.6** 设$\boldsymbol{\alpha}_1,\boldsymbol{\alpha}_2,\cdots,\boldsymbol{\alpha}_m$是$n$维向量组，若存在$m$个不全为零的实数$k_1,k_2,\cdots,k_m$，使得

$$k_1\boldsymbol{\alpha}_1+k_2\boldsymbol{\alpha}_2+\cdots+k_m\boldsymbol{\alpha}_m=\mathbf{0},$$

则称向量组$\boldsymbol{\alpha}_1,\boldsymbol{\alpha}_2,\cdots,\boldsymbol{\alpha}_m$线性相关，$k_1,k_2,\cdots,k_m$为线性相关系数. 否则，称向量组$\boldsymbol{\alpha}_1,\boldsymbol{\alpha}_2,\cdots,\boldsymbol{\alpha}_m$线性无关.

显然，向量组$\boldsymbol{\alpha}_1,\boldsymbol{\alpha}_2,\cdots,\boldsymbol{\alpha}_m$线性相关的充分必要条件是$m$元齐次线性方程组

$$x_1\boldsymbol{\alpha}_1+x_2\boldsymbol{\alpha}_2+\cdots+x_m\boldsymbol{\alpha}_m=\mathbf{0}$$

有非零解. 反之，若该方程组只有唯一的零解，则向量组$\boldsymbol{\alpha}_1,\boldsymbol{\alpha}_2,\cdots,\boldsymbol{\alpha}_m$线性无关. 因此，我们有如下的等价定义.

**定义 3.7** 设$\boldsymbol{\alpha}_1,\boldsymbol{\alpha}_2,\cdots,\boldsymbol{\alpha}_m$是$n$维向量组，若只有当实数$k_1,k_2,\cdots,k_m$全为零时，才有

$$k_1\boldsymbol{\alpha}_1+k_2\boldsymbol{\alpha}_2+\cdots+k_m\boldsymbol{\alpha}=\mathbf{0},$$

则称向量组$\boldsymbol{\alpha}_1,\boldsymbol{\alpha}_2,\cdots,\boldsymbol{\alpha}_m$线性无关.

由定义 3.6 和定义 3.7，我们可以把向量组分为线性相关和线性无关两大类.

**注** (1) 对于单独的一个向量$\boldsymbol{\alpha}$，当$\boldsymbol{\alpha}=\mathbf{0}$时线性相关，当$\boldsymbol{\alpha}\neq\mathbf{0}$时线性无关.

(2) 两个向量若对应分量成比例，则线性相关.

设$\boldsymbol{\alpha}_1,\boldsymbol{\alpha}_2,\cdots,\boldsymbol{\alpha}_m$是$n$维列向量组，如何判断该向量组的线性相关性？我们可以类似地构造一个$n\times m$的矩阵$\boldsymbol{A}$，通过$m$元齐次线性方程组$\boldsymbol{AX}=\boldsymbol{O}$是否有非零解直接判定. 我们有如下重要定理.

**定理 3.1** 向量组 $\boldsymbol{\alpha}_1,\boldsymbol{\alpha}_2,\cdots,\boldsymbol{\alpha}_m$ 线性相关的充分必要条件是 $m$ 元齐次线性方程组 $\boldsymbol{AX}=\boldsymbol{O}$ 有非零解.

**定理 3.2** 设向量组 $\boldsymbol{\alpha}_1,\boldsymbol{\alpha}_2,\cdots,\boldsymbol{\alpha}_m$,则

(1) 向量组 $\boldsymbol{\alpha}_1,\boldsymbol{\alpha}_2,\cdots,\boldsymbol{\alpha}_m$ 线性相关的充分必要条件是矩阵 $\boldsymbol{A}$ 的秩 $r(\boldsymbol{A})<m$($m$ 是向量个数).

(2) 向量组 $\boldsymbol{\alpha}_1,\boldsymbol{\alpha}_2,\cdots,\boldsymbol{\alpha}_m$ 线性无关的充分必要条件是矩阵 $\boldsymbol{A}$ 的秩 $r(\boldsymbol{A})=m$($m$ 是向量个数).

**定理 3.3** 若向量个数 $m$=向量维数 $n$,则向量组 $\boldsymbol{\alpha}_1,\boldsymbol{\alpha}_2,\cdots,\boldsymbol{\alpha}_m$ 线性相关的充分必要条件是 $|\boldsymbol{A}|=0$.

由于定理 3.1 需要解 $m$ 元线性方程组,比较烦琐,故利用定理 3.2 和定理 3.3 判定向量组的线性相关性会简单且直接.

**定理 3.4** $n$ 维向量组 $\boldsymbol{\alpha}_1,\boldsymbol{\alpha}_2,\cdots,\boldsymbol{\alpha}_m(m\geqslant 2)$ 线性相关的充分必要条件是至少存在某一个向量 $\boldsymbol{\alpha}_i$ 是其余向量的线性组合. 反之,$n$ 维向量组 $\boldsymbol{\alpha}_1,\boldsymbol{\alpha}_2,\cdots,\boldsymbol{\alpha}_m(m\geqslant 2)$ 线性无关的充分必要条件是任意一个向量 $\boldsymbol{\alpha}_i$ 都不能表示为其余向量的线性组合.

**定理 3.5** 若 $n$ 维向量组 $\boldsymbol{\alpha}_1,\boldsymbol{\alpha}_2,\cdots,\boldsymbol{\alpha}_m$ 线性无关,而添加一个 $n$ 维向量 $\boldsymbol{\beta}$ 后得到的向量组 $\boldsymbol{\alpha}_1,\boldsymbol{\alpha}_2,\cdots,\boldsymbol{\alpha}_m,\boldsymbol{\beta}$ 线性相关,则向量 $\boldsymbol{\beta}$ 一定可以由向量组 $\boldsymbol{\alpha}_1,\boldsymbol{\alpha}_2,\cdots,\boldsymbol{\alpha}_m$ 线性表示,且线性表示式是唯一的.

## 【例题精讲】

**例 3.4** 证明:标准单位向量组 $\boldsymbol{\varepsilon}_1=(1,0,0),\boldsymbol{\varepsilon}_2=(0,1,0),\boldsymbol{\varepsilon}_3=(0,0,1)$ 必定是线性无关的.

**证** 设齐次线性方程组

$$x_1\boldsymbol{\varepsilon}_1+x_2\boldsymbol{\varepsilon}_2+x_3\boldsymbol{\varepsilon}_3=\boldsymbol{0},$$

则它是一个三元的齐次线性方程组. 由于

$$|\boldsymbol{A}|=\begin{vmatrix}1&0&0\\0&1&0\\0&0&1\end{vmatrix}=1\neq 0,$$

所以该方程组只有唯一的零解 $x_1=x_2=x_3=0$. 因此,向量组 $\boldsymbol{\varepsilon}_1=(1,0,0),\boldsymbol{\varepsilon}_2=(0,1,0),\boldsymbol{\varepsilon}_3=(0,0,1)$ 必定是线性无关的.

**例 3.5** 设向量组 $\boldsymbol{\alpha}_1=(1,2,4),\boldsymbol{\alpha}_2=(1,1,1),\boldsymbol{\alpha}_3=(2,1,0)$,试判定该向量组是线性相关还是线性无关.

**解** 构造矩阵 $\boldsymbol{A}=(\boldsymbol{\alpha}_1^{\mathrm{T}},\boldsymbol{\alpha}_2^{\mathrm{T}},\boldsymbol{\alpha}_3^{\mathrm{T}})=\begin{pmatrix}1&1&2\\2&1&1\\4&1&0\end{pmatrix}$,由于 $m=n=3$,且

$$|\boldsymbol{A}|=\begin{vmatrix}1&1&2\\2&1&1\\4&1&0\end{vmatrix}=-1\neq 0,$$

所以向量组 $\boldsymbol{\alpha}_1,\boldsymbol{\alpha}_2,\boldsymbol{\alpha}_3$ 线性无关.

**例 3.6** 设向量组 $\boldsymbol{\alpha}_1=(1,-1,2)^T,\boldsymbol{\alpha}_2=(1,0,1)^T,\boldsymbol{\alpha}_3=(3,-1,4)^T$,试判定该向量组的线性相关性.如果线性相关,求出其中一个向量用其余向量线性表示的式子.

**解** 构造矩阵 $\mathbf{A}=(\boldsymbol{\alpha}_1,\boldsymbol{\alpha}_2,\boldsymbol{\alpha}_3)=\begin{pmatrix}1&1&3\\-1&0&-1\\2&1&4\end{pmatrix}$,利用初等行变换可以把矩阵 $\mathbf{A}$ 化为行最简形矩阵,判定矩阵 $\mathbf{A}$ 的秩.

$$\mathbf{A}=(\boldsymbol{\alpha}_1,\boldsymbol{\alpha}_2,\boldsymbol{\alpha}_3)=\begin{pmatrix}1&1&3\\-1&0&-1\\2&1&4\end{pmatrix}\to\begin{pmatrix}1&1&3\\0&1&2\\0&-1&-2\end{pmatrix}$$

$$\to\begin{pmatrix}1&1&3\\0&1&2\\0&0&0\end{pmatrix}\to\begin{pmatrix}1&0&1\\0&1&2\\0&0&0\end{pmatrix}.$$

容易看出,矩阵 $\mathbf{A}$ 的秩 $r(\mathbf{A})=2<m=3$,所以向量组 $\boldsymbol{\alpha}_1,\boldsymbol{\alpha}_2,\boldsymbol{\alpha}_3$ 线性相关,而且向量 $\boldsymbol{\alpha}_3$ 可以用其余向量 $\boldsymbol{\alpha}_1,\boldsymbol{\alpha}_2$ 线性表示,其线性表示式为

$$\boldsymbol{\alpha}_3=\boldsymbol{\alpha}_1+2\boldsymbol{\alpha}_2.$$

## 【应用案例】

[完成案例 4]

**解** 混凝土 A,B,C 分别用向量 $\boldsymbol{\alpha}_1=(20,10,20,10,0)^T,\boldsymbol{\alpha}_2=(18,10,25,5,2)^T,\boldsymbol{\alpha}_3=(12,10,15,15,8)^T$ 表示. 构造矩阵

$$(\boldsymbol{\alpha}_1,\boldsymbol{\alpha}_2,\boldsymbol{\alpha}_3)=\begin{pmatrix}20&18&12\\10&10&10\\20&25&15\\10&5&15\\0&2&8\end{pmatrix}\to\begin{pmatrix}10&10&10\\20&18&12\\20&25&15\\10&5&15\\0&2&8\end{pmatrix}$$

$$\to\begin{pmatrix}1&1&1\\0&-2&-8\\0&5&-5\\0&-5&5\\0&2&8\end{pmatrix}\to\begin{pmatrix}1&1&1\\0&1&4\\0&0&-5\\0&0&0\\0&0&0\end{pmatrix},$$

故矩阵的秩=3=向量个数. 由定理 3.2 知,向量组 $\boldsymbol{\alpha}_1,\boldsymbol{\alpha}_2,\boldsymbol{\alpha}_3$ 线性无关,即混凝土 A,B,C 之间不能相互配制.

## 3.2.4 向量组的秩

【案例引入】

[**案例 5**] 某公司生产多种类型的动物饲料，表 3-2 给出了甲、乙、丙、丁、戊、申共 6 种饲料的配方.

**表 3-2 动物饲料配方**

| 成分 | 甲 | 乙 | 丙 | 丁 | 戊 | 申 |
|---|---|---|---|---|---|---|
| A | 5 | 3 | 11 | 5 | 0 | 14 |
| B | 10 | 2 | 14 | 20 | 12 | 38 |
| C | 7 | 9 | 25 | 15 | 5 | 47 |
| D | 9 | 4 | 17 | 2 | 25 | 39 |
| E | 8 | 2 | 12 | 2 | 0 | 8 |
| F | 0 | 1 | 2 | 5 | 25 | 33 |

请问顾客可以只购买部分饲料并用它们配制出其余几种饲料吗?

【知识储备】

**定义 3.8** 设 $T$ 是一个 $n$ 维向量组，若存在 $T$ 的一个部分组 $\boldsymbol{\alpha}_1,\boldsymbol{\alpha}_2,\cdots,\boldsymbol{\alpha}_r$，满足下列条件：

(1) 向量组 $\boldsymbol{\alpha}_1,\boldsymbol{\alpha}_2,\cdots,\boldsymbol{\alpha}_r$ 线性无关；

(2) 对于 $T$ 中任意一个向量 $\boldsymbol{\beta}$ 均可由向量组 $\boldsymbol{\alpha}_1,\boldsymbol{\alpha}_2,\cdots,\boldsymbol{\alpha}_r$ 线性表示.

则称向量组 $\boldsymbol{\alpha}_1,\boldsymbol{\alpha}_2,\cdots,\boldsymbol{\alpha}_r$ 是 $T$ 的一个**极大线性无关组**，简称为**极大无关组**.

**定义 3.9** 设有两个 $n$ 维向量组

$$R=\{\boldsymbol{\alpha}_1,\boldsymbol{\alpha}_2,\cdots,\boldsymbol{\alpha}_r\},S=\{\boldsymbol{\beta}_1,\boldsymbol{\beta}_2,\cdots,\boldsymbol{\beta}_s\},$$

若向量组 $R$ 中的每个向量 $\boldsymbol{\alpha}_i(i=1,2,\cdots,r)$ 都可以用向量组 $S$ 线性表示，则称**向量组 $R$ 可由向量组 $S$ 线性表示**.

**定义 3.10** 设向量组 $R$ 可以用向量组 $S$ 线性表示，而且向量组 $S$ 也可以用向量组 $R$ 线性表示，则称这**两个向量组等价**.

由向量组的极大无关组的定义不难看出，向量组 $T$ 与它的任意一个极大无关组等价，因此向量组 $T$ 的任意两个极大无关组等价.

这里特别需要注意的是，向量组 $T$ 的极大无关组不一定是唯一的，但是每一个极大无关组包含的向量个数是确定的.

**定义 3.11** 向量组 $T$ 的任意一个极大无关组中所包含的向量个数 $r$ 称为向量组 $T$ 的秩，记为 $r(T)$.

下面我们讨论向量组的秩与矩阵的秩之间的关系，并给出求向量组的秩及其极大无关组的方法.

设向量组 $T$ 是 $n$ 维向量组 $\boldsymbol{\alpha}_1,\boldsymbol{\alpha}_2,\cdots,\boldsymbol{\alpha}_m$，我们构造 $n\times m$ 的矩阵

$$\boldsymbol{A}=(\boldsymbol{\alpha}_1,\boldsymbol{\alpha}_2,\cdots,\boldsymbol{\alpha}_m),$$

对矩阵 $\boldsymbol{A}$ 通过初等行变换可以化为行阶梯形矩阵，由此得到矩阵的秩.

**定理 3.6**　向量组 $T$ 的秩等于矩阵的秩.

这样，我们可以确定向量组的秩 $r$，而它的一个极大无关组就是行最简形矩阵中单位向量所对应的列向量组 $\boldsymbol{\alpha}_1,\boldsymbol{\alpha}_2,\cdots,\boldsymbol{\alpha}_r$. 需要注意的是，这个方法只能用初等行变换求向量组的秩，而且求出的是列向量组的极大无关组. 如果是行向量组，需要全部转置成列向量组，再去求向量组的秩及其极大无关组.

## 【例题精讲】

**例 3.7**　求下列向量组的秩和它的一个极大无关组：

$$\boldsymbol{\alpha}_1=\begin{pmatrix}1\\2\\3\\4\end{pmatrix},\boldsymbol{\alpha}_2=\begin{pmatrix}1\\2\\5\\8\end{pmatrix},\boldsymbol{\alpha}_3=\begin{pmatrix}1\\3\\7\\12\end{pmatrix},\boldsymbol{\alpha}_4=\begin{pmatrix}1\\4\\9\\16\end{pmatrix}.$$

**解**　$$\boldsymbol{A}=\begin{pmatrix}1&1&1&1\\2&2&3&4\\3&5&7&9\\4&8&12&16\end{pmatrix}\to\begin{pmatrix}1&1&1&1\\0&0&1&2\\0&2&4&6\\0&4&8&12\end{pmatrix}\to\begin{pmatrix}1&1&1&1\\0&2&4&6\\0&0&1&2\\0&4&8&12\end{pmatrix}$$

$$\to\begin{pmatrix}1&1&1&1\\0&1&2&3\\0&0&1&2\\0&0&0&0\end{pmatrix}\to\begin{pmatrix}1&1&0&-1\\0&1&0&-1\\0&0&1&2\\0&0&0&0\end{pmatrix}\to\begin{pmatrix}1&0&0&0\\0&1&0&-1\\0&0&1&2\\0&0&0&0\end{pmatrix},$$

所以向量组的秩 $r=r(\boldsymbol{A})=3$，它的一个极大无关组是 $\boldsymbol{\alpha}_1,\boldsymbol{\alpha}_2,\boldsymbol{\alpha}_3$.

**例 3.8**　求向量组 $\boldsymbol{\alpha}_1=(1,-1,2,3)$，$\boldsymbol{\alpha}_2=(2,2,0,10)$，$\boldsymbol{\alpha}_3=(0,2,5,2)$，$\boldsymbol{\alpha}_4=(1,7,1,11)$ 的一个极大无关组，并把其余向量用该极大无关组线性表示.

**解**　$$\boldsymbol{A}=(\boldsymbol{\alpha}_1^{\mathrm{T}},\boldsymbol{\alpha}_2^{\mathrm{T}},\boldsymbol{\alpha}_3^{\mathrm{T}},\boldsymbol{\alpha}_4^{\mathrm{T}})=\begin{pmatrix}1&2&0&1\\-1&2&2&7\\2&0&5&1\\3&10&2&11\end{pmatrix}\to\begin{pmatrix}1&2&0&1\\0&4&2&8\\0&-4&5&-1\\0&4&2&8\end{pmatrix}$$

$$\to\begin{pmatrix}1&2&0&1\\0&4&2&8\\0&0&7&7\\0&0&0&0\end{pmatrix}\to\begin{pmatrix}1&2&0&1\\0&1&\frac{1}{2}&2\\0&0&1&1\\0&0&0&0\end{pmatrix}\to\begin{pmatrix}1&2&0&1\\0&1&0&\frac{3}{2}\\0&0&1&1\\0&0&0&0\end{pmatrix}\to\begin{pmatrix}1&0&0&-2\\0&1&0&\frac{3}{2}\\0&0&1&1\\0&0&0&0\end{pmatrix},$$

所以向量组的秩 $r=3$，它的一个极大无关组是 $\boldsymbol{\alpha}_1,\boldsymbol{\alpha}_2,\boldsymbol{\alpha}_3$，其余向量 $\boldsymbol{\alpha}_4$ 用极大无关组线性表示为 $\boldsymbol{\alpha}_4=-2\boldsymbol{\alpha}_1+\frac{3}{2}\boldsymbol{\alpha}_2+\boldsymbol{\alpha}_3$.

## 【应用案例】

[完成案例 5]

**解** 设甲、乙、丙、丁、戊、申对应的配方分别用列向量 $\boldsymbol{\alpha}_1,\boldsymbol{\alpha}_2,\boldsymbol{\alpha}_3,\boldsymbol{\alpha}_4,\boldsymbol{\alpha}_5,\boldsymbol{\alpha}_6$ 来表示，构造矩阵

$$(\boldsymbol{\alpha}_1,\boldsymbol{\alpha}_2,\boldsymbol{\alpha}_3,\boldsymbol{\alpha}_4,\boldsymbol{\alpha}_5,\boldsymbol{\alpha}_6)=\begin{pmatrix}5&3&11&5&0&14\\10&2&14&20&12&38\\7&9&25&15&5&47\\9&4&17&2&25&39\\8&2&12&2&0&8\\0&1&2&5&25&33\end{pmatrix}$$

$$\rightarrow\begin{pmatrix}1&2&5&4&0&10\\0&-9&-18&-10&6&-31\\0&-5&-10&-13&5&-23\\0&-14&-28&-34&25&-51\\0&-7&-14&-15&0&-36\\0&1&2&5&25&33\end{pmatrix}\rightarrow\begin{pmatrix}1&2&5&4&0&10\\0&1&2&5&25&33\\0&0&0&35&231&266\\0&0&0&12&130&142\\0&0&0&36&375&411\\0&0&0&20&175&195\end{pmatrix}$$

$$\rightarrow\begin{pmatrix}1&2&5&4&0&10\\0&1&2&5&25&33\\0&0&0&5&33&38\\0&0&0&6&65&71\\0&0&0&36&375&411\\0&0&0&4&35&39\end{pmatrix}\rightarrow\begin{pmatrix}1&2&5&4&0&10\\0&1&2&5&25&33\\0&0&0&1&-2&-1\\0&0&0&0&-77&-77\\0&0&0&0&-75&-75\\0&0&0&0&43&43\end{pmatrix}$$

$$\rightarrow\begin{pmatrix}1&2&5&4&0&10\\0&1&2&5&0&8\\0&0&0&1&0&1\\0&0&0&0&1&1\\0&0&0&0&0&0\\0&0&0&0&0&0\end{pmatrix}\rightarrow\begin{pmatrix}1&0&1&0&0&0\\0&1&2&0&0&3\\0&0&0&1&0&1\\0&0&0&0&1&1\\0&0&0&0&0&0\\0&0&0&0&0&0\end{pmatrix}.$$

由此可见，向量 $\boldsymbol{\alpha}_1,\boldsymbol{\alpha}_2,\boldsymbol{\alpha}_4,\boldsymbol{\alpha}_5$ 是一个极大线性无关组，其余向量 $\boldsymbol{\alpha}_3=\boldsymbol{\alpha}_1+2\boldsymbol{\alpha}_2,\boldsymbol{\alpha}_6=3\boldsymbol{\alpha}_2+\boldsymbol{\alpha}_4+\boldsymbol{\alpha}_5$. 对应的实际意义就是，顾客可以通过购买甲、乙、丁、戊配方，按照 1 份甲和 2

份乙混合得到丙配方，申配方可以通过3份乙、1份丁和1份戊混合得到.

【巩固练习】

2. 设$\boldsymbol{\alpha}_1=(1,2,-1)^T$，$\boldsymbol{\alpha}_2=(0,1,-1)^T$，$\boldsymbol{\alpha}_3=(3,0,1)^T$，求$\boldsymbol{\alpha}_1-\boldsymbol{\alpha}_2$及$3\boldsymbol{\alpha}_1-2\boldsymbol{\alpha}_2+\boldsymbol{\alpha}_3$.

3. 判别下列向量组的线性相关性：

(1) $\boldsymbol{\alpha}_1=(1,2,0)^T$，$\boldsymbol{\alpha}_2=(2,-1,5)^T$；

(2) $\boldsymbol{\alpha}_1=(1,1,0)^T$，$\boldsymbol{\alpha}_2=(2,1,0)^T$，$\boldsymbol{\alpha}_3=(0,0,-4)^T$；

(3) $\boldsymbol{\alpha}_1=(1,0,0,0)^T$，$\boldsymbol{\alpha}_2=(1,1,0,0)^T$，$\boldsymbol{\alpha}_3=(2,1,0,0)^T$.

4. 求下列向量组的秩及其中一个极大线性无关组，并将其余向量用此极大无关组线性表示.

(1) $\boldsymbol{\alpha}_1=(1,1,-1,1)^T$，$\boldsymbol{\alpha}_2=(4,1,-1,2)^T$，$\boldsymbol{\alpha}_3=(2,-1,1,0)^T$；

(2) $\boldsymbol{\alpha}_1=(1,2,3,0)^T$，$\boldsymbol{\alpha}_2=(-1,-2,0,3)^T$，$\boldsymbol{\alpha}_3=(2,4,6,0)^T$，$\boldsymbol{\alpha}_4=(1,-2,-1,0)^T$，$\boldsymbol{\alpha}_5=(0,0,1,1)^T$.

5. 设$\boldsymbol{\alpha}_1=(1,-1,1)^T$，$\boldsymbol{\alpha}_2=(-1,0,1)^T$，$\boldsymbol{\alpha}_3=(1,3,-2)^T$，$\boldsymbol{\beta}=(0,3,-3)^T$.

(1) 证明：向量组$\boldsymbol{\alpha}_1,\boldsymbol{\alpha}_2,\boldsymbol{\alpha}_3$线性无关；

(2) 把向量$\boldsymbol{\beta}$表示成$\boldsymbol{\alpha}_1,\boldsymbol{\alpha}_2,\boldsymbol{\alpha}_3$的线性组合.

6. 某公司生产2种产品，A产品的单位成本为：耗材0.45元/个、劳务0.25元/个、管理费用0.15元/个；B产品的单位成本为：耗材0.40元/个、劳务0.30元/个、管理费用0.15元/个. 设$\boldsymbol{a}=(0.45,0.25,0.15)^T$，$\boldsymbol{b}=(0.40,0.30,0.15)^T$，则称向量$\boldsymbol{a},\boldsymbol{b}$为2种产品的单位成本，请回答下列问题：

(1) 向量$100\boldsymbol{b}$的经济解释是什么？

(2) 设公司生产$x$个产品A和$y$个产品B，给出描述该公司花费的各部分成本(耗材、劳务、管理费用)向量.

## 3.3　线性方程组解的判别

【案例引入】

[**案例6**]　如果三元线性方程组的矩阵经由初等行变换后可化为如下矩阵，分别讨论其解的情况.

(1) $\left(\begin{array}{ccc:c}1&2&3&6\\0&-1&2&5\\0&0&0&3\end{array}\right)$；(2) $\left(\begin{array}{ccc:c}1&2&3&6\\0&-1&2&5\\0&0&3&3\end{array}\right)$；(3) $\left(\begin{array}{ccc:c}1&2&3&6\\0&-1&2&5\\0&0&0&0\end{array}\right)$.

**案例分析**　(1) 对应的方程组为$\begin{cases}x_1+2x_2+3x_3=6,\\0\cdot x_1-x_2+2x_3=5,\\0\cdot x_1+0\cdot x_2+0\cdot x_3=3,\end{cases}$可以看出最后一个方程是

不可能成立的，所以该方程组无解；

(2) 对应的方程组为$\begin{cases}x_1+2x_2+3x_3=6,\\0\cdot x_1-x_2+2x_3=5,\\0\cdot x_1+0\cdot x_2+3x_3=3,\end{cases}$ 可以解得$\begin{cases}x_1=9,\\x_2=-3,\\x_3=1,\end{cases}$所以该方程组有解且有唯一解；

(3) 对应的方程组为$\begin{cases}x_1+2x_2+3x_3=6,\\0\cdot x_1-x_2+2x_3=5,\\0\cdot x_1+0\cdot x_2+0\cdot x_3=0,\end{cases}$ 不难发现只要满足$\begin{cases}x_1=16-7x_3,\\x_2=-5+2x_3\end{cases}$ ($x_3$可取任意值)的 $x_1,x_2,x_3$ 都是方程组的解，所以该方程组有解且有无穷多解.

仔细观察以上案例，可以看到线性方程组是否有解与"其系数矩阵的秩与增广矩阵的秩是否相等"有密切联系，这并非本案例中的偶然现象. 本节我们将以矩阵的秩为工具给出线性方程组解的判别定理.

## 【知识储备】

### 1. 非齐次线性方程组解的判别

**定理 3.7** $n$ 元非齐次线性方程组 $\boldsymbol{AX}=\boldsymbol{B}$ 有解的充分必要条件是 $R(\boldsymbol{A})=R(\boldsymbol{A}\vdots\boldsymbol{B})$.

**定理 3.8** $n$ 元非齐次线性方程组 $\boldsymbol{AX}=\boldsymbol{B}$,

(1) 无解的充分必要条件是 $R(\boldsymbol{A})<R(\boldsymbol{A}\vdots\boldsymbol{B})$;

(2) 有唯一解的充分必要条件是 $R(\boldsymbol{A})=R(\boldsymbol{A}\vdots\boldsymbol{B})=n$;

(3) 有无穷多解的充分必要条件是 $R(\boldsymbol{A})=R(\boldsymbol{A}\vdots\boldsymbol{B})<n$.

**说明** 第 1 章中的定理 1.2 克拉默(Cramer)法则是定理 3.8 的特殊情况：当 $\boldsymbol{A}$ 是 $n$ 阶方阵时，即未知量个数与方程个数相等，$n$ 元非齐次线性方程组 $\boldsymbol{A}_{n\times n}\boldsymbol{X}=\boldsymbol{B}$ 有唯一解的充分必要条件是 $|\boldsymbol{A}|\neq 0$.

### 2. 齐次线性方程组解的判别

对 $n$ 元齐次线性方程组 $\boldsymbol{AX}=\boldsymbol{O}$, $(0,0,\cdots,0)^{\mathrm{T}}$ 总是它的解，称为零解. 因此，对齐次线性方程组，主要讨论其是否存在非零解的情况.

**定理 3.9** $n$ 元齐次线性方程组 $\boldsymbol{AX}=\boldsymbol{O}$,

(1) 只有唯一零解的充分必要条件是 $R(\boldsymbol{A})=n$;

(2) 有非零解的充分必要条件是 $R(\boldsymbol{A})<n$.

**说明** 对 $n$ 元齐次线性方程组 $\boldsymbol{AX}=\boldsymbol{O}$，若 $(c_1,c_2,\cdots,c_n)^{\mathrm{T}}$ 是它的解，则 $k(c_1,c_2,\cdots,c_n)^{\mathrm{T}}$ ($k$ 为任意常数)也是它的解. 因此，若 $\boldsymbol{AX}=\boldsymbol{O}$ 存在非零解，则有无穷多个非零解.

**推论 3.1** 若 $\boldsymbol{A}$ 是 $n$ 阶方阵，即未知量个数与方程个数相等时，$n$ 元齐次线性方程组 $\boldsymbol{A}_{n\times n}\boldsymbol{X}=\boldsymbol{O}$ 有非零解的充分必要条件是 $|\boldsymbol{A}|=0$.

## 【例题精讲】

**例 3.9** 判别下列方程组是否有解. 如有解，是唯一解吗？

(1) $\begin{cases}x_1+x_2+2x_3+3x_4=1,\\x_2+x_3-4x_4=1,\\x_1+2x_2+3x_3-x_4=4,\\2x_1+3x_2-x_3-x_4=-6;\end{cases}$ (2) $\begin{cases}x_1-2x_2+x_3=4,\\-x_1+4x_2-6x_3=4,\\2x_1-2x_2+7x_3=16,\\3x_1-4x_2-2x_3=20;\end{cases}$ (3) $\begin{cases}2x_1-3x_2+x_3=5,\\x_1-x_2+2x_3=1,\\x_1-2x_2-x_3=4.\end{cases}$

**解**　(1) $(\boldsymbol{A}\vdots\boldsymbol{B})=\begin{pmatrix}1&1&2&3&1\\0&1&1&-4&1\\1&2&3&-1&4\\2&3&-1&-1&-6\end{pmatrix}\xrightarrow[r_4-2r_1]{r_3-r_1}\begin{pmatrix}1&1&2&3&1\\0&1&1&-4&1\\0&1&1&-4&3\\0&1&-5&-7&-8\end{pmatrix}$

$$\xrightarrow[r_4-r_2]{r_3-r_2}\begin{pmatrix}1&1&2&3&1\\0&1&1&-4&1\\0&0&0&0&2\\0&0&-6&-3&-9\end{pmatrix}\xrightarrow{r_3\leftrightarrow r_4}\begin{pmatrix}1&1&2&3&1\\0&1&1&-4&1\\0&0&-6&-3&-9\\0&0&0&0&2\end{pmatrix},$$

因为 $R(\boldsymbol{A})=3<R(\boldsymbol{A}\vdots\boldsymbol{B})=4$，所以方程组无解.

(2) $(\boldsymbol{A}\vdots\boldsymbol{B})=\begin{pmatrix}1&-2&1&4\\-1&4&-6&4\\2&-2&7&16\\3&-4&-2&20\end{pmatrix}\xrightarrow[\substack{r_3-2r_1\\r_4-3r_1}]{r_2+r_1}\begin{pmatrix}1&-2&1&4\\0&2&-5&8\\0&2&5&8\\0&2&-5&8\end{pmatrix}$

$$\xrightarrow[r_4-r_2]{r_3-r_2}\begin{pmatrix}1&-2&1&4\\0&2&-5&8\\0&0&10&0\\0&0&0&0\end{pmatrix},$$

因为 $R(\boldsymbol{A})=R(\boldsymbol{A}\vdots\boldsymbol{B})=n=3$，所以方程组有唯一解.

(3) $(\boldsymbol{A}\vdots\boldsymbol{B})=\begin{pmatrix}2&-3&1&5\\1&-1&2&1\\1&-2&-1&4\end{pmatrix}\xrightarrow{r_1\leftrightarrow r_2}\begin{pmatrix}1&-1&2&1\\2&-3&1&5\\1&-2&-1&4\end{pmatrix}$

$$\xrightarrow[r_3-r_1]{r_2-2r_1}\begin{pmatrix}1&-1&2&1\\0&-1&-3&3\\0&-1&-3&3\end{pmatrix}\xrightarrow{r_3-r_2}\begin{pmatrix}1&-1&2&1\\0&-1&-3&3\\0&0&0&0\end{pmatrix},$$

因为 $R(\boldsymbol{A})=R(\boldsymbol{A}\vdots\boldsymbol{B})=2<n=3$，所以方程组有无穷多解.

**例 3.10**　当 $\lambda,\mu$ 为何值时，方程组

$$\begin{cases}x_1-2x_2+5x_3=8,\\x_1-x_2+6x_3=10,\\3x_1+2x_2+\lambda x_3=8\mu\end{cases}$$

无解？有唯一解？有无穷多解？

**解**　利用初等行变换将方程组的增广矩阵化为阶梯形矩阵，有

$$(\boldsymbol{A}\vdots\boldsymbol{B})=\begin{pmatrix}1&-2&5&8\\1&-1&6&10\\3&2&\lambda&8\mu\end{pmatrix}\xrightarrow[r_3-3r_1]{r_2-r_1}\begin{pmatrix}1&-2&5&8\\0&1&1&2\\0&8&\lambda-15&8\mu-24\end{pmatrix}$$

$$\xrightarrow{r_3-8r_2}\begin{pmatrix}1&-2&5&8\\0&1&1&2\\0&0&\lambda-23&8\mu-40\end{pmatrix}.$$

当 $\lambda=23$ 而 $\mu\neq5$ 时，$R(\boldsymbol{A})=2<R(\boldsymbol{A}\vdots\boldsymbol{B})=3$，方程组无解；

当 $\lambda\neq23$ 时，$R(\boldsymbol{A})=R(\boldsymbol{A}\vdots\boldsymbol{B})=n=3$，方程组有唯一解；

当 $\lambda=23$ 且 $\mu=5$ 时，$R(\boldsymbol{A})=R(\boldsymbol{A}\vdots\boldsymbol{B})=2<n=3$，方程组有无穷多解.

**例 3.11** 若齐次线性方程组$\begin{cases}(1+\lambda)x_1+x_2+x_3=0,\\x_1+(1+\lambda)x_2+x_3=3,\\x_1+x_2+(1+\lambda)x_3=\lambda\end{cases}$有非零解，求 $\lambda$ 的值.

**解** 因为系数矩阵 $\boldsymbol{A}=\begin{pmatrix}\lambda+1&1&1\\1&\lambda+1&1\\1&1&\lambda+1\end{pmatrix}$ 为 3 阶方阵，根据推论 3.1，齐次方程组有非零解的充分必要条件是 $|\boldsymbol{A}|=0$. 而

$$|\boldsymbol{A}|=\begin{vmatrix}\lambda+1&1&1\\1&\lambda+1&1\\1&1&\lambda+1\end{vmatrix}=(3+\lambda)\lambda^2,$$

因此 $\lambda=0$ 或 $\lambda=-3$.

## 【应用案例】

投入产出分析是美国经济学家沃西里-列昂惕夫(Wassily Leontief，1906—1999)于 20 世纪 30 年代首先提出的，主要是应用线性代数的理论和方法，研究一个经济系统（企业、地区、国家等）各部门间投入产出的平衡关系，并将其应用于经济分析与预测. 下例是一种最简单的投入产出模型.

**例 3.12** 假设一个封闭市场只有三家工厂：挖煤厂、发电厂和炼钢厂，每一家工厂都需要从另外两家工厂采购原料，然后生产出产品再卖给另外两家工厂. 其购买和产出比例见表 3-3.

**表 3-3 三家工厂购买、产出比例**

| 各工厂产出分配 | | | 采购工厂 |
|---|---|---|---|
| 挖煤厂 | 发电厂 | 炼钢厂 | |
| 0% | 40% | 60% | 挖煤厂 |
| 60% | 10% | 20% | 发电厂 |
| 40% | 50% | 20% | 炼钢厂 |

例如，表中第二列表示发电厂 40% 的产量供给挖煤厂，10% 的产量由发电厂自己保留使

用，剩余50%供给炼钢厂，其余各列的情况类似.因为每家工厂的生产与销售都依赖于另外两家，为了使三家工厂都能保证持续稳定的生产，每家工厂在对自己产品定价时需考虑“均衡价格”，也就是使得各工厂的总收入正好等于总成本的一组价格.请问在本例中，是否存在这样的均衡价格呢？

**解**　为方便叙述，假设挖煤厂、发电厂和炼钢厂的产量均为1个单位，定价分别为$x_1$，$x_2$，$x_3$，由各工厂的总收入等于总成本可得如下方程组：

$$\begin{cases} x_1=0.4x_2+0.6x_3, \\ x_2=0.6x_1+0.1x_2+0.2x_3, \\ x_3=0.4x_1+0.5x_2+0.2x_3, \end{cases} \text{即} \begin{cases} x_1-0.4x_2-0.6x_3=0, \\ -0.6x_1+0.9x_2-0.2x_3=0, \\ -0.4x_1-0.5x_2+0.8x_3=0. \end{cases}$$

因为$|\mathbf{A}|=\begin{vmatrix} 1 & -0.4 & -0.6 \\ -0.6 & 0.9 & -0.2 \\ -0.4 & -0.5 & 0.8 \end{vmatrix}=0$，所以方程组存在非零解，即存在这样的均衡价格.

## 【巩固练习】

7. 判别下列非齐次线性方程组是否有解.如有解，是否是唯一解？

(1) $\begin{cases} 5x_1-x_2+2x_3+x_4=7, \\ 2x_1+x_2+4x_3-2x_4=1, \\ x_1-3x_2-6x_3+5x_4=0; \end{cases}$

(2) $\begin{cases} 2x_1+3x_2+x_3=2, \\ x_1-2x_2+2x_3=4, \\ 3x_1+x_2+4x_3=6; \end{cases}$

(3) $\begin{cases} x_1+2x_2-2x_3+3x_4=2, \\ 2x_1+4x_2-3x_3+4x_4=5, \\ 5x_1+10x_2-8x_3+11x_4=12. \end{cases}$

8. 判别下列齐次线性方程组是否有非零解：

(1) $\begin{cases} -8x_1+x_2+6x_3=0, \\ 4x_1-5x_2+x_3=0, \\ 4x_1+4x_2-7x_3=0; \end{cases}$

(2) $\begin{cases} x_1+x_2+2x_3-x_4=0, \\ 3x_1-2x_2-3x_3+2x_4=0, \\ 5x_2+7x_3+3x_4=0, \\ 2x_1-3x_2-5x_3-x_4=0. \end{cases}$

9. 当$\lambda$为何值时，线性方程组$\begin{cases} x_1+\lambda x_2+x_3=1, \\ \lambda x_1+x_2+x_3=\lambda, \\ x_1+x_2+\lambda x_3=\lambda^2 \end{cases}$无解？有唯一解？有无穷多解？

10. 设齐次线性方程组 $\boldsymbol{AX}=\boldsymbol{O}$ 有非零解，其中 $\boldsymbol{A}=\begin{pmatrix}1&2&3\\2&t&1\\-1&3&2\\-2&1&-1\end{pmatrix}$，求参数 $t$ 的值.

# 3.4 线性方程组的通解

## 3.4.1 齐次线性方程组解的结构

【案例引入】

［案例 7］ 求 $\lambda$ 的值，使线性方程组 $\begin{cases}2x_2-x_3=0,\\3x_1+\lambda x_2-x_3=0,\\x_1+\lambda x_3=0\end{cases}$ 有非零解，并求出所有解.

【知识储备】

**1. 齐次线性方程组 $\boldsymbol{AX}=\boldsymbol{O}$ 的解的性质**

**性质 3.3** 如果 $\boldsymbol{\alpha}_1=(k_1,k_2,\cdots,k_n)^{\mathrm{T}}$，$\boldsymbol{\alpha}_2=(l_1,l_2,\cdots,l_n)^{\mathrm{T}}$ 是齐次线性方程组 $\boldsymbol{AX}=\boldsymbol{O}$ 的两个解向量，那么 $\boldsymbol{\alpha}_1+\boldsymbol{\alpha}_2$ 也是 $\boldsymbol{AX}=\boldsymbol{O}$ 的解向量.

**证** 据题意

$$a_{i1}k_1+a_{i2}k_2+\cdots+a_{in}k_n=0,i=1,2,\cdots,m,$$
$$a_{i1}l_1+a_{i2}l_2+\cdots+a_{in}l_n=0,i=1,2,\cdots,m,$$

两式相加可得

$$a_{i1}(k_1+l_1)+a_{i2}(k_2+l_2)+\cdots+a_{in}(k_n+l_n)=0,\ i=1,2,\cdots,m,$$

所以 $\boldsymbol{\alpha}_1+\boldsymbol{\alpha}_2=(k_1+l_1,k_2+l_2,\cdots,k_n+l_n)^{\mathrm{T}}$ 满足方程，是 $\boldsymbol{AX}=\boldsymbol{O}$ 的解向量.

**性质 3.4** 如果 $\boldsymbol{\alpha}_1=(k_1,k_2,\cdots,k_n)^{\mathrm{T}}$ 是齐次线性方程组 $\boldsymbol{AX}=\boldsymbol{O}$ 的一个解向量，$c$ 为任意实数，那么 $c\boldsymbol{\alpha}_1$ 也是 $\boldsymbol{AX}=\boldsymbol{O}$ 的解向量.

**证** 据题意

$$a_{i1}k_1+a_{i2}k_2+\cdots+a_{in}k_n=0,i=1,2,\cdots,m,$$

两边同乘 $c$，可得

$$a_{i1}(ck_1)+a_{i2}(ck_2)+\cdots+a_{in}(ck_n)=0,$$

所以 $c\boldsymbol{\alpha}_1$ 也是 $\boldsymbol{AX}=\boldsymbol{O}$ 的解向量.

由上述两条性质可知：如果 $\boldsymbol{\alpha}_1,\boldsymbol{\alpha}_2,\cdots,\boldsymbol{\alpha}_t$ 都是齐次线性方程组 $\boldsymbol{AX}=\boldsymbol{O}$ 的解向量，那么它们的任一线性组合 $c_1\boldsymbol{\alpha}_1+c_2\boldsymbol{\alpha}_2+\cdots+c_t\boldsymbol{\alpha}_t$ 也是 $\boldsymbol{AX}=\boldsymbol{O}$ 的解向量. 所以，若齐次线性方程组 $\boldsymbol{AX}=\boldsymbol{O}$ 有非零解，则其解一定有无穷多个.

当齐次线性方程组 $\boldsymbol{AX}=\boldsymbol{O}$ 有无穷多个解时，其解的集合就构成一个向量组. 如果能求出这个向量组的一个极大无关组，那么齐次线性方程组的全部解就可由这个极大无关组线性表示.

**2. 基础解系**

**定义 3.12**　若 $\boldsymbol{\alpha}_1,\boldsymbol{\alpha}_2,\cdots,\boldsymbol{\alpha}_t$ 是齐次线性方程组 $\boldsymbol{AX}=\boldsymbol{O}$ 的解向量组的一个极大无关组，即它满足：

(1) $\boldsymbol{\alpha}_1,\boldsymbol{\alpha}_2,\cdots,\boldsymbol{\alpha}_t$ 线性无关；

(2) 齐次线性方程组 $\boldsymbol{AX}=\boldsymbol{O}$ 的任一解都可由 $\boldsymbol{\alpha}_1,\boldsymbol{\alpha}_2,\cdots,\boldsymbol{\alpha}_t$ 线性表出.

则称 $\boldsymbol{\alpha}_1,\boldsymbol{\alpha}_2,\cdots,\boldsymbol{\alpha}_t$ 是方程组 $\boldsymbol{AX}=\boldsymbol{O}$ 的一个**基础解系**.

根据定义，如果齐次线性方程组仅有零解，就不存在基础解系；如果齐次线性方程组有非零解，就一定存在基础解系，而只要找出基础解系，齐次线性方程组的每一个解都可以表示成基础解系的线性组合 $c_1\boldsymbol{\alpha}_1+c_2\boldsymbol{\alpha}_2+\cdots+c_t\boldsymbol{\alpha}_t$（$c_i$ 为任意常数），我们称这种形式的解为齐次线性方程组的**全部解**（**一般解或通解**）.

**定理 3.10**　若齐次线性方程组 $\boldsymbol{AX}=\boldsymbol{O}$ 的系数矩阵的秩 $R(\boldsymbol{A})=r<n$，则方程组有无穷多组解，其任一基础解系中所含解向量的个数为 $n-r$.

若基础解系为 $\boldsymbol{\alpha}_1,\boldsymbol{\alpha}_2,\cdots,\boldsymbol{\alpha}_{n-r}$，则方程组的通解为 $\boldsymbol{X}=c_1\boldsymbol{\alpha}_1+c_2\boldsymbol{\alpha}_2+\cdots+c_{n-r}\boldsymbol{\alpha}_{n-r}$（$c_1,c_2,\cdots,c_{n-r}$ 为任意常数）.

**3. 求解齐次线性方程组 $\boldsymbol{AX}=\boldsymbol{O}$ 的一般步骤**

第 1 步，用初等行变换将齐次线性方程组的系数矩阵 $\boldsymbol{A}$ 化为行阶梯形矩阵，求出 $R(\boldsymbol{A})$.

第 2 步，判断解的情况，若 $R(\boldsymbol{A})=n$，方程组只有零解，若 $R(\boldsymbol{A})=r<n$，方程组有非零解.

第 3 步，若方程组有非零解，则将行阶梯形矩阵进一步化为行最简形矩阵，得到相应的 $r$ 个方程，不妨设为 $\begin{cases} x_1=d_{1,r+1}x_{r+1}+\cdots+d_{1n}x_n, \\ x_2=d_{2,r+1}x_{r+1}+\cdots+d_{2n}x_n, \\ \quad\vdots \\ x_r=d_{r,r+1}x_{r+1}+\cdots+d_{rn}x_n, \end{cases}$ 其中 $x_{r+1},\cdots,x_n$ 为自由未知量.

第 4 步，在上式中，分别令自由未知量中的一个为 1，其余全部为零，得到 $n-r$ 个解向量 $\boldsymbol{\alpha}_1,\boldsymbol{\alpha}_2,\cdots,\boldsymbol{\alpha}_{n-r}$，构成 $\boldsymbol{AX}=\boldsymbol{O}$ 的一个基础解系.

第 5 步，写出齐次线性方程组 $\boldsymbol{AX}=\boldsymbol{O}$ 的通解：$\boldsymbol{X}=c_1\boldsymbol{\alpha}_1+c_2\boldsymbol{\alpha}_2+\cdots+c_{n-r}\boldsymbol{\alpha}_{n-r}$，其中 $c_1,c_2,\cdots,c_{n-r}$ 为任意实数.

## 【例题精讲】

**例 3.13**　求 $\begin{cases} x_1+x_2-2x_3-3x_4+2x_5=0, \\ x_1-x_2-2x_3+3x_4-x_5=0, \\ x_1+5x_2-2x_3-15x_4+8x_5=0 \end{cases}$ 的一个基础解系.

**解**　第 1 步，对方程组的系数矩阵进行初等行变换，化为行阶梯形矩阵.

$$\begin{pmatrix}1&1&-2&-3&2\\1&-1&-2&3&-1\\1&5&-2&-15&8\end{pmatrix}\xrightarrow[r_3-r_1]{r_2-r_1}\begin{pmatrix}1&1&-2&-3&2\\0&-2&0&6&-3\\0&4&0&-12&6\end{pmatrix}\xrightarrow{r_3+r_2\times 2}$$

$$\begin{pmatrix}1&1&-2&-3&2\\0&-2&0&6&-3\\0&0&0&0&0\end{pmatrix}$$,故 $R(\mathbf{A})=2$.

第 2 步,判断解的情况,因 $R(\mathbf{A})=2<5$,故方程组有非零解.

第 3 步,将行阶梯形矩阵进一步化为行最简形矩阵.

$$\begin{pmatrix}1&1&-2&-3&2\\0&-2&0&6&-3\\0&0&0&0&0\end{pmatrix}\xrightarrow[r_1-r_2]{r_2\times\left(-\frac{1}{2}\right)}\begin{pmatrix}1&0&-2&0&\frac{1}{2}\\0&1&0&-3&\frac{3}{2}\\0&0&0&0&0\end{pmatrix},$$

得到与原方程组同解的方程组 $\begin{cases}x_1-2x_3+\dfrac{1}{2}x_5=0,\\x_2-3x_4+\dfrac{3}{2}x_5=0.\end{cases}$

因此,方程组的一般解为 $\begin{cases}x_1=2x_3-\dfrac{1}{2}x_5,\\x_2=3x_4-\dfrac{3}{2}x_5,\end{cases}$ 其中 $x_3,x_4,x_5$ 为自由未知量.

第 4 步,选解构成基础解系.

取 $x_3=1,x_4=0,x_5=0$,则 $x_1=2,x_2=0$;取 $x_3=0,x_4=1,x_5=0$,则 $x_1=0,x_2=3$;取 $x_3=0,x_4=0,x_5=1$,则 $x_1=-\dfrac{1}{2},x_2=-\dfrac{3}{2}$.

于是,得到三个解向量 $\boldsymbol{\alpha}_1=(2,0,1,0,0)^{\mathrm{T}}$,$\boldsymbol{\alpha}_2=(0,3,0,1,0)^{\mathrm{T}}$,$\boldsymbol{\alpha}_3=\left(-\dfrac{1}{2},-\dfrac{3}{2},0,0,1\right)^{\mathrm{T}}$.

下面来证 $\boldsymbol{\alpha}_1,\boldsymbol{\alpha}_2,\boldsymbol{\alpha}_3$ 是原线性方程组的一个基础解系.

先证 $\boldsymbol{\alpha}_1,\boldsymbol{\alpha}_2,\boldsymbol{\alpha}_3$ 线性无关.

设有 $k_1,k_2,k_3$,使得 $k_1\boldsymbol{\alpha}_1+k_2\boldsymbol{\alpha}_2+k_3\boldsymbol{\alpha}_3=\mathbf{0}$,也就是 $\begin{cases}2k_1-\dfrac{1}{2}k_3=0,\\3k_2-\dfrac{3}{2}k_3=0,\\k_1=0,\\k_2=0,\\k_3=0,\end{cases}$ 所以 $\boldsymbol{\alpha}_1,\boldsymbol{\alpha}_2,\boldsymbol{\alpha}_3$ 线性无关.

再证该线性方程组的任一解均可以由 $\boldsymbol{\alpha}_1,\boldsymbol{\alpha}_2,\boldsymbol{\alpha}_3$ 线性表出.

设 $\boldsymbol{X}=(c_1,c_2,c_3,c_4,c_5)^{\mathrm{T}}$ 是任一解，根据方程组的一般形式，这里 $c_1=2c_3-\frac{1}{2}c_5$，$c_2=3c_4-\frac{3}{2}c_5$，于是

$$c_3\boldsymbol{\alpha}_1+c_4\boldsymbol{\alpha}_2+c_5\boldsymbol{\alpha}_3=c_3\begin{pmatrix}2\\0\\1\\0\\0\end{pmatrix}+c_4\begin{pmatrix}0\\3\\0\\1\\0\end{pmatrix}+c_5\begin{pmatrix}-\frac{1}{2}\\-\frac{3}{2}\\0\\0\\1\end{pmatrix}=\begin{pmatrix}2c_3-\frac{1}{2}c_5\\3c_4-\frac{3}{2}c_5\\c_3\\c_4\\c_5\end{pmatrix}=\begin{pmatrix}c_1\\c_2\\c_3\\c_4\\c_5\end{pmatrix}=\boldsymbol{X}.$$

$\boldsymbol{X}$ 可以由 $\boldsymbol{\alpha}_1,\boldsymbol{\alpha}_2,\boldsymbol{\alpha}_3$ 线性表出，所以 $\boldsymbol{\alpha}_1,\boldsymbol{\alpha}_2,\boldsymbol{\alpha}_3$ 是一个基础解系.

注意：这里的系数矩阵 $\boldsymbol{A}$ 的秩 $R(\boldsymbol{A})=2$，自由未知量的个数是方程组中未知量的总数 5 减掉 $\boldsymbol{A}$ 的秩 2，为 3，从而它的基础解系中所含解向量的个数也为 3.

**例 3.14** 求 $\begin{cases}x_1-8x_2+10x_3-2x_4=0,\\2x_1+4x_2+5x_3+x_4=0,\\3x_1+8x_2+6x_3+2x_4=0\end{cases}$ 的通解.

**解** 
$$\boldsymbol{A}=\begin{pmatrix}1&-8&10&-2\\2&4&5&1\\3&8&6&2\end{pmatrix}\xrightarrow[r_3+r_1\times(-3)]{r_2+r_1\times(-2)}\begin{pmatrix}1&-8&10&-2\\0&20&-15&5\\0&32&-24&8\end{pmatrix}$$

$$\xrightarrow[r_3\times\frac{1}{32}]{r_2\times\frac{1}{20}}\begin{pmatrix}1&-8&10&-2\\0&1&-\frac{3}{4}&\frac{1}{4}\\0&1&-\frac{3}{4}&\frac{1}{4}\end{pmatrix}\xrightarrow[r_3-r_2]{r_1+r_2\times 8}\begin{pmatrix}1&0&4&0\\0&1&-\frac{3}{4}&\frac{1}{4}\\0&0&0&0\end{pmatrix},$$

得方程组 $\begin{cases}x_1=-4x_3,\\x_2=\frac{3}{4}x_3-\frac{1}{4}x_4,\end{cases}$ 其中 $x_3,x_4$ 为自由未知量.

取 $x_3=1,x_4=0$，则 $x_1=-4,x_2=\frac{3}{4}$；取 $x_3=0,x_4=1$，则 $x_1=0,x_2=-\frac{1}{4}$.

于是，得到两个解向量 $\boldsymbol{\alpha}_1=\left(-4,\frac{3}{4},1,0\right)^{\mathrm{T}}$，$\boldsymbol{\alpha}_2=\left(0,-\frac{1}{4},0,1\right)^{\mathrm{T}}$，它们构成方程组的一个基础解系.

原线性方程组的通解为 $\boldsymbol{X}=c_1\boldsymbol{\alpha}_1+c_2\boldsymbol{\alpha}_2=c_1\begin{pmatrix}-4\\\frac{3}{4}\\1\\0\end{pmatrix}+c_2\begin{pmatrix}0\\-\frac{1}{4}\\0\\1\end{pmatrix}$，其中 $c_1,c_2$ 为任意实数.

自由未知量的选取一般不唯一，只要取值所得的解向量的个数为 $n-r$，并且线性无关，

就能构成基础解系. 比如上例中,

$$\begin{pmatrix}1 & -8 & 10 & -2\\0 & 1 & -\frac{3}{4} & \frac{1}{4}\\0 & 0 & 0 & 0\end{pmatrix}\xrightarrow{r_2\times 4}\begin{pmatrix}1 & -8 & 10 & -2\\0 & 4 & -3 & 1\\0 & 0 & 0 & 0\end{pmatrix}\xrightarrow{r_1+r_2\times 2}\begin{pmatrix}1 & 0 & 4 & 0\\0 & 4 & -3 & 1\\0 & 0 & 0 & 0\end{pmatrix},$$

所以$\begin{cases}x_1=-4x_3,\\x_4=-4x_2+3x_3,\end{cases}$ 其中 $x_2,x_3$ 为自由未知量.

取 $x_2=1,x_3=0$,则 $x_1=0,x_4=-4$;取 $x_2=0,x_3=1$,则 $x_1=-4,x_4=3$.

得到基础解系 $\boldsymbol{\alpha}_1=(0,1,0,-4)^{\mathrm{T}},\boldsymbol{\alpha}_2=(-4,0,1,3)^{\mathrm{T}}$.

## 【应用案例】

[完成案例 7]

**解** $\begin{pmatrix}0 & 2 & -1\\3 & \lambda & -1\\1 & 0 & \lambda\end{pmatrix}\xrightarrow{r_1\leftrightarrow r_3}\begin{pmatrix}1 & 0 & \lambda\\3 & \lambda & -1\\0 & 2 & -1\end{pmatrix}\xrightarrow{r_2+r_1\times(-3)}\begin{pmatrix}1 & 0 & \lambda\\0 & \lambda & -1-3\lambda\\0 & 2 & -1\end{pmatrix}$

$$\xrightarrow{r_3\leftrightarrow r_2}\begin{pmatrix}1 & 0 & \lambda\\0 & 2 & -1\\0 & \lambda & -1-3\lambda\end{pmatrix}\xrightarrow{r_3+r_2\times\left(-\frac{\lambda}{2}\right)}\begin{pmatrix}1 & 0 & \lambda\\0 & 2 & -1\\0 & 0 & -1-\frac{5}{2}\lambda\end{pmatrix},$$

所以,当$-1-\frac{5}{2}\lambda=0$,即 $\lambda=-\frac{2}{5}$时,系数矩阵的秩为 2,此时方程组有非零解.

对方程组的系数矩阵进行初等行变换可化为

$$\begin{pmatrix}1 & 0 & -\frac{2}{5}\\0 & 2 & -1\\0 & 0 & 0\end{pmatrix}\xrightarrow{r_2\times\frac{1}{2}}\begin{pmatrix}1 & 0 & -\frac{2}{5}\\0 & 1 & -\frac{1}{2}\\0 & 0 & 0\end{pmatrix},$$

故原方程组与下列方程组同解:$\begin{cases}x_1-\frac{2}{5}x_3=0,\\x_2-\frac{1}{2}x_3=0.\end{cases}$ 它对应的齐次线性方程组$\begin{cases}x_1=\frac{2}{5}x_3,\\x_2=\frac{1}{2}x_3\end{cases}$ 的基础解系含有一个元素. 令 $x_3=1$,可得 $\boldsymbol{\alpha}=\left(\frac{2}{5},\frac{1}{2},1\right)^{\mathrm{T}}$ 为该齐次线性方程组的一个解,它构成该齐次线性方程组的基础解系. 此时原方程组的通解为 $c\boldsymbol{\alpha}$,其中 $c$ 为任意常数.

## 3.4.2 非齐次线性方程组

【案例引入】

［案例8］ 当 $\lambda$ 取何值时，线性方程组 $\begin{cases}\lambda x_1+x_2+x_3=\lambda-3,\\ x_1+\lambda x_2+x_3=-2,\\ x_1+x_2+\lambda x_3=-2\end{cases}$ 无解、有唯一解、有无穷多解？

在方程组有无穷多解时，求出其全部解.

【知识储备】

1. 导出齐次线性方程组

**定义 3.13** 将非齐次线性方程组 $\boldsymbol{AX}=\boldsymbol{B}$ 右端的常数项换为零，得到齐次线性方程组 $\boldsymbol{AX}=\boldsymbol{O}$，称为 $\boldsymbol{AX}=\boldsymbol{B}$ 的导出齐次线性方程组，简称为导出组.

2. 解的性质

**性质 3.5** 非齐次线性方程组 $\boldsymbol{AX}=\boldsymbol{B}$ 的两个解向量之差是它的导出组 $\boldsymbol{AX}=\boldsymbol{O}$ 的解向量.

**证** 设 $\boldsymbol{\beta}_1=(k_1,k_2,\cdots,k_n)^{\mathrm{T}}$，$\boldsymbol{\beta}_2=(l_1,l_2,\cdots,l_n)^{\mathrm{T}}$ 是 $\boldsymbol{AX}=\boldsymbol{B}$ 的两个解向量，则有

$$a_{i1}k_1+a_{i2}k_2+\cdots+a_{in}k_n=b_i,i=1,2,\cdots,m,$$
$$a_{i1}l_1+a_{i2}l_2+\cdots+a_{in}l_n=b_i,i=1,2,\cdots,m,$$

两式相减，可得 $a_{i1}(k_1-l_1)+a_{i2}(k_2-l_2)+\cdots+a_{in}(k_n-l_n)=0,\ i=1,2,\cdots,m.$

所以，$\boldsymbol{\beta}_1-\boldsymbol{\beta}_2=(k_1-l_1,k_2-l_2,\cdots,k_n-l_n)^{\mathrm{T}}$ 是 $\boldsymbol{AX}=\boldsymbol{O}$ 的解向量.

**性质 3.6** 非齐次线性方程组 $\boldsymbol{AX}=\boldsymbol{B}$ 的一个解向量与它的导出组 $\boldsymbol{AX}=\boldsymbol{O}$ 的一个解向量的和仍是 $\boldsymbol{AX}=\boldsymbol{B}$ 的一个解向量.

**证** 设 $\boldsymbol{\beta}=(k_1,k_2,\cdots,k_n)^{\mathrm{T}}$ 为 $\boldsymbol{AX}=\boldsymbol{B}$ 的一个解向量，$\boldsymbol{\alpha}=(l_1,l_2,\cdots,l_n)^{\mathrm{T}}$ 为 $\boldsymbol{AX}=\boldsymbol{O}$ 的一个解向量，则有

$$a_{i1}k_1+a_{i2}k_2+\cdots+a_{in}k_n=b_i,i=1,2,\cdots,m,$$
$$a_{i1}l_1+a_{i2}l_2+\cdots+a_{in}l_n=0,i=1,2,\cdots,m,$$

两式相加，可得 $a_{i1}(k_1+l_1)+a_{i2}(k_2+l_2)+\cdots+a_{in}(k_n+l_n)=b_i,\ i=1,2,\cdots,m.$

所以，$\boldsymbol{\beta}+\boldsymbol{\alpha}=(k_1+l_1,k_2+l_2,\cdots,k_n+l_n)^{\mathrm{T}}$ 是 $\boldsymbol{AX}=\boldsymbol{B}$ 的解向量.

3. 非齐次线性方程组解的结构

**定理 3.11** 设 $\boldsymbol{\alpha}_0$ 是非齐次线性方程组 $\boldsymbol{AX}=\boldsymbol{B}$ 的一个解向量(也称特解)，则 $\boldsymbol{AX}=\boldsymbol{B}$ 的任一解向量 $\boldsymbol{X}$ 总可以表示成 $\boldsymbol{\alpha}_0$ 与它的导出组 $\boldsymbol{AX}=\boldsymbol{O}$ 的某个解 $\boldsymbol{\alpha}$ 的和，即 $\boldsymbol{X}=\boldsymbol{\alpha}_0+\boldsymbol{\alpha}$.

**证** $\boldsymbol{X}=\boldsymbol{\alpha}_0+(\boldsymbol{X}-\boldsymbol{\alpha}_0)$，由性质 3.5，$\boldsymbol{X}-\boldsymbol{\alpha}_0$ 是导出组 $\boldsymbol{AX}=\boldsymbol{O}$ 的解，设为 $\boldsymbol{\alpha}$，于是有 $\boldsymbol{X}=\boldsymbol{\alpha}_0+\boldsymbol{\alpha}$.

于是，当 $R(\boldsymbol{A})=r<n$ 时，要求出非齐次线性方程组 $\boldsymbol{AX}=\boldsymbol{B}$ 的全部解，只需找到 $\boldsymbol{AX}=\boldsymbol{B}$

的一个解(即特解)和导出组 $\boldsymbol{AX}=\boldsymbol{O}$ 的全部解即可. 而 $\boldsymbol{AX}=\boldsymbol{O}$ 的全部解都能由它的基础解系 $\boldsymbol{\alpha}_1,\boldsymbol{\alpha}_2,\cdots,\boldsymbol{\alpha}_{n-r}$ 线性表示,这样非齐次线性方程组的通解为 $\boldsymbol{X}=\boldsymbol{\alpha}_0+c_1\boldsymbol{\alpha}_1+c_2\boldsymbol{\alpha}_2+\cdots+c_{n-r}\boldsymbol{\alpha}_{n-r}$,其中 $c_1,c_2,\cdots,c_{n-r}$ 为任意常数.

**4. 求解非齐次线性方程组 AX=B 的一般步骤**

第 1 步,用初等行变换将方程组的增广矩阵 $(\boldsymbol{A}\vdots\boldsymbol{B})$ 化成行阶梯形矩阵.

第 2 步,求出 $R(\boldsymbol{A})$,$R(\boldsymbol{A}\vdots\boldsymbol{B})$,判断方程组的解的情况.

第 3 步,若 $R(\boldsymbol{A})=R(\boldsymbol{A}\vdots\boldsymbol{B})=r$,方程组有解,则继续将行阶梯形矩阵化为行最简形矩阵,得到相应的 $r$ 个方程,不妨设为 $\begin{cases}x_1=d_{1,r+1}x_{r+1}+\cdots+d_{1n}x_n+p_1,\\ x_2=d_{2,r+1}x_{r+1}+\cdots+d_{2n}x_n+p_2,\\ \quad\vdots\\ x_r=d_{r,r+1}x_{r+1}+\cdots+d_{rn}x_n+p_n,\end{cases}$ 其中 $x_{r+1},\cdots,x_n$ 为自由未知量.

第 4 步,若 $r=n$,方程组有唯一解,由上述方程可直接得到结果;若 $r<n$,方程组有无穷多解,先求出非齐次线性方程组的一个特解 $\boldsymbol{\alpha}_0$,一般令所有 $n-r$ 个自由未知量为零来求得.

第 5 步,求出非齐次线性方程组的导出组的基础解系 $\boldsymbol{\alpha}_1,\boldsymbol{\alpha}_2,\cdots,\boldsymbol{\alpha}_{n-r}$.

第 6 步,写出非齐次线性方程组的通解,即非齐次线性方程组的一个特解加上导出组的通解,$\boldsymbol{X}=\boldsymbol{\alpha}_0+c_1\boldsymbol{\alpha}_1+c_2\boldsymbol{\alpha}_2+\cdots+c_{n-r}\boldsymbol{\alpha}_{n-r}$,其中 $c_1,c_2,\cdots,c_{n-r}$ 为任意实数.

## 【例题精讲】

**例 3.15** 解方程组 $\begin{cases}x_1-x_2-x_3+x_4=0,\\ x_1-x_2+x_3-3x_4=1,\\ x_1-x_2-2x_3+3x_4=-\dfrac{1}{2}.\end{cases}$

**解** 第 1 步,对增广矩阵 $(\boldsymbol{A}\vdots\boldsymbol{B})$ 施行初等行变换:

$$(\boldsymbol{A}\vdots\boldsymbol{B})=\begin{pmatrix}1&-1&-1&1&0\\1&-1&1&-3&1\\1&-1&-2&3&-\frac{1}{2}\end{pmatrix}\xrightarrow[r_3-r_1]{r_2-r_1}\begin{pmatrix}1&-1&-1&1&0\\0&0&2&-4&1\\0&0&-1&2&-\frac{1}{2}\end{pmatrix}\xrightarrow[r_3+r_2\times 2]{r_2\leftrightarrow r_3}$$

$$\begin{pmatrix}1&-1&-1&1&0\\0&0&-1&2&-\frac{1}{2}\\0&0&0&0&0\end{pmatrix}\xrightarrow[r_1+r_2]{r_2\times(-1)}\begin{pmatrix}1&-1&0&-1&\frac{1}{2}\\0&0&1&-2&\frac{1}{2}\\0&0&0&0&0\end{pmatrix}.$$

第 2 步,$R(\boldsymbol{A})=R(\boldsymbol{A}\vdots\boldsymbol{B})=2<4$,故方程组有无穷多解,且导出组的基础解系含有 2 个解向量.

第 3 步,由最后一个矩阵知原方程组同解于方程组 $\begin{cases}x_1=x_2+x_4+\dfrac{1}{2},\\ x_3=2x_4+\dfrac{1}{2}.\end{cases}$

第 4 步，取 $x_2=0,x_4=0$，得方程组的一个特解为 $\boldsymbol{\alpha}_0=\begin{pmatrix}\frac{1}{2}\\0\\\frac{1}{2}\\0\end{pmatrix}$.

第 5 步，仍由上面最后一个矩阵知，原方程组的导出组同解于方程组 $\begin{cases}x_1=x_2+x_4,\\x_3=2x_4.\end{cases}$

令 $\boldsymbol{\alpha}_1=\begin{pmatrix}1\\1\\0\\0\end{pmatrix},\boldsymbol{\alpha}_2=\begin{pmatrix}1\\0\\2\\1\end{pmatrix}$，则 $\boldsymbol{\alpha}_1,\boldsymbol{\alpha}_2$ 为导出组的基础解系.

第 6 步，所以原方程组的通解为 $\boldsymbol{X}=\begin{pmatrix}\frac{1}{2}\\0\\\frac{1}{2}\\0\end{pmatrix}+c_1\begin{pmatrix}1\\1\\0\\0\end{pmatrix}+c_2\begin{pmatrix}1\\0\\2\\1\end{pmatrix}$（$c_1,c_2$ 为任意常数）.

**【应用案例】**

**[完成案例 8]**

**解**　对方程组的增广矩阵施行初等行变换.

$$(\boldsymbol{A}\vdots\boldsymbol{B})=\begin{pmatrix}\lambda&1&1&\lambda-3\\1&\lambda&1&-2\\1&1&\lambda&-2\end{pmatrix}\longrightarrow\begin{pmatrix}1&1&\lambda&-2\\0&\lambda-1&1-\lambda&0\\0&0&-(\lambda+2)(\lambda-1)&3(\lambda-1)\end{pmatrix}.$$

① 当 $\lambda=-2$ 时，

$(\boldsymbol{A}\vdots\boldsymbol{B})=\begin{pmatrix}1&1&-2&-2\\0&-3&3&0\\0&0&0&-9\end{pmatrix}$，$R(\boldsymbol{A})=2,R(\boldsymbol{A}\vdots\boldsymbol{B})=3$，方程组无解.

② 当 $\lambda=1$ 时，

$(\boldsymbol{A}\vdots\boldsymbol{B})=\begin{pmatrix}1&1&1&-2\\0&0&0&0\\0&0&0&0\end{pmatrix}$，$R(\boldsymbol{A})=R(\boldsymbol{A}\vdots\boldsymbol{B})=1<3$，方程组有无穷多解，此时，$x_1+x_2+x_3=-2$，即 $x_1=-x_2-x_3-2$.

取 $x_2=0,x_3=0$，得方程组的一个特解为 $\boldsymbol{\alpha}_0=\begin{pmatrix}-2\\0\\0\end{pmatrix}$.

又原方程组的导出组与方程组 $x_1=-x_2-x_3$ 同解，分别取 $x_2=1,x_3=0$ 和 $x_2=0,x_3=1$ 得导出组的一个基础解系：$\boldsymbol{\alpha}_1=\begin{pmatrix}-1\\1\\0\end{pmatrix}$，$\boldsymbol{\alpha}_2=\begin{pmatrix}-1\\0\\1\end{pmatrix}$.

所以，原方程组的全部解为 $\boldsymbol{X}=\begin{pmatrix}-2\\0\\0\end{pmatrix}+c_1\begin{pmatrix}-1\\1\\0\end{pmatrix}+c_2\begin{pmatrix}-1\\0\\1\end{pmatrix}$（$c_1,c_2$ 为任意常数）.

③ 当 $\lambda\neq-2$ 且 $\lambda\neq1$ 时，$R(\mathbf{A})=R(\boldsymbol{B})=3$，方程组有唯一解.

**例 3.16** 图 3-1 为某学校周边路口交通示意图，在放学时段，每一条道路都是单行道，图中数字表示某一个时段的机动车流量（每小时通过的车辆数）．若每一个十字路口进入和离开的车辆数相等，请计算每两个相邻十字路口间道路上的交通流量 $x_i(i=1,2,3,4)$.

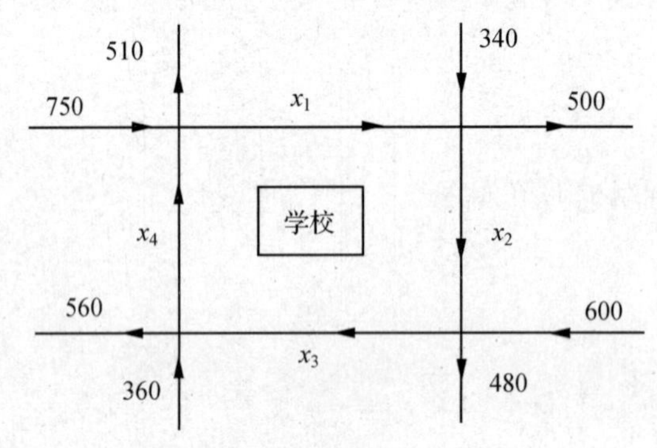


**图 3-1**

**解** 根据题中数据，建立如下线性方程组：

$$\begin{cases}x_1+340=x_2+500,\\x_2+600=x_3+480,\\x_3+360=x_4+560,\\x_4+750=x_1+510,\end{cases}\text{整理得}\begin{cases}x_1-x_2=160,\\x_2-x_3=-120,\\x_3-x_4=200,\\x_4-x_1=-240,\end{cases}$$

故
$$(\mathbf{A}\vdots\boldsymbol{B})=\begin{pmatrix}1&-1&0&0&160\\0&1&-1&0&-120\\0&0&1&-1&200\\-1&0&0&1&-240\end{pmatrix}\rightarrow\begin{pmatrix}1&0&0&-1&240\\0&1&0&-1&80\\0&0&1&-1&200\\0&0&0&0&0\end{pmatrix}.$$

因 $R(\mathbf{A})=R(\mathbf{A}\vdots\boldsymbol{B})=3<4$，故方程组有无穷多解，且导出组的基础解系含有 1 个解向量.

由最后一个矩阵知原方程组同解于方程组 $\begin{cases}x_1=x_4+240,\\x_2=x_4+80,\\x_3=x_4+200.\end{cases}$

取 $x_4=0$，得原方程组的一个特解为 $\boldsymbol{\alpha}_0=\begin{pmatrix}240\\80\\200\\0\end{pmatrix}$.

仍由上面最后一个矩阵知，原方程组的导出组同解于方程组 $\begin{cases}x_1=x_4,\\x_2=x_4,\\x_3=x_4.\end{cases}$

令 $\boldsymbol{\alpha}_1=\begin{pmatrix}1\\1\\1\\1\end{pmatrix}$，则 $\boldsymbol{\alpha}_1$ 为导出组的基础解系.

所以原方程组的通解为 $\boldsymbol{X}=\begin{pmatrix}240\\80\\200\\0\end{pmatrix}+c\begin{pmatrix}1\\1\\1\\1\end{pmatrix}$（$c$ 为任意常数）.

由图示信息，不能得到道路上具体的交通流量，但只要知道其中一条道路上的车辆数，譬如 $x_4=600$，则可求出其他道路上的车辆数分别为 $x_1=840$，$x_2=680$，$x_3=800$.

用方程组求解交通流量问题时，方程组可能存在无解、有唯一解和无穷多解的情况. 当方程组无解时，说明十字路口某一方向上进入车辆和驶离车辆数不相等，从而该方向上产生拥堵；当方程组有无穷多解时，几个方向上的车流量可以根据一个或较少几个方向上的车流信息计算得出.

【巩固练习】

11. 齐次线性方程组 $\boldsymbol{AX}=\boldsymbol{O}$ 是方程组 $\boldsymbol{AX}=\boldsymbol{B}$ 的导出组，那么

① $\boldsymbol{AX}=\boldsymbol{O}$ 有零解时，$\boldsymbol{AX}=\boldsymbol{B}$ 有唯一解；

② $\boldsymbol{AX}=\boldsymbol{O}$ 有非零解时，$\boldsymbol{AX}=\boldsymbol{B}$ 有无穷多个解.

这两种说法正确吗？

12. 求下列齐次线性方程(组)的一个基础解系和通解：

(1) $\begin{cases}x_1+2x_2-x_3-2x_4=0,\\2x_1-x_2-x_3+x_4=0,\\3x_1+x_2-2x_3-x_4=0;\end{cases}$

(2) $\begin{cases}x_1+x_2+x_3+4x_4-3x_5=0,\\x_1-x_2+3x_3-2x_4-x_5=0,\\2x_1+x_2+3x_3+5x_4-5x_5=0,\\3x_1+x_2+5x_3+6x_4-7x_5=0;\end{cases}$

(3) $x_1+x_2+x_3+x_4+x_5=0$.

13. 当$\lambda$取何值时,方程组$\begin{cases}x_1+x_2+\lambda x_3=0,\\-x_1+\lambda x_2+x_3=0,\\x_1-x_2+2x_3=0\end{cases}$(1) 只有零解;(2) 有非零解? 并求其通解.

14. 求下列非齐次线性方程组的解:

(1) $\begin{cases}2x_1-x_2+3x_3=1,\\4x_1-2x_2+5x_3=4,\\2x_1+2x_3=6;\end{cases}$

(2) $\begin{cases}2x_1-x_2-x_3+x_4=1,\\x_1+2x_2-x_3-2x_4=0,\\3x_1+x_2-2x_3-x_4=2;\end{cases}$

(3) $\begin{cases}2x_1+2x_2+3x_3+4x_4=6,\\3x_1-2x_2+2x_3+11x_4=4,\\-x_1+4x_2+x_3-7x_4=2;\end{cases}$

(4) $\begin{cases}x_1+2x_2+x_3+4x_4=-1,\\-2x_2+x_3+x_4=0,\\x_1+x_3-x_4=-1;\end{cases}$

(5) $\begin{cases}x_1+x_2-3x_3=-1,\\2x_1+x_2-2x_3=1,\\x_1+x_2+x_3=3,\\x_1+2x_2-3x_3=1;\end{cases}$

(6) $\begin{cases}x_1+x_2+x_3+x_4+x_5=1,\\3x_1+2x_2+x_3+x_4-3x_5=0,\\x_2+2x_3+2x_4+6x_5=3,\\5x_1+4x_2+3x_3+3x_4-x_5=2.\end{cases}$

15. 当$\lambda$为何值时,线性方程组$\begin{cases}-2x_1+x_2+x_3=-2,\\x_1-2x_2+x_3=\lambda,\\x_1+x_2-2x_3=\lambda^2\end{cases}$有解? 并在有解的情况下,求出其解.

16. 当$a,b$为何值时,线性方程组$\begin{cases}ax_1+x_2+x_3=4,\\x_1+bx_2+x_3=3,\\x_1+2bx_2+x_3=4\end{cases}$有唯一解、无解、有无穷多组解? 并在有解的情况下,求出其全部解.

# 第 3 章复习题

## 一、填空题

1. 已知向量组 $\boldsymbol{\alpha}_1=(1,2,2)^{\mathrm{T}},\boldsymbol{\alpha}_2=(2,-2,3)^{\mathrm{T}},\boldsymbol{\alpha}_3=(3,2,a)^{\mathrm{T}}$ 线性相关，则数 $a=$________.

2. 设 $\boldsymbol{\alpha}=(1,1,-1),\boldsymbol{\beta}=(-2,1,0),\boldsymbol{\gamma}=(-1,-2,1)$，则 $3\boldsymbol{\alpha}-\boldsymbol{\beta}+5\boldsymbol{\gamma}=$________.

3. 齐次线性方程组 $\begin{cases}x_1+x_2+x_3=0,\\2x_1-x_2+3x_3=0\end{cases}$ 的基础解系所含解向量的个数为________.

4. 设 $\boldsymbol{A}$ 为 $n$ 阶矩阵，$\boldsymbol{B}$ 为 $n$ 阶非零矩阵，若 $\boldsymbol{B}$ 的每一个列向量都是齐次线性方程组 $\boldsymbol{AX}=\boldsymbol{O}$ 的解，则 $|\boldsymbol{A}|=$________.

5. 两个向量 $\boldsymbol{\alpha}=(a,1,-1)$ 和 $\boldsymbol{\beta}=(b,-2,2)$ 线性相关的充要条件是________.

6. 已知 3 元非齐次线性方程组的增广矩阵为 $\begin{pmatrix}1&-1&2&1\\0&a+1&0&1\\0&0&a+1&0\end{pmatrix}$，若该方程组无解，则 $a$ 的取值为________.

7. 设向量 $\boldsymbol{\alpha}_1=(1,0,-2),\boldsymbol{\alpha}_2=(3,0,7),\boldsymbol{\alpha}_3=(2,0,6)$，则 $\boldsymbol{\alpha}_1,\boldsymbol{\alpha}_2,\boldsymbol{\alpha}_3$ 的秩是________.

8. 方程 $x_1-x_2+x_3=0$ 的通解是________.

## 二、选择题

9. 下列命题错误的是(　　).

A. 只含有 1 个零向量的向量组线性相关

B. 由 3 个 2 维向量组成的向量组线性相关

C. 由 1 个非零向量组成的向量组线性相关

D. 2 个成比例的向量组成的向量组线性相关

10. 已知向量组 $\boldsymbol{\alpha}_1,\boldsymbol{\alpha}_2,\boldsymbol{\alpha}_3$ 线性无关，$\boldsymbol{\alpha}_1,\boldsymbol{\alpha}_2,\boldsymbol{\alpha}_3,\boldsymbol{\beta}$ 线性相关，则(　　).

A. $\boldsymbol{\alpha}_1$ 必能由 $\boldsymbol{\alpha}_2,\boldsymbol{\alpha}_3,\boldsymbol{\beta}$ 线性表出　　B. $\boldsymbol{\alpha}_2$ 必能由 $\boldsymbol{\alpha}_1,\boldsymbol{\alpha}_3,\boldsymbol{\beta}$ 线性表出

C. $\boldsymbol{\alpha}_3$ 必能由 $\boldsymbol{\alpha}_1,\boldsymbol{\alpha}_2,\boldsymbol{\beta}$ 线性表出　　D. $\boldsymbol{\beta}$ 必能由 $\boldsymbol{\alpha}_1,\boldsymbol{\alpha}_2,\boldsymbol{\alpha}_3$ 线性表出

11. 设 $\boldsymbol{A}$ 为 $m\times n$ 矩阵，$m\neq n$，则齐次线性方程组 $\boldsymbol{AX}=\boldsymbol{O}$ 只有零解的充分必要条件是 $\boldsymbol{A}$ 的秩(　　).

A. 小于 $m$　　B. 等于 $m$　　C. 小于 $n$　　D. 等于 $n$

12. 设 $\boldsymbol{\alpha}_1,\boldsymbol{\alpha}_2,\boldsymbol{\alpha}_3,\boldsymbol{\alpha}_4$ 是 3 维实向量，则(　　).

A. $\boldsymbol{\alpha}_1,\boldsymbol{\alpha}_2,\boldsymbol{\alpha}_3,\boldsymbol{\alpha}_4$ 一定线性无关　　B. $\boldsymbol{\alpha}_1$ 一定可由 $\boldsymbol{\alpha}_2,\boldsymbol{\alpha}_3,\boldsymbol{\alpha}_4$ 线性表出

C. $\boldsymbol{\alpha}_1,\boldsymbol{\alpha}_2,\boldsymbol{\alpha}_3,\boldsymbol{\alpha}_4$ 一定线性相关　　D. $\boldsymbol{\alpha}_1,\boldsymbol{\alpha}_2,\boldsymbol{\alpha}_3$ 一定线性无关

13. 向量组 $\boldsymbol{\alpha}_1,\boldsymbol{\alpha}_2,\cdots,\boldsymbol{\alpha}_s(s\geqslant 2)$ 的秩不为零的充分必要条件是(　　).

A. $\boldsymbol{\alpha}_1,\boldsymbol{\alpha}_2,\cdots,\boldsymbol{\alpha}_s$ 中没有线性相关的部分组

B. $\boldsymbol{\alpha}_1,\boldsymbol{\alpha}_2,\cdots,\boldsymbol{\alpha}_s$ 中至少有一个非零向量

C. $\boldsymbol{\alpha}_1,\boldsymbol{\alpha}_2,\cdots,\boldsymbol{\alpha}_s$ 全是非零向量

D. $\boldsymbol{\alpha}_1,\boldsymbol{\alpha}_2,\cdots,\boldsymbol{\alpha}_s$ 全是零向量

14. 若4阶方阵的秩为3,则(　　).

A. $\boldsymbol{A}$ 为可逆阵　　B. 齐次线性方程组 $\boldsymbol{AX}=\boldsymbol{O}$ 有非零解

C. 齐次线性方程组 $\boldsymbol{AX}=\boldsymbol{O}$ 只有零解　　D. 非齐次线性方程组 $\boldsymbol{AX}=\boldsymbol{B}$ 必有解

15. 若方程组 $\begin{cases}x_1+x_2=0,\\ kx_1-x_2=0\end{cases}$ 有非零解,则 $k=$(　　).

A. $-1$　　B. 0　　C. 1　　D. 2

16. 若向量组 $\boldsymbol{\alpha}_1,\boldsymbol{\alpha}_2,\cdots,\boldsymbol{\alpha}_s$ 的秩为 $r$,且 $r<s$,则(　　).

A. $\boldsymbol{\alpha}_1,\boldsymbol{\alpha}_2,\cdots,\boldsymbol{\alpha}_s$ 线性无关

B. $\boldsymbol{\alpha}_1,\boldsymbol{\alpha}_2,\cdots,\boldsymbol{\alpha}_s$ 中任意 $r$ 个向量线性无关

C. $\boldsymbol{\alpha}_1,\boldsymbol{\alpha}_2,\cdots,\boldsymbol{\alpha}_s$ 中任意 $r+1$ 个向量线性相关

D. $\boldsymbol{\alpha}_1,\boldsymbol{\alpha}_2,\cdots,\boldsymbol{\alpha}_s$ 中任意 $r-1$ 个向量线性无关

17. 设 $\boldsymbol{\alpha}_1,\boldsymbol{\alpha}_2,\boldsymbol{\alpha}_3$ 线性相关,则以下结论正确的是(　　).

A. $\boldsymbol{\alpha}_1,\boldsymbol{\alpha}_2$ 一定线性相关

B. $\boldsymbol{\alpha}_1,\boldsymbol{\alpha}_3$ 一定线性相关

C. $\boldsymbol{\alpha}_1,\boldsymbol{\alpha}_2$ 一定线性无关

D. 存在不全为零的数 $k_1,k_2,k_3$ 使 $k_1\boldsymbol{\alpha}_1+k_2\boldsymbol{\alpha}_2+k_3\boldsymbol{\alpha}_3=\boldsymbol{0}$

18. 设 $\boldsymbol{\alpha}_1,\boldsymbol{\alpha}_2$ 是非齐次线性方程组 $\boldsymbol{AX}=\boldsymbol{B}$ 的两个解,则以下结论正确的是(　　).

A. $\boldsymbol{\alpha}_1+\boldsymbol{\alpha}_2$ 是 $\boldsymbol{AX}=\boldsymbol{B}$ 的解　　B. $\boldsymbol{\alpha}_1-\boldsymbol{\alpha}_2$ 是 $\boldsymbol{AX}=\boldsymbol{B}$ 的解

C. $k\boldsymbol{\alpha}_1$ 是 $\boldsymbol{AX}=\boldsymbol{B}$ 的解(这里 $k\neq 1$)　　D. $\boldsymbol{\alpha}_1-\boldsymbol{\alpha}_2$ 是 $\boldsymbol{AX}=\boldsymbol{0}$ 的解

## 三、综合题

19. 判断下列向量组的线性相关性:

(1) $\boldsymbol{\alpha}_1=(1,1,1)^{\mathrm{T}},\boldsymbol{\alpha}_2=(1,2,3)^{\mathrm{T}},\boldsymbol{\alpha}_3=(1,3,6)^{\mathrm{T}}$;

(2) $\boldsymbol{\alpha}_1=(2,-1,3,1)^{\mathrm{T}},\boldsymbol{\alpha}_2=(2,-1,4,-1)^{\mathrm{T}},\boldsymbol{\alpha}_3=(4,-2,5,2)^{\mathrm{T}}$;

(3) $\boldsymbol{\alpha}_1=(3,4,-2,5)^{\mathrm{T}},\boldsymbol{\alpha}_2=(2,-5,0,-3)^{\mathrm{T}},\boldsymbol{\alpha}_3=(5,0,-1,2)^{\mathrm{T}},\boldsymbol{\alpha}_4=(3,3,-3,5)^{\mathrm{T}}$.

20. 求下列向量组的秩及一个极大线性无关组,并用该极大线性无关组线性表示向量组中的其余向量:

(1) $\boldsymbol{\alpha}_1=(2,1,3,1)^{\mathrm{T}},\boldsymbol{\alpha}_2=(1,2,0,1)^{\mathrm{T}},\boldsymbol{\alpha}_3=(-1,1,-3,0)^{\mathrm{T}},\boldsymbol{\alpha}_4=(1,1,1,1)^{\mathrm{T}}$;

(2) $\boldsymbol{\alpha}_1=(1,2,3,6)^{\mathrm{T}},\boldsymbol{\alpha}_2=(1,-1,2,4)^{\mathrm{T}},\boldsymbol{\alpha}_3=(-1,1,-2,-8)^{\mathrm{T}},\boldsymbol{\alpha}_4=(1,2,3,2)^{\mathrm{T}}$;

(3) $\boldsymbol{\alpha}_1=(1,2,-2,3)^{\mathrm{T}},\boldsymbol{\alpha}_2=(2,-1,3,-4)^{\mathrm{T}},\boldsymbol{\alpha}_3=(-1,5,6,2)^{\mathrm{T}},\boldsymbol{\alpha}_4=(3,1,1,-1)^{\mathrm{T}}$;

(4) $\boldsymbol{\alpha}_1=(2,0,-1,3),\boldsymbol{\alpha}_2=(3,-2,1,-1),\boldsymbol{\alpha}_3=(-5,6,-5,9),\boldsymbol{\alpha}_4=(4,-4,3,-5)$.

21. 求下列齐次线性方程组的一个基础解系及其通解：

(1) $\begin{cases} x_1+x_2-2x_4=0, \\ 4x_1-x_2-x_3-x_4=0, \\ 3x_1-x_2-x_3=0; \end{cases}$ (2) $\begin{cases} x_1-x_2+5x_3-x_4=0, \\ x_1+x_2-2x_3+3x_4=0, \\ 3x_1-x_2+8x_3+x_4=0, \\ x_1+3x_2-9x_3+7x_4=0. \end{cases}$

22. 当 $\lambda$ 取何值时，齐次线性方程组 $\begin{cases} (\lambda+4)x_1+3x_2=0, \\ 4x_1+x_3=0, \\ -5x_1+\lambda x_2-x_3=0 \end{cases}$ 有非零解？并在有非零解时求出方程组的通解.

23. 当 $a$ 为何值时，线性方程组 $\begin{cases} x_1+2x_2+3x_3=4, \\ 2x_2+ax_3=2, \\ 2x_1+2x_2+3x_3=6 \end{cases}$ 有唯一解？有无穷多解？并在有解时求出其解（在有无穷多解时，要求用一个特解和导出组的基础解系表示全部解）.

24. 已知线性方程组 $\begin{cases} x_1+x_2+2x_3=3, \\ x_1+ax_2+x_3=2, \\ x_1+x_2+ax_3=2. \end{cases}$

(1) 讨论当 $a$ 为何值时，方程组无解、有唯一解、有无穷多个解；

(2) 当方程组有无穷多个解时，求出其通解（要求用它的一个特解和导出组的基础解系表示）.

25. 当 $a,b$ 为何值时，方程组 $\begin{cases} x_1+x_2+x_3=1, \\ x_2-x_3=1, \\ 2x_1+3x_2+(a+2)x_3=b+3 \end{cases}$ 有无穷多解？并求出其结构解.

26. 设向量组 $\boldsymbol{\alpha}_1,\boldsymbol{\alpha}_2,\boldsymbol{\alpha}_3$ 线性无关，且 $\boldsymbol{\beta}=k_1\boldsymbol{\alpha}_1+k_2\boldsymbol{\alpha}_2+k_3\boldsymbol{\alpha}_3$. 证明：若 $k_1\neq0$，则向量组 $\boldsymbol{\beta},\boldsymbol{\alpha}_2,\boldsymbol{\alpha}_3$ 也线性无关.

27. 设 4 种食物每 100 g 中所含蛋白质、碳水化合物和脂肪的量见表 3-4. 如果用这 4 种食物作为宠物每天的主要食物，那么它们应各取多少才能符合营养要求？

**表 3-4 四种食物营养含量**

单位：g

| 营养 | 每 100 g 食物所含营养 | | | | 要求的每日营养量 |
|---|---|---|---|---|---|
| | A | B | C | D | |
| 蛋白质 | 5 | 4 | 7 | 10 | 100 |
| 碳水化合物 | 20 | 25 | 10 | 5 | 200 |
| 脂肪 | 2 | 2 | 10 | 6 | 50 |

## 名家链接

麦克劳林(Maclaurin)是英国数学家．1698年2月生于苏格兰的基尔莫登，1746年6月卒于爱丁堡．他是18世纪最有才能的数学家之一．

麦克劳林是一位牧师的儿子，半岁丧父，9岁丧母，生活坎坷，后由其叔父抚养成人．叔父也是一位牧师．麦克劳林是一位数学奇才，他11岁考入格拉斯哥大学学习神学，但入校不久却对数学产生了浓厚的兴趣，一年后转攻数学．他17岁取得了硕士学位并为自己关于重力做功的论文作了精彩的公开答辩．19岁主持阿伯丁大学的马里沙学院数学系，并于两年后完成了第一本重要著作《构造几何》．他在这本书中描述了作圆锥曲线的一些新的巧妙方法，精辟地讨论了圆锥曲线及高次平面曲线的种种性质．同年他被选为英国皇家学会会员．麦克劳林27岁时成为爱丁堡大学数学教授的助理．

1722—1726年麦克劳林在巴黎从事研究工作．麦克劳林早在1729年就在其著作《代数论著》中提到用行列式解齐次线性方程组的规则(克拉默法则)．该书于1748年公开出版．瑞士数学家克拉默于1750年在《代数曲线分析引论》中独立地发表此规则，他的符号优于麦克劳林．

1742年，麦克劳林撰写的《流数论》以泰勒级数作为基本工具，是对牛顿的流数法作出符合逻辑的系统解释的第一本书．此书为牛顿流数法提供了一个几何框架．

麦克劳林也是一位实验科学家，设计了很多精巧的机械装置．他不但学术成就斐然，而且也是一位爱国人士，1745年参加了爱丁堡保卫战．他还是一位懂得感恩之人，终生不忘牛顿对他的栽培，并为继承、捍卫、发展牛顿的学说而奋斗．他的墓碑上刻有“曾蒙牛顿推荐”，以表达他对牛顿的感激之情．

# 第 4 章　相似矩阵及二次型

17 世纪,法国数学家拉普拉斯(Laplace)提出了矩阵的特征值的概念.之后有诸多数学家对此做了大量研究.1858 年,凯莱(Arthur Cayley)发表了论文《矩阵论的研究报告》,研究了方阵的特征方程和特征值的一些基本成果. 1878 年,佛罗贝尼乌斯(Frobenius,Ferdinand Georg)发表了关于矩阵论的很有影响力的论文,给出了若干成果.二次型的研究始于 18 世纪,起源于对二次曲线和二次曲面分类的问题.众多数学家,如柯西(Cauchy)、高斯(Gauss)、欧拉(Euler)、拉格朗日(Lagrange)、泊松(Poisson)、西尔韦斯特(Silvestre)、魏尔斯特拉斯(Weierstrass)等都对二次型的研究做出了贡献.矩阵的特征值、矩阵相似问题和二次型在科学研究与工程实践中应用非常广泛.

本章知识点主要有:方阵的特征值、特征向量、相似矩阵、实对称矩阵的对角化、二次型.

本章所讨论的矩阵均为方阵,矩阵中元素都是实数.

## 4.1　矩阵的特征值与特征向量

### 【案例引入】

**[案例 1]**　工业发展时常伴有环境污染,为了定量分析污染与工业发展水平的关系,有人提出了以下的工业增长模型:设 $x_0$ 是某地区目前的污染程度,$y_0$ 是目前的工业发展水平,$x_1$ 和 $y_1$ 分别是 5 年以后的污染程度和工业发展水平,它们之间的关系是

$$\begin{cases} x_1 = x_0 + 2y_0, \\ y_1 = 2x_0 + y_0, \end{cases}$$

即 $\begin{pmatrix} x_1 \\ y_1 \end{pmatrix} = \boldsymbol{A} \begin{pmatrix} x_0 \\ y_0 \end{pmatrix}$,其中 $\boldsymbol{A} = \begin{pmatrix} 1 & 2 \\ 2 & 1 \end{pmatrix}$.

设 $x_n, y_n$ 分别表示第 $n$ 个 5 年以后的污染程度和工业发展水平,那么

$$\begin{pmatrix} x_n \\ y_n \end{pmatrix} = \boldsymbol{A} \begin{pmatrix} x_{n-1} \\ y_{n-1} \end{pmatrix} = \cdots = \boldsymbol{A}^n \begin{pmatrix} x_0 \\ y_0 \end{pmatrix} \ (n=1,2,\cdots).$$

如果以一类适当的指标组成的单位来度量(例如,污染程度以空气或河湖水质的某种污染指数为测量单位,工业发展水平以某种工业发展指数为测算单位),某地区目前的污染程

度和工业发展水平都是 1,即 $\begin{pmatrix} x_0 \\ y_0 \end{pmatrix} = \begin{pmatrix} 1 \\ 1 \end{pmatrix}$,则有

$$\begin{pmatrix} x_1 \\ y_1 \end{pmatrix} = \boldsymbol{A} \begin{pmatrix} x_0 \\ y_0 \end{pmatrix} = \begin{pmatrix} 1 & 2 \\ 2 & 1 \end{pmatrix} \begin{pmatrix} 1 \\ 1 \end{pmatrix} = \begin{pmatrix} 3 \\ 3 \end{pmatrix} = 3 \begin{pmatrix} 1 \\ 1 \end{pmatrix}.$$

进一步,有

$$\begin{pmatrix} x_n \\ y_n \end{pmatrix} = \boldsymbol{A}^n \begin{pmatrix} x_0 \\ y_0 \end{pmatrix} = 3^n \begin{pmatrix} 1 \\ 1 \end{pmatrix} (n=1,2,\cdots).$$

在这个例子中,向量 $(1,1)^{\mathrm{T}}$ 对矩阵 $\boldsymbol{A}$ 而言是一个特殊的向量,因为它满足 $\boldsymbol{A} \begin{pmatrix} 1 \\ 1 \end{pmatrix} = 3 \begin{pmatrix} 1 \\ 1 \end{pmatrix}$,这样的向量称为矩阵的特征向量.

【知识储备】

**1. 特征值和特征向量的定义**

**定义 4.1** 设 $\boldsymbol{A}$ 为 $n$ 阶方阵,若存在数 $\lambda$ 和非零 $n$ 维向量 $\boldsymbol{X}$,使得

$$\boldsymbol{AX} = \lambda \boldsymbol{X}, \tag{4.1}$$

则称数 $\lambda$ 为矩阵 $\boldsymbol{A}$ 的特征值,称 $\boldsymbol{X}$ 为矩阵 $\boldsymbol{A}$ 对应于特征值 $\lambda$ 的特征向量.

**2. 特征值和特征向量的计算**

若将(4.1)式改写成

$$(\lambda \boldsymbol{E} - \boldsymbol{A})\boldsymbol{X} = \boldsymbol{O}, \tag{4.2}$$

则(4.2)式为齐次线性方程组,而它有非零解的充分必要条件为

$$|\lambda \boldsymbol{E} - \boldsymbol{A}| = 0. \tag{4.3}$$

(4.3)式的左端 $|\lambda \boldsymbol{E} - \boldsymbol{A}|$ 为 $\lambda$ 的 $n$ 次多项式,因此该多项式的根就是 $\boldsymbol{A}$ 的特征值,齐次线性方程组(4.2)的非零解就是对应于特征值的特征向量.

**定义 4.2** 设矩阵

$$\boldsymbol{A} = \begin{pmatrix} a_{11} & a_{12} & \cdots & a_{1n} \\ a_{21} & a_{22} & \cdots & a_{2n} \\ \vdots & \vdots & & \vdots \\ a_{n1} & a_{n2} & \cdots & a_{nn} \end{pmatrix},$$

则称矩阵

$$\lambda \boldsymbol{E} - \boldsymbol{A} = \begin{pmatrix} \lambda - a_{11} & -a_{12} & \cdots & -a_{1n} \\ -a_{21} & \lambda - a_{22} & \cdots & -a_{2n} \\ \vdots & \vdots & & \vdots \\ -a_{n1} & -a_{n2} & \cdots & \lambda - a_{nn} \end{pmatrix}$$

为 $\boldsymbol{A}$ 的特征矩阵. 行列式

$$|\lambda \boldsymbol{E} - \boldsymbol{A}|$$

是 $\lambda$ 的一个 $n$ 次多项式，称为 $\boldsymbol{A}$ 的特征多项式.

**定理 4.1**　设 $\boldsymbol{A}$ 为 $n$ 阶方阵，则

(1) 数 $\lambda_0$ 为 $\boldsymbol{A}$ 的特征值 $\Leftrightarrow \lambda_0$ 是 $\boldsymbol{A}$ 的特征多项式 $|\lambda\boldsymbol{E}-\boldsymbol{A}|$ 的根；

(2) $n$ 维向量 $\boldsymbol{\alpha}$ 是 $\boldsymbol{A}$ 对应于特征值 $\lambda_0$ 的特征向量 $\Leftrightarrow \boldsymbol{\alpha}$ 是齐次线性方程组 $(\lambda_0\boldsymbol{E}-\boldsymbol{A})\boldsymbol{X}=\boldsymbol{O}$ 的非零解.

求矩阵特征值与特征向量的一般步骤：

① 写出特征多项式 $|\lambda\boldsymbol{E}-\boldsymbol{A}|$，并求出它的全部根，这就是 $\boldsymbol{A}$ 的全部特征值；

② 对于 $\boldsymbol{A}$ 的每一个特征值 $\lambda_0$，求出齐次线性方程组 $(\lambda_0\boldsymbol{E}-\boldsymbol{A})\boldsymbol{X}=\boldsymbol{O}$ 的一个基础解系

$$\boldsymbol{\alpha}_1,\boldsymbol{\alpha}_2,\cdots,\boldsymbol{\alpha}_t,$$

则 $k_1\boldsymbol{\alpha}_1+k_2\boldsymbol{\alpha}_2,\cdots,k_t\boldsymbol{\alpha}_t$ 是 $\boldsymbol{A}$ 对应于特征值 $\lambda_0$ 的全部特征向量(其中 $k_1,k_2,\cdots,k_t$ 为不全为零的任意常数).

**3. 特征值和特征向量的性质**

**定理 4.2**　设 $\boldsymbol{A}$ 为 $n$ 阶方阵.

(1) 若向量 $\boldsymbol{X}$ 是矩阵 $\boldsymbol{A}$ 对应于特征值 $\lambda$ 的特征向量，则对任意数 $k\neq 0$，$k\boldsymbol{X}$ 仍为 $\boldsymbol{A}$ 对应于 $\lambda$ 的特征向量.

(2) 若向量 $\boldsymbol{X}_1,\boldsymbol{X}_2$ 是矩阵 $\boldsymbol{A}$ 对应于同一个特征值 $\lambda$ 的两个特征向量，则 $\boldsymbol{X}_1+\boldsymbol{X}_2$ 仍为 $\boldsymbol{A}$ 对应于 $\lambda$ 的特征向量.

**定理 4.3**　设 $\lambda_1,\lambda_2,\cdots,\lambda_m$ 是方阵 $\boldsymbol{A}$ 的两两不同的特征值，$\boldsymbol{X}_1,\boldsymbol{X}_2,\cdots,\boldsymbol{X}_m$ 分别是对应于 $\lambda_1,\lambda_2,\cdots,\lambda_m$ 的特征向量，则 $\boldsymbol{X}_1,\boldsymbol{X}_2,\cdots,\boldsymbol{X}_m$ 线性无关，即属于不同特征值的特征向量是线性无关的.

**定义 4.3**　设 $n$ 阶矩阵 $\boldsymbol{A}=(a_{ij})_{n\times n}$，则称 $\boldsymbol{A}$ 的主对角线上元素之和 $a_{11}+a_{22}+\cdots+a_{nn}$ 为 $\boldsymbol{A}$ 的迹，记为 $\mathrm{tr}\boldsymbol{A}$，即 $\mathrm{tr}\boldsymbol{A}=a_{11}+a_{22}+\cdots+a_{nn}$.

**定理 4.4**　若 $\lambda_1,\lambda_2,\cdots,\lambda_n$ 是 $n$ 阶矩阵 $\boldsymbol{A}=(a_{ij})_{n\times n}$ 的特征值，则有

(1) $\lambda_1+\lambda_2+\cdots+\lambda_n=a_{11}+a_{22}+\cdots+a_{nn}=\mathrm{tr}\boldsymbol{A}$；

(2) $\lambda_1\lambda_2\cdots\lambda_n=|\boldsymbol{A}|$.

**推论 4.1**　$n$ 阶方阵 $\boldsymbol{A}$ 可逆的充分必要条件是它的特征值都不等于零.

## 【例题精讲】

**例 4.1**　判别向量 $\boldsymbol{X}_1=(1,0,1)^{\mathrm{T}},\boldsymbol{X}_2=(1,1,1)^{\mathrm{T}},\boldsymbol{X}_3=(1,0,-1)^{\mathrm{T}}$ 是不是矩阵 $\boldsymbol{A}=\begin{pmatrix}2&0&4\\0&6&0\\4&0&2\end{pmatrix}$ 的特征向量. 如果是，对应于哪个特征值？

**解**　因为

$$\boldsymbol{A}\boldsymbol{X}_1=\begin{pmatrix}2&0&4\\0&6&0\\4&0&2\end{pmatrix}\begin{pmatrix}1\\0\\1\end{pmatrix}=\begin{pmatrix}6\\0\\6\end{pmatrix}=6\begin{pmatrix}1\\0\\1\end{pmatrix},$$

$$AX_2=\begin{pmatrix}2&0&4\\0&6&0\\4&0&2\end{pmatrix}\begin{pmatrix}1\\1\\1\end{pmatrix}=\begin{pmatrix}6\\6\\6\end{pmatrix}=6\begin{pmatrix}1\\1\\1\end{pmatrix},$$

$$AX_3=\begin{pmatrix}2&0&4\\0&6&0\\4&0&2\end{pmatrix}\begin{pmatrix}1\\0\\-1\end{pmatrix}=\begin{pmatrix}-2\\0\\2\end{pmatrix}=-2\begin{pmatrix}1\\0\\-1\end{pmatrix},$$

所以 $X_1,X_2$ 是矩阵 $A$ 对应于特征值 6 的特征向量，$X_3$ 是对应于特征值 $-2$ 的特征向量.

**例 4.2**　设 $A=\begin{pmatrix}2&3&2\\1&4&2\\1&-3&1\end{pmatrix}$，求 $A$ 的特征值和特征向量.

**解**　$A$ 的特征多项式为

$$|\lambda E-A|=\begin{vmatrix}\lambda-2&-3&-2\\-1&\lambda-4&-2\\-1&3&\lambda-1\end{vmatrix}\xlongequal{r_1+r_3}\begin{vmatrix}\lambda-3&0&\lambda-3\\-1&\lambda-4&-2\\-1&3&\lambda-1\end{vmatrix}$$

$$=(\lambda-3)\begin{vmatrix}1&0&1\\-1&\lambda-4&-2\\-1&3&\lambda-1\end{vmatrix}\xlongequal[r_3+r_1]{r_2+r_1}(\lambda-3)\begin{vmatrix}1&0&1\\0&\lambda-4&-1\\0&3&\lambda\end{vmatrix}=(\lambda-1)(\lambda-3)^2,$$

令特征多项式 $|\lambda E-A|=(\lambda-1)(\lambda-3)^2=0$，可得 $A$ 的特征值为 $\lambda_1=1,\lambda_2=\lambda_3=3$(二重).

求对应于特征值 $\lambda_1=1$ 的特征向量，需要求解齐次线性方程组 $(E-A)X=O$.

把系数矩阵通过初等行变换化为行阶梯形矩阵：

$$E-A=\begin{pmatrix}1-2&-3&-2\\-1&1-4&-2\\-1&3&1-1\end{pmatrix}=\begin{pmatrix}-1&-3&-2\\-1&-3&-2\\-1&3&0\end{pmatrix}$$

$$\xrightarrow[r_3-r_1]{r_2-r_1}\begin{pmatrix}-1&-3&-2\\0&0&0\\0&6&2\end{pmatrix}\xrightarrow{r_2\leftrightarrow r_3}\begin{pmatrix}-1&-3&-2\\0&6&2\\0&0&0\end{pmatrix},$$

可取基础解系为 $\boldsymbol{\alpha}_1=\begin{pmatrix}3\\1\\-3\end{pmatrix}$，于是 $k_1\boldsymbol{\alpha}_1$ 是矩阵 $A$ 的对应于特征值 $\lambda_1=1$ 的全部特征向量，其中 $k_1$ 为任意不为零的实数.

同理，对特征值 $\lambda_2=\lambda_3=3$，考虑齐次线性方程组 $(3E-A)X=O$.

将系数矩阵化为行阶梯形矩阵：

$$3E-A=\begin{pmatrix}3-2&-3&-2\\-1&3-4&-2\\-1&3&3-1\end{pmatrix}=\begin{pmatrix}1&-3&-2\\-1&-1&-2\\-1&3&2\end{pmatrix}\xrightarrow[r_3+r_1]{r_2+r_1}\begin{pmatrix}1&-3&-2\\0&-4&-4\\0&0&0\end{pmatrix},$$

取基础解系为 $\boldsymbol{\alpha}_2=\begin{pmatrix}-1\\-1\\1\end{pmatrix}$，于是 $k_2\boldsymbol{\alpha}_2$ 便是矩阵 $\boldsymbol{A}$ 的对应于特征值 $\lambda_2=\lambda_3=3$ 的全部特征向量，其中 $k_2$ 为任意不为零的实数.

**例 4.3**　设 $\boldsymbol{A}=\begin{pmatrix}-2&1&1\\0&2&0\\-4&1&3\end{pmatrix}$，求 $\boldsymbol{A}$ 的特征值和特征向量.

**解**　$\boldsymbol{A}$ 的特征多项式为

$$|\lambda\boldsymbol{E}-\boldsymbol{A}|=\begin{vmatrix}\lambda+2&-1&-1\\0&\lambda-2&0\\4&-1&\lambda-3\end{vmatrix}=(\lambda-2)\begin{vmatrix}\lambda+2&-1\\4&\lambda-3\end{vmatrix}=(\lambda+1)(\lambda-2)^2,$$

令 $|\lambda\boldsymbol{E}-\boldsymbol{A}|=0$，得到 $\boldsymbol{A}$ 的 3 个特征值为 $\lambda_1=-1,\lambda_2=\lambda_3=2$（二重）.

求对应于特征值 $\lambda_1=-1$ 的特征向量，需要求解齐次线性方程组 $(-\boldsymbol{E}-\boldsymbol{A})\boldsymbol{X}=\boldsymbol{O}$.

把系数矩阵进行初等行变换化为阶梯形矩阵

$$-\boldsymbol{E}-\boldsymbol{A}=\begin{pmatrix}1&-1&-1\\0&-3&0\\4&-1&-4\end{pmatrix}\xrightarrow{r_3-4r_1}\begin{pmatrix}1&-1&-1\\0&-3&0\\0&3&0\end{pmatrix}\xrightarrow{r_3+r_2}\begin{pmatrix}1&-1&-1\\0&-3&0\\0&0&0\end{pmatrix},$$

取基础解系为

$$\boldsymbol{\alpha}_1=\begin{pmatrix}1\\0\\1\end{pmatrix},$$

所以 $\boldsymbol{A}$ 的与特征值 $\lambda_1=-1$ 对应的全部特征向量为 $k_1\boldsymbol{\alpha}_1$，其中 $k_1$ 为任意不为零的实数.

求对应于特征值 $\lambda_2=\lambda_3=2$ 的特征向量，需求解齐次线性方程组 $(2\boldsymbol{E}-\boldsymbol{A})\boldsymbol{X}=\boldsymbol{O}$.

把系数矩阵进行初等行变换化为阶梯形矩阵：

$$2\boldsymbol{E}-\boldsymbol{A}=\begin{pmatrix}4&-1&-1\\0&0&0\\4&-1&-1\end{pmatrix}\xrightarrow{r_3+r_1\times(-1)}\begin{pmatrix}4&-1&-1\\0&0&0\\0&0&0\end{pmatrix},$$

取基础解系为

$$\boldsymbol{\alpha}_2=\begin{pmatrix}1\\4\\0\end{pmatrix},\boldsymbol{\alpha}_3=\begin{pmatrix}1\\0\\4\end{pmatrix},$$

所以 $\boldsymbol{A}$ 的与特征值 $\lambda_2=\lambda_3=2$ 对应的全部特征向量为 $k_2\boldsymbol{\alpha}_2+k_3\boldsymbol{\alpha}_3$，其中 $k_2,k_3$ 为任意不全为零的实数.

## 【应用案例】

**例 4.4** 求案例 1 中矩阵 $\boldsymbol{A}=\begin{pmatrix}1&2\\2&1\end{pmatrix}$ 的特征值和特征向量，并说明其在工业增长模型中的现实意义.

**解** 由 $|\lambda\boldsymbol{E}-\boldsymbol{A}|=\begin{vmatrix}\lambda-1&-2\\-2&\lambda-1\end{vmatrix}=(\lambda-1)^2-4$ 可计算得到 $\boldsymbol{A}$ 的特征值为 $\lambda_1=3,\lambda_2=-1$. 当 $\lambda_1=3$ 时，求解方程组 $(3\boldsymbol{E}-\boldsymbol{A})\boldsymbol{X}=\boldsymbol{O}$：

$$3\boldsymbol{E}-\boldsymbol{A}=\begin{pmatrix}2&-2\\-2&2\end{pmatrix}\xrightarrow{r_2+r_1}\begin{pmatrix}2&-2\\0&0\end{pmatrix}\xrightarrow{\frac{1}{2}r_1}\begin{pmatrix}1&-1\\0&0\end{pmatrix},$$

基础解系可取为

$$\boldsymbol{\alpha}_1=\begin{pmatrix}1\\1\end{pmatrix},$$

所以对应特征值 $\lambda_1=3$ 的全部特征向量为 $k_1\boldsymbol{\alpha}_1$，其中 $k_1$ 为任意不为零的实数.

在工业增长模型中的现实意义：当 $x_0,y_0$ 的取值相等时，污染程度和工业水平同时以每 5 年 3 倍的速度发展，人们必须在发展工业的同时，注意减轻污染、治理污染，否则将会造成严重的后果.

当 $\lambda_2=-1$ 时，求解方程组 $(-\boldsymbol{E}-\boldsymbol{A})\boldsymbol{X}=\boldsymbol{O}$ 如下：

$$-\boldsymbol{E}-\boldsymbol{A}=\begin{pmatrix}-2&-2\\-2&-2\end{pmatrix}\xrightarrow{r_2+r_1}\begin{pmatrix}-2&-2\\0&0\end{pmatrix}\xrightarrow{-\frac{1}{2}r_1}\begin{pmatrix}1&1\\0&0\end{pmatrix},$$

基础解系可取为

$$\boldsymbol{\alpha}_2=\begin{pmatrix}1\\-1\end{pmatrix},$$

所以对应特征值 $\lambda_2=-1$ 的全部特征向量为 $k_2\boldsymbol{\alpha}_2$，其中 $k_2$ 为任意不为零的实数.

由于 $\boldsymbol{\alpha}_2$ 的第 2 个分量为 $-1(<0)$，所以此种情况无对应的现实意义.

## 【巩固练习】

1. 求下列矩阵的特征值和特征向量：

(1) $\begin{pmatrix}1&4\\2&3\end{pmatrix}$；　　(2) $\begin{pmatrix}3&1&0\\-4&-1&0\\4&-8&-2\end{pmatrix}$；

(3) $\begin{pmatrix}2&-1&2\\5&-3&3\\-1&0&-2\end{pmatrix}$；　　(4) $\begin{pmatrix}1&1&1&1\\1&1&-1&-1\\1&-1&1&-1\\1&-1&-1&1\end{pmatrix}$.

2. 设 $\boldsymbol{\alpha}_1$ 为矩阵 $\boldsymbol{A}$ 对应于特征值 $\lambda_1$ 的特征向量，$\boldsymbol{\alpha}_2$ 为 $\boldsymbol{A}$ 对应于特征值 $\lambda_2$ 的特征向量，且 $\lambda_1 \neq \lambda_2$，证明：$\boldsymbol{\alpha}_1$ 和 $\boldsymbol{\alpha}_2$ 线性无关.

3. 设 $\boldsymbol{A}$ 是可逆矩阵，若 $\lambda_0$ 是可逆矩阵 $\boldsymbol{A}$ 的特征值，证明：$\frac{1}{\lambda_0}$ 是 $\boldsymbol{A}^{-1}$ 的特征值.

## 4.2 相似矩阵

### 【案例引入】

**[案例 2]**（人口迁徙模型） 假设在一个大城市中的总人口是固定的，人口的分布因居民在市区和郊区之间迁徙而变化. 每年有 6%的市区居民搬到郊区去住，而有 2%的郊区居民搬到市区. 假如开始时有 30%的居民住在市区，70%的居民住在郊区，问 10 年后市区和郊区的居民人口比例是多少？30 年、50 年后又如何？

**分析** 用向量 $\boldsymbol{X}_k=(x_{1k},x_{2k})^{\mathrm{T}}$ 表示 $k$ 年后市区和郊区的居民人口比例.

初始状态为 $\boldsymbol{X}_0=(0.3,0.7)^{\mathrm{T}}$，且

$$\boldsymbol{X}_1=\begin{pmatrix}0.94 & 0.02\\0.06 & 0.98\end{pmatrix}\boldsymbol{X}_0,\boldsymbol{X}_2=\begin{pmatrix}0.94 & 0.02\\0.06 & 0.98\end{pmatrix}\boldsymbol{X}_1,\cdots,\boldsymbol{X}_k=\begin{pmatrix}0.94 & 0.02\\0.06 & 0.98\end{pmatrix}\boldsymbol{X}_{k-1},\cdots.$$

令 $\boldsymbol{A}=\begin{pmatrix}0.94 & 0.02\\0.06 & 0.98\end{pmatrix}$，则 $\boldsymbol{X}_k=\boldsymbol{A}^k\boldsymbol{X}_0$.

如果要计算 $\boldsymbol{X}_k$，须知 $\boldsymbol{A}^k$，因此，问题转化为求方阵 $\boldsymbol{A}$ 的高次幂.

若 $\boldsymbol{A}$ 是对角矩阵，则它的 $k$ 次幂就是对角线上元素的 $k$ 次方.

若 $\boldsymbol{A}$ 不是对角矩阵，通常将 $\boldsymbol{A}$ 表示成包含对角矩阵的形式 $\boldsymbol{A}=\boldsymbol{PDP}^{-1}$，其中 $\boldsymbol{D}$ 是一个对角矩阵，则 $\boldsymbol{A}^2=\boldsymbol{PDP}^{-1}\boldsymbol{PDP}^{-1}=\boldsymbol{PD}^2\boldsymbol{P}^{-1},\cdots,\boldsymbol{A}^k=\boldsymbol{PD}^k\boldsymbol{P}^{-1}$.

将矩阵 $\boldsymbol{A}$ 表示为 $\boldsymbol{A}=\boldsymbol{PDP}^{-1}$，即 $\boldsymbol{P}^{-1}\boldsymbol{AP}=\boldsymbol{D}$，这一过程称为矩阵的相似对角化.

### 【知识储备】

**1. 相似矩阵的概念**

**定义 4.4** 设 $\boldsymbol{A}$ 与 $\boldsymbol{B}$ 都是 $n$ 阶方阵，若存在一个可逆矩阵 $\boldsymbol{P}$，使得

$$\boldsymbol{B}=\boldsymbol{P}^{-1}\boldsymbol{AP},$$

则称 $\boldsymbol{A}$ 与 $\boldsymbol{B}$ 是相似的，记作 $\boldsymbol{A}\sim\boldsymbol{B}$.

**2. 相似矩阵的性质**

**性质 4.1** 矩阵的相似关系是一种等价关系，满足（这里 $\boldsymbol{A},\boldsymbol{B},\boldsymbol{C}$ 均为矩阵）：

(1) 自反性：对任意矩阵 $\boldsymbol{A}$，有 $\boldsymbol{A}\sim\boldsymbol{A}$；

(2) 对称性：若 $\boldsymbol{A}\sim\boldsymbol{B}$，则 $\boldsymbol{B}\sim\boldsymbol{A}$；

(3) 传递性：若 $\boldsymbol{A}\sim\boldsymbol{B}$，$\boldsymbol{B}\sim\boldsymbol{C}$，则 $\boldsymbol{A}\sim\boldsymbol{C}$.

**性质 4.2**　相似矩阵有相同的行列式.

**性质 4.3**　相似矩阵具有相同的可逆性;若可逆,它们的逆矩阵也相似.

**性质 4.4**　相似矩阵具有相同的特征多项式,从而有相同的特征值.

**3. 矩阵的相似对角化**

若 $n$ 阶矩阵 $\boldsymbol{A}$ 能相似于对角矩阵,则称 $\boldsymbol{A}$ 可对角化,即若存在可逆矩阵 $\boldsymbol{P}$,使得

$$\boldsymbol{P}^{-1}\boldsymbol{A}\boldsymbol{P}=\boldsymbol{D},$$

其中 $\boldsymbol{D}=\begin{pmatrix}\lambda_1 & 0 & \cdots & 0\\ 0 & \lambda_2 & \cdots & 0\\ \vdots & \vdots & & \vdots\\ 0 & 0 & \cdots & \lambda_n\end{pmatrix}$ 为对角阵,则称 $\boldsymbol{A}$ 可对角化.

若 $\boldsymbol{A}$ 可对角化,则 $\boldsymbol{A}$ 与对角矩阵具有一些相同的特征,但并非任何方阵都可对角化.下面直接给出矩阵可对角化的充要条件.

**定理 4.5**　$n$ 阶矩阵 $\boldsymbol{A}$ 可对角化的充分必要条件是:$\boldsymbol{A}$ 有 $n$ 个线性无关的特征向量.

**推论 4.2**　若 $n$ 阶矩阵 $\boldsymbol{A}$ 有 $n$ 个互不相同的特征值,则 $\boldsymbol{A}$ 可对角化.

下面来讨论:如果矩阵 $\boldsymbol{A}$ 可对角化,如何寻找可逆矩阵 $\boldsymbol{P}$? 与 $\boldsymbol{A}$ 相似的对角矩阵 $\boldsymbol{D}$ 又是什么?

设 $\boldsymbol{A}$ 有 $n$ 个线性无关的特征向量 $\boldsymbol{\alpha}_1,\boldsymbol{\alpha}_2,\cdots,\boldsymbol{\alpha}_n$,令 $\boldsymbol{P}=(\boldsymbol{\alpha}_1,\boldsymbol{\alpha}_2,\cdots,\boldsymbol{\alpha}_n)$,则 $\boldsymbol{P}$ 可逆,并且 $\boldsymbol{A}\boldsymbol{\alpha}_i=\lambda_i\boldsymbol{\alpha}_i(i=1,2,\cdots,n)$.于是

$$\begin{aligned}\boldsymbol{A}\boldsymbol{P}&=\boldsymbol{A}(\boldsymbol{\alpha}_1,\boldsymbol{\alpha}_2,\cdots,\boldsymbol{\alpha}_n)=(\boldsymbol{A}\boldsymbol{\alpha}_1,\boldsymbol{A}\boldsymbol{\alpha}_2,\cdots,\boldsymbol{A}\boldsymbol{\alpha}_n)=(\lambda_1\boldsymbol{\alpha}_1,\lambda_2\boldsymbol{\alpha}_2,\cdots,\lambda_n\boldsymbol{\alpha}_n)\\&=(\boldsymbol{\alpha}_1,\boldsymbol{\alpha}_2,\cdots,\boldsymbol{\alpha}_n)\begin{pmatrix}\lambda_1 & & & \\ & \lambda_2 & & \\ & & \ddots & \\ & & & \lambda_n\end{pmatrix}=\boldsymbol{P}\begin{pmatrix}\lambda_1 & & & \\ & \lambda_2 & & \\ & & \ddots & \\ & & & \lambda_n\end{pmatrix},\end{aligned}$$

从而有

$$\boldsymbol{P}^{-1}\boldsymbol{A}\boldsymbol{P}=\begin{pmatrix}\lambda_1 & & & \\ & \lambda_2 & & \\ & & \ddots & \\ & & & \lambda_n\end{pmatrix}.$$

**结论**　若 $n$ 阶矩阵 $\boldsymbol{A}$ 有 $n$ 个线性无关的特征向量 $\boldsymbol{\alpha}_1,\boldsymbol{\alpha}_2,\cdots,\boldsymbol{\alpha}_n$,对应的特征值分别是 $\lambda_1,\lambda_2,\cdots,\lambda_n$.取可逆矩阵 $\boldsymbol{P}=(\boldsymbol{\alpha}_1,\boldsymbol{\alpha}_2,\cdots,\boldsymbol{\alpha}_n)$,就有 $\boldsymbol{P}^{-1}\boldsymbol{A}\boldsymbol{P}=\begin{pmatrix}\lambda_1 & & & \\ & \lambda_2 & & \\ & & \ddots & \\ & & & \lambda_n\end{pmatrix}$.

这一结论是矩阵相似对角化时经常使用的方法.

【例题精讲】

**例 4.5** 设$\boldsymbol{A}=\begin{pmatrix}2&3&2\\1&4&2\\1&-3&1\end{pmatrix}$,试判断$\boldsymbol{A}$是否可对角化.若可对角化,找出可逆矩阵$\boldsymbol{P}$,使得$\boldsymbol{P}^{-1}\boldsymbol{AP}$为对角矩阵.

**解** 由例 4.2 可知$\boldsymbol{A}$的特征值是$\lambda_1=1$与$\lambda_2=\lambda_3=3$(二重).

对于$\lambda_1=1$,齐次线性方程组$(\boldsymbol{E}-\boldsymbol{A})\boldsymbol{X}=\boldsymbol{O}$的一个基础解系为$(3,1,-3)^{\mathrm{T}}$;

对于$\lambda_2=\lambda_3=3$,齐次线性方程组$(3\boldsymbol{E}-\boldsymbol{A})\boldsymbol{X}=\boldsymbol{O}$的一个基础解系为$(-1,-1,1)^{\mathrm{T}}$.

3 阶矩阵$\boldsymbol{A}$只有 2 个线性无关的特征向量,所以$\boldsymbol{A}$不可对角化.

**例 4.6** 设$\boldsymbol{A}=\begin{pmatrix}-2&1&1\\0&2&0\\-4&1&3\end{pmatrix}$,试判断$\boldsymbol{A}$是否可对角化.若可对角化,找出可逆矩阵$\boldsymbol{P}$,使得$\boldsymbol{P}^{-1}\boldsymbol{AP}$为对角矩阵.

**解** 由例 4.3 可知$\boldsymbol{A}$的特征值是$\lambda_1=-1$与$\lambda_2=\lambda_3=2$(二重).

对于$\lambda_1=-1$,齐次线性方程组$(-\boldsymbol{E}-\boldsymbol{A})\boldsymbol{X}=\boldsymbol{O}$的一个基础解系是$(1,0,1)^{\mathrm{T}}$;

对于$\lambda_2=\lambda_3=2$,齐次线性方程组$(2\boldsymbol{E}-\boldsymbol{A})\boldsymbol{X}=\boldsymbol{O}$的一个基础解系是$(1,4,0)^{\mathrm{T}}$,$(1,0,4)^{\mathrm{T}}$.

因为 3 阶矩阵$\boldsymbol{A}$有 3 个线性无关的特征向量,所以$\boldsymbol{A}$可对角化.令

$$\boldsymbol{P}=\begin{pmatrix}1&1&1\\0&4&0\\1&0&4\end{pmatrix},$$

则

$$\boldsymbol{P}^{-1}\boldsymbol{AP}=\begin{pmatrix}-1&0&0\\0&2&0\\0&0&2\end{pmatrix}.$$

【应用案例】

[完成案例 2]

**解** 由分析可知,关键在于求出矩阵$\boldsymbol{A}=\begin{pmatrix}0.94&0.02\\0.06&0.98\end{pmatrix}$的高次幂,所以要先求出该矩阵的特征值和特征向量,并将其对角化.

$\boldsymbol{A}$的特征多项式为

$$|\lambda\boldsymbol{E}-\boldsymbol{A}|=\begin{vmatrix}\lambda-0.94&-0.02\\-0.06&\lambda-0.98\end{vmatrix}=\lambda^2-1.92\lambda+0.92,$$

令$|\lambda\boldsymbol{E}-\boldsymbol{A}|=0$可求得特征值为$\lambda_1=1$,$\lambda_2=0.92$.

对特征值$\lambda=1$,求得方程$(\boldsymbol{E}-\boldsymbol{A})\boldsymbol{X}=\boldsymbol{O}$的一个基础解系为$(1,3)^{\mathrm{T}}$;

对特征值 $\lambda_2=0.92$，求得方程 $(0.92\boldsymbol{E}-\boldsymbol{A})\boldsymbol{X}=\boldsymbol{O}$ 的一个基础解系为 $(1,-1)^{\mathrm{T}}$.

令 $\boldsymbol{P}=\begin{pmatrix}1 & 1\\3 & -1\end{pmatrix}$，则 $\boldsymbol{P}^{-1}\boldsymbol{AP}=\begin{pmatrix}1 & 0\\0 & 0.92\end{pmatrix}$，且可计算得到 $\boldsymbol{P}^{-1}=\frac{1}{4}\begin{pmatrix}1 & 1\\3 & -1\end{pmatrix}$.

从而

$$\boldsymbol{X}_{10}=\boldsymbol{A}^{10}\boldsymbol{X}_0=\boldsymbol{P}\begin{pmatrix}1^{10} & 0\\0 & 0.92^{10}\end{pmatrix}\boldsymbol{P}^{-1}\boldsymbol{X}_0=(0.271\ 719,0.728\ 281)^{\mathrm{T}},$$

$$\boldsymbol{X}_{30}=\boldsymbol{A}^{30}\boldsymbol{X}_0=\boldsymbol{P}\begin{pmatrix}1^{30} & 0\\0 & 0.92^{30}\end{pmatrix}\boldsymbol{P}^{-1}\boldsymbol{X}_0=(0.254\ 098,0.745\ 902)^{\mathrm{T}},$$

$$\boldsymbol{X}_{50}=\boldsymbol{A}^{50}\boldsymbol{X}_0=\boldsymbol{P}\begin{pmatrix}1^{50} & 0\\0 & 0.92^{50}\end{pmatrix}\boldsymbol{P}^{-1}\boldsymbol{X}_0=(0.250\ 773,0.749\ 227)^{\mathrm{T}}.$$

【巩固练习】

4. 设矩阵 $\boldsymbol{A}=\begin{pmatrix}3 & 1\\5 & -1\end{pmatrix}$，$\boldsymbol{B}=\begin{pmatrix}4 & 0\\0 & -2\end{pmatrix}$，试验证存在可逆矩阵 $\boldsymbol{P}=\begin{pmatrix}1 & 1\\1 & -5\end{pmatrix}$，使得 $\boldsymbol{A}$ 与 $\boldsymbol{B}$ 相似.

5. 证明：相似矩阵有相同的行列式和特征多项式.

6. 判别下列矩阵 $\boldsymbol{A}$ 是否可对角化. 若可对角化，求可逆矩阵 $\boldsymbol{P}$，使 $\boldsymbol{P}^{-1}\boldsymbol{AP}$ 为对角矩阵：

(1) $\boldsymbol{A}=\begin{pmatrix}3 & 2 & -1\\-2 & -2 & 2\\3 & 6 & -1\end{pmatrix}$；(2) $\boldsymbol{A}=\begin{pmatrix}1 & -1 & 1\\2 & 4 & -2\\-3 & -3 & 5\end{pmatrix}$.

7. 设 $\boldsymbol{A}=\begin{pmatrix}-1 & 1 & 0\\-2 & 2 & 0\\4 & -2 & 1\end{pmatrix}$，求 $\boldsymbol{A}^{100}$.

## 4.3 实对称矩阵的对角化

一般的 $n$ 阶矩阵并不一定可以对角化，但在矩阵中有一类特殊矩阵，即实对称矩阵，是一定可以对角化的. 对于实对称矩阵 $\boldsymbol{A}$，不仅能找到可逆矩阵 $\boldsymbol{P}$，使得 $\boldsymbol{P}^{-1}\boldsymbol{AP}$ 为对角阵，还能找到性质更好的正交矩阵 $\boldsymbol{U}$，使得 $\boldsymbol{U}^{-1}\boldsymbol{AU}$ 为对角阵. 为了说明这一过程，需要先介绍向量的内积与正交矩阵.

### 4.3.1 向量的内积与正交矩阵

【案例引入】

[**案例 3**] 对向量 $(1,-2)^{\mathrm{T}}$，$(2,1)^{\mathrm{T}}$，可以通过直观测量两向量的夹角判断出它们是垂

直的.但对于4维及以上的向量,如$(1,-2,0,5)^T$,$(2,1,8,7)^T$,此时无法直观测量它们的夹角度数,如何判别两个向量是否垂直?

【知识储备】

**1. 向量的内积**

**定义4.5**　设有两个$n$维向量

$$\boldsymbol{\alpha}=\begin{pmatrix}a_1\\a_2\\\vdots\\a_n\end{pmatrix},\boldsymbol{\beta}=\begin{pmatrix}b_1\\b_2\\\vdots\\b_n\end{pmatrix},$$

称$(\boldsymbol{\alpha},\boldsymbol{\beta})=a_1b_1+a_2b_2+\cdots+a_nb_n$是向量$\boldsymbol{\alpha}$与$\boldsymbol{\beta}$的内积.

**说明**　向量的内积也可表示成

$$(\boldsymbol{\alpha},\boldsymbol{\beta})=\boldsymbol{\alpha}^T\boldsymbol{\beta}=(a_1\quad a_2\quad\cdots\quad a_n)\begin{pmatrix}b_1\\b_2\\\vdots\\b_n\end{pmatrix}.$$

内积满足下列运算规律(其中$\boldsymbol{\alpha},\boldsymbol{\beta},\boldsymbol{\gamma}$为$n$维向量,$\lambda$为实数):

(1) $(\boldsymbol{\alpha},\boldsymbol{\beta})=(\boldsymbol{\beta},\boldsymbol{\alpha})$;

(2) $(\lambda\boldsymbol{\alpha},\boldsymbol{\beta})=\lambda(\boldsymbol{\alpha},\boldsymbol{\beta})$;

(3) $(\boldsymbol{\alpha}+\boldsymbol{\beta},\boldsymbol{\gamma})=(\boldsymbol{\alpha},\boldsymbol{\gamma})+(\boldsymbol{\beta},\boldsymbol{\gamma})$.

**2. 向量的长度**

**定义4.6**　设有$n$维向量$\boldsymbol{\alpha}=\begin{pmatrix}a_1\\a_2\\\vdots\\a_n\end{pmatrix}$,称$\|\boldsymbol{\alpha}\|=\sqrt{(\boldsymbol{\alpha},\boldsymbol{\alpha})}=\sqrt{a_1^2+a_2^2+\cdots+a_n^2}$为向量$\boldsymbol{\alpha}$的长度(或范数).

当$\|\boldsymbol{\alpha}\|=1$时,称$\boldsymbol{\alpha}$为**单位向量**.

对任何非零向量$\boldsymbol{\alpha}$,$\frac{1}{\|\boldsymbol{\alpha}\|}\boldsymbol{\alpha}$称为向量$\boldsymbol{\alpha}$的**单位化向量**.

向量的长度具有下述性质:

(1) 非负性:当$\boldsymbol{\alpha}\neq\boldsymbol{0}$时,$\|\boldsymbol{\alpha}\|>0$;当$\boldsymbol{\alpha}=\boldsymbol{0}$时,$\|\boldsymbol{\alpha}\|=0$.

(2) 齐次性:$\|\lambda\boldsymbol{\alpha}\|=|\lambda|\,\|\boldsymbol{\alpha}\|$.

(3) 三角不等式:$\|\boldsymbol{\alpha}+\boldsymbol{\beta}\|\leqslant\|\boldsymbol{\alpha}\|+\|\boldsymbol{\beta}\|$.

**3. 正交向量组**

**定义4.7**　当$(\boldsymbol{\alpha},\boldsymbol{\beta})=0$时,称向量$\boldsymbol{\alpha}$与$\boldsymbol{\beta}$正交.

例如，向量 $\boldsymbol{\alpha}=\begin{pmatrix}-2\\1\\0\\3\end{pmatrix}$ 与向量 $\boldsymbol{\beta}=\begin{pmatrix}4\\-7\\9\\5\end{pmatrix}$ 是正交的，因为

$$(\boldsymbol{\alpha},\boldsymbol{\beta})=-2\cdot4+1\cdot(-7)+0\cdot9+3\cdot5=0.$$

**定义 4.8** 若非零向量组 $\boldsymbol{\alpha}_1,\boldsymbol{\alpha}_2,\cdots,\boldsymbol{\alpha}_s$ 中的任意两个向量都是正交的，即 $(\boldsymbol{\alpha}_i,\boldsymbol{\alpha}_j)=0$ $(i\neq j;i,j=1,2,\cdots,s)$，则称这个向量组为**正交向量组**.

若非零向量组 $\boldsymbol{\alpha}_i,\boldsymbol{\alpha}_j$ 是正交向量组，且其中每个向量都是单位向量，即

$$\begin{cases}(\boldsymbol{\alpha}_i,\boldsymbol{\alpha}_j)=0, & i\neq j,\\(\boldsymbol{\alpha}_i,\boldsymbol{\alpha}_j)=1, & i=j\end{cases}(i,j=1,2,\cdots,s),$$

则称 $\boldsymbol{\alpha}_1,\boldsymbol{\alpha}_2,\cdots,\boldsymbol{\alpha}_s$ 为**正交单位向量组**.

例如，$n$ 维单位向量组 $\boldsymbol{e}_1=(1,0,\cdots,0)^{\mathrm{T}},\boldsymbol{e}_2=(0,1,\cdots,0)^{\mathrm{T}},\cdots,\boldsymbol{e}_n=(0,0,\cdots,1)^{\mathrm{T}}$ 是正交单位向量组，因为

$$(\boldsymbol{e}_i,\boldsymbol{e}_j)=\begin{cases}0, & i\neq j,\\1, & i=j\end{cases}(i,j=1,2,\cdots,n).$$

**定理 4.6** 若 $n$ 维向量 $\boldsymbol{\alpha}_1,\boldsymbol{\alpha}_2,\cdots,\boldsymbol{\alpha}_s$ 是正交向量组，则 $\boldsymbol{\alpha}_1,\boldsymbol{\alpha}_2,\cdots,\boldsymbol{\alpha}_s$ 线性无关.

**4. 向量组的正交单位化**

线性无关的向量组 $\boldsymbol{\alpha}_1,\boldsymbol{\alpha}_2,\cdots,\boldsymbol{\alpha}_s$ 不一定是正交向量组，不过总可以找一组正交单位向量组 $\boldsymbol{\gamma}_1,\boldsymbol{\gamma}_2,\cdots,\boldsymbol{\gamma}_s$ 使它与 $\boldsymbol{\alpha}_1,\boldsymbol{\alpha}_2,\cdots,\boldsymbol{\alpha}_s$ 等价. 这一过程称为向量组 $\boldsymbol{\alpha}_1,\boldsymbol{\alpha}_2,\cdots,\boldsymbol{\alpha}_s$ 的**正交单位化**.

下面介绍将线性无关的向量组 $\boldsymbol{\alpha}_1,\boldsymbol{\alpha}_2,\cdots,\boldsymbol{\alpha}_s$ 正交单位化的施密特(Schmidt)过程.

设 $\boldsymbol{\alpha}_1,\boldsymbol{\alpha}_2,\cdots,\boldsymbol{\alpha}_s$ 线性无关.

(1) 正交化. 取

$$\boldsymbol{\beta}_1=\boldsymbol{\alpha}_1,$$

$$\boldsymbol{\beta}_2=\boldsymbol{\alpha}_2-\frac{(\boldsymbol{\alpha}_2,\boldsymbol{\beta}_1)}{(\boldsymbol{\beta}_1,\boldsymbol{\beta}_1)}\boldsymbol{\beta}_1,$$

$$\boldsymbol{\beta}_3=\boldsymbol{\alpha}_3-\frac{(\boldsymbol{\alpha}_3,\boldsymbol{\beta}_1)}{(\boldsymbol{\beta}_1,\boldsymbol{\beta}_1)}\boldsymbol{\beta}_1-\frac{(\boldsymbol{\alpha}_3,\boldsymbol{\beta}_2)}{(\boldsymbol{\beta}_2,\boldsymbol{\beta}_2)}\boldsymbol{\beta}_2,$$

将这个过程继续下去，

$$\boldsymbol{\beta}_s=\boldsymbol{\alpha}_s-\frac{(\boldsymbol{\alpha}_s,\boldsymbol{\beta}_1)}{(\boldsymbol{\beta}_1,\boldsymbol{\beta}_1)}\boldsymbol{\beta}_1-\cdots-\frac{(\boldsymbol{\alpha}_s,\boldsymbol{\beta}_{s-1})}{(\boldsymbol{\beta}_{s-1},\boldsymbol{\beta}_{s-1})}\boldsymbol{\beta}_{s-1}.$$

(2) 单位化. 取

$$\boldsymbol{\gamma}_1=\frac{\boldsymbol{\beta}_1}{\|\boldsymbol{\beta}_1\|},\boldsymbol{\gamma}_2=\frac{\boldsymbol{\beta}_2}{\|\boldsymbol{\beta}_2\|},\cdots,\boldsymbol{\gamma}_s=\frac{\boldsymbol{\beta}_s}{\|\boldsymbol{\beta}_s\|},$$

则 $\boldsymbol{\gamma}_1,\boldsymbol{\gamma}_2,\cdots,\boldsymbol{\gamma}_s$ 就是与线性无关向量组 $\boldsymbol{\alpha}_1,\boldsymbol{\alpha}_2,\cdots,\boldsymbol{\alpha}_s$ 等价的正交单位向量组.

**5. 正交矩阵**

**定义 4.9** 若 $n$ 阶实矩阵 $\boldsymbol{A}$ 满足 $\boldsymbol{A}^{\mathrm{T}}\boldsymbol{A}=\boldsymbol{E}$，则称 $\boldsymbol{A}$ 为 $n$ 阶正交矩阵，简称正交阵.

例如,单位矩阵 $\boldsymbol{E}$ 是正交矩阵,矩阵 $\boldsymbol{Q}=\begin{pmatrix}\cos\theta & -\sin\theta\\ \sin\theta & \cos\theta\end{pmatrix}$ 也是正交矩阵.

下面给出正交矩阵的一些等价描述.首先由定义可得

(1) $n$ 阶实矩阵 $\boldsymbol{A}$ 为正交矩阵的充分必要条件是 $\boldsymbol{A}^{-1}=\boldsymbol{A}^{\mathrm{T}}$.

(2) $n$ 阶实矩阵 $\boldsymbol{A}$ 为正交矩阵的充分必要条件是 $\boldsymbol{A}\boldsymbol{A}^{\mathrm{T}}=\boldsymbol{E}$.

此外,若记 $\boldsymbol{A}=(\boldsymbol{\alpha}_1,\boldsymbol{\alpha}_2,\cdots,\boldsymbol{\alpha}_n)$,其中 $\boldsymbol{\alpha}_i$ 是矩阵 $\boldsymbol{A}$ 的第 $i$ 个列向量,则 $\boldsymbol{A}$ 为正交矩阵当且仅当

$$\boldsymbol{A}^{\mathrm{T}}\boldsymbol{A}=\begin{pmatrix}\boldsymbol{\alpha}_1^{\mathrm{T}}\\ \boldsymbol{\alpha}_2^{\mathrm{T}}\\ \vdots\\ \boldsymbol{\alpha}_n^{\mathrm{T}}\end{pmatrix}(\boldsymbol{\alpha}_1,\boldsymbol{\alpha}_2,\cdots,\boldsymbol{\alpha}_n)=\boldsymbol{E},$$

即 $\boldsymbol{\alpha}_i^{\mathrm{T}}\boldsymbol{\alpha}_i=\begin{cases}1, & i=j,\\ 0, & i\neq j\end{cases}$ $(i,j=1,2,\cdots,n)$,从而有

(3) $n$ 阶实矩阵 $\boldsymbol{A}$ 为正交矩阵的充分必要条件是其列(行)向量组是正交单位向量组.

**正交矩阵的性质**

(1) 若 $\boldsymbol{A}$ 是正交矩阵,则 $|\boldsymbol{A}|=1$ 或 $-1$;

(2) 若 $\boldsymbol{A}$ 是正交矩阵,则 $\boldsymbol{A}^{-1}$ 也是正交矩阵;

(3) 若 $\boldsymbol{A},\boldsymbol{B}$ 均为正交矩阵,则 $\boldsymbol{AB}$ 也是正交矩阵.

## 【例题精讲】

**例 4.7** 已知 $\boldsymbol{\alpha}=(2,1,3,2)^{\mathrm{T}}$,$\boldsymbol{\beta}=(1,2,-2,1)^{\mathrm{T}}$,求 $(\boldsymbol{\alpha},\boldsymbol{\beta})$,$\|\boldsymbol{\alpha}\|$,$\|\boldsymbol{\beta}\|$,并求 $\boldsymbol{\alpha},\boldsymbol{\beta}$ 的单位化向量.

**解** $(\boldsymbol{\alpha},\boldsymbol{\beta})=2\times1+1\times2+3\times(-2)+2\times1=0$,

$$\|\boldsymbol{\alpha}\|=\sqrt{(\boldsymbol{\alpha},\boldsymbol{\alpha})}=\sqrt{2^2+1^2+3^2+2^2}=\sqrt{18}=3\sqrt{2},$$

$$\|\boldsymbol{\beta}\|=\sqrt{(\boldsymbol{\beta},\boldsymbol{\beta})}=\sqrt{1^2+2^2+(-2)^2+1^2}=\sqrt{10},$$

$\boldsymbol{\alpha}$ 的单位化向量为 $\dfrac{\boldsymbol{\alpha}}{\|\boldsymbol{\alpha}\|}=\dfrac{1}{3\sqrt{2}}(2,1,3,1)^{\mathrm{T}}=\left(\dfrac{\sqrt{2}}{3},\dfrac{\sqrt{2}}{6},\dfrac{\sqrt{2}}{2},\dfrac{\sqrt{2}}{6}\right)^{\mathrm{T}}$,

$\boldsymbol{\beta}$ 的单位化向量为 $\dfrac{\boldsymbol{\beta}}{\|\boldsymbol{\beta}\|}=\dfrac{1}{\sqrt{10}}(1,2,-2,1)^{\mathrm{T}}=\left(\dfrac{\sqrt{10}}{10},\dfrac{\sqrt{10}}{5},-\dfrac{\sqrt{10}}{5},\dfrac{\sqrt{10}}{10}\right)^{\mathrm{T}}$.

**例 4.8** 将 $\boldsymbol{\alpha}_1=\begin{pmatrix}1\\2\\-2\end{pmatrix}$,$\boldsymbol{\alpha}_2=\begin{pmatrix}1\\0\\-2\end{pmatrix}$,$\boldsymbol{\alpha}_3=\begin{pmatrix}4\\-1\\2\end{pmatrix}$ 正交单位化.

**解** 先正交化,取 $\boldsymbol{\beta}_1=\boldsymbol{\alpha}_1$,

$$\boldsymbol{\beta}_2=\boldsymbol{\alpha}_2-\frac{(\boldsymbol{\alpha}_2,\boldsymbol{\beta}_1)}{(\boldsymbol{\beta}_1,\boldsymbol{\beta}_1)}\boldsymbol{\beta}_1=\begin{pmatrix}1\\0\\-2\end{pmatrix}-\frac{5}{9}\begin{pmatrix}1\\2\\-2\end{pmatrix}=\begin{pmatrix}\frac{4}{9}\\-\frac{10}{9}\\-\frac{8}{9}\end{pmatrix},$$

$$\boldsymbol{\beta}_3=\boldsymbol{\alpha}_3-\frac{(\boldsymbol{\alpha}_3,\boldsymbol{\beta}_1)}{(\boldsymbol{\beta}_1,\boldsymbol{\beta}_1)}\boldsymbol{\beta}_1-\frac{(\boldsymbol{\alpha}_3,\boldsymbol{\beta}_2)}{(\boldsymbol{\beta}_2,\boldsymbol{\beta}_2)}\boldsymbol{\beta}_2$$

$$=\begin{pmatrix}4\\-1\\2\end{pmatrix}-\frac{(-2)}{9}\begin{pmatrix}1\\2\\-2\end{pmatrix}-\frac{\frac{10}{9}}{\frac{20}{9}}\begin{pmatrix}\frac{4}{9}\\-\frac{10}{9}\\-\frac{8}{9}\end{pmatrix}=\begin{pmatrix}4\\0\\2\end{pmatrix}.$$

然后将 $\boldsymbol{\beta}_1,\boldsymbol{\beta}_2,\boldsymbol{\beta}_3$ 单位化，取

$$\boldsymbol{\gamma}_1=\frac{\boldsymbol{\beta}_1}{\|\boldsymbol{\beta}_1\|}=\begin{pmatrix}\frac{1}{3}\\\frac{2}{3}\\-\frac{2}{3}\end{pmatrix},\boldsymbol{\gamma}_2=\frac{\boldsymbol{\beta}_2}{\|\boldsymbol{\beta}_2\|}=\begin{pmatrix}\frac{2\sqrt{5}}{15}\\-\frac{\sqrt{5}}{3}\\-\frac{4\sqrt{5}}{15}\end{pmatrix},\boldsymbol{\gamma}_3=\frac{\boldsymbol{\beta}_3}{\|\boldsymbol{\beta}_3\|}=\begin{pmatrix}\frac{2\sqrt{5}}{5}\\0\\\frac{\sqrt{5}}{5}\end{pmatrix},$$

则 $\boldsymbol{\gamma}_1,\boldsymbol{\gamma}_2,\boldsymbol{\gamma}_3$ 即为所求.

**例 4.9** 判断矩阵 $\boldsymbol{A}=\begin{pmatrix}\frac{2}{3}&\frac{2}{3}&\frac{1}{3}\\\frac{2}{3}&-\frac{1}{3}&-\frac{2}{3}\\\frac{1}{3}&-\frac{2}{3}&\frac{2}{3}\end{pmatrix}$是否为正交矩阵.

**解** 方法一 因为

$$\boldsymbol{A}\boldsymbol{A}^{\mathrm{T}}=\begin{pmatrix}\frac{2}{3}&\frac{2}{3}&\frac{1}{3}\\\frac{2}{3}&-\frac{1}{3}&-\frac{2}{3}\\\frac{1}{3}&-\frac{2}{3}&\frac{2}{3}\end{pmatrix}\begin{pmatrix}\frac{2}{3}&\frac{2}{3}&\frac{1}{3}\\\frac{2}{3}&-\frac{1}{3}&-\frac{2}{3}\\\frac{1}{3}&-\frac{2}{3}&\frac{2}{3}\end{pmatrix}=\begin{pmatrix}1&0&0\\0&1&0\\0&0&1\end{pmatrix},$$

所以 $\boldsymbol{A}$ 是正交矩阵.

方法二 矩阵 $\boldsymbol{A}=\begin{pmatrix}\frac{2}{3}&\frac{2}{3}&\frac{1}{3}\\\frac{2}{3}&-\frac{1}{3}&-\frac{2}{3}\\\frac{1}{3}&-\frac{2}{3}&\frac{2}{3}\end{pmatrix}$的列向量组为

$$\boldsymbol{\alpha}_1=\begin{pmatrix}\frac{2}{3}\\ \frac{2}{3}\\ \frac{1}{3}\end{pmatrix},\boldsymbol{\alpha}_2=\begin{pmatrix}\frac{2}{3}\\ -\frac{1}{3}\\ -\frac{2}{3}\end{pmatrix},\boldsymbol{\alpha}_3=\begin{pmatrix}\frac{1}{3}\\ -\frac{2}{3}\\ \frac{2}{3}\end{pmatrix}.$$

因为$\|\boldsymbol{\alpha}_i\|=1(i=1,2,3)$，且$(\boldsymbol{\alpha}_i,\boldsymbol{\alpha}_j)=0(i\neq j;i,j=1,2,3)$，所以$\boldsymbol{\alpha}_1,\boldsymbol{\alpha}_2,\boldsymbol{\alpha}_3$为正交单位向量组，从而$\boldsymbol{A}$是正交矩阵.

## 4.3.2　实对称矩阵的对角化

【案例引入】

［**案例4**］　由例4.4可知，矩阵$\boldsymbol{A}=\begin{pmatrix}1&2\\2&1\end{pmatrix}$的特征值为$\lambda_1=3,\lambda_2=-1$，且$\boldsymbol{\alpha}_1=\begin{pmatrix}1\\1\end{pmatrix}$，$\boldsymbol{\alpha}_2=\begin{pmatrix}1\\-1\end{pmatrix}$是分别对应于这两个特征值的特征向量.显然$(\boldsymbol{\alpha}_1,\boldsymbol{\alpha}_2)=0$，即$\boldsymbol{\alpha}_1,\boldsymbol{\alpha}_2$是正交的.

［**案例5**］　由例4.1可知$\boldsymbol{X}_1=(1,0,1)^{\mathrm{T}},\boldsymbol{X}_2=(1,1,1)^{\mathrm{T}}$是矩阵$\boldsymbol{A}=\begin{pmatrix}2&0&4\\0&6&0\\4&0&2\end{pmatrix}$对应于特征值6的特征向量，$\boldsymbol{X}_3=(1,0,-1)^{\mathrm{T}}$是矩阵$\boldsymbol{A}$对应于特征值$-2$的特征向量.由$(\boldsymbol{X}_1,\boldsymbol{X}_3)=0$，$(\boldsymbol{X}_2,\boldsymbol{X}_3)=0$可得$\boldsymbol{X}_1$与$\boldsymbol{X}_3$正交，$\boldsymbol{X}_2$与$\boldsymbol{X}_3$正交，但$\boldsymbol{X}_1$与$\boldsymbol{X}_2$并不正交.

一般情况下，对应不同特征值的特征向量是线性无关的，却不一定正交.但在上述两个案例中，矩阵$\boldsymbol{A}$对应于不同特征值的特征根都正交，这是因为两个案例中的矩阵都是实对称矩阵，其特征值和特征向量具有一些特殊性质.

【知识储备】

**定理4.7**　实对称矩阵的特征值都是实数.

**定理4.8**　实对称矩阵的对应于不同特征值的特征向量正交.

**定理4.9**　若$\boldsymbol{A}$是实对称矩阵，则一定可对角化，并且一定能够找到一个正交矩阵$\boldsymbol{U}$，使得$\boldsymbol{U}^{-1}\boldsymbol{A}\boldsymbol{U}$为对角矩阵.

以上定理证明从略.下面讨论对于实对称矩阵$\boldsymbol{A}$，如何求一个正交矩阵$\boldsymbol{U}$，使得$\boldsymbol{U}^{-1}\boldsymbol{A}\boldsymbol{U}$为对角矩阵，其一般步骤如下：

① 求出$\boldsymbol{A}$的所有不同的特征值$\lambda_1,\lambda_2,\cdots,\lambda_s$.

② 求出$\boldsymbol{A}$对应于每个特征值$\lambda_i(i=1,2,\cdots,s)$的一组线性无关的特征向量，即求出齐次线性方程组$(\lambda_i\boldsymbol{E}-\boldsymbol{A})\boldsymbol{X}=\boldsymbol{O}$的一组基础解系，利用施密特正交化过程，把此组基础解系进行正交化、单位化，全部完成后会得到$n$个正交单位化的特征向量.

③ 以$n$个正交单位化的特征向量作为列向量所得的$n$阶方阵即为所求的正交矩阵$\boldsymbol{U}$，

以相应的特征值作为主对角线元素的对角矩阵,即为所求的对角矩阵 $U^{-1}AU$.

【例题精讲】

**例 4.10** 求正交矩阵 $U$,使 $U^{-1}AU$ 为对角矩阵,其中

$$A=\begin{pmatrix}2&-2&0\\-2&1&-2\\0&-2&0\end{pmatrix}.$$

**解** 矩阵 $A$ 的特征多项式为

$$|\lambda E-A|=\begin{vmatrix}\lambda-2&2&0\\2&\lambda-1&2\\0&2&\lambda\end{vmatrix}=(\lambda-1)(\lambda-4)(\lambda+2),$$

可求得 $A$ 的特征值为 $\lambda_1=1,\lambda_2=4,\lambda_3=-2$.

分别求出矩阵 $A$ 对应于 $\lambda_1,\lambda_2,\lambda_3$ 的线性无关的特征向量为

$$\boldsymbol{\alpha}_1=\begin{pmatrix}-2\\-1\\2\end{pmatrix},\boldsymbol{\alpha}_2=\begin{pmatrix}2\\-2\\1\end{pmatrix},\boldsymbol{\alpha}_3=\begin{pmatrix}1\\2\\2\end{pmatrix},$$

则 $\boldsymbol{\alpha}_1,\boldsymbol{\alpha}_2,\boldsymbol{\alpha}_3$ 是正交的.再将 $\boldsymbol{\alpha}_1,\boldsymbol{\alpha}_2,\boldsymbol{\alpha}_3$ 单位化,可得

$$\boldsymbol{\beta}_1=\begin{pmatrix}-\frac{2}{3}\\-\frac{1}{3}\\\frac{2}{3}\end{pmatrix},\boldsymbol{\beta}_2=\begin{pmatrix}\frac{2}{3}\\-\frac{2}{3}\\\frac{1}{3}\end{pmatrix},\boldsymbol{\beta}_3=\begin{pmatrix}\frac{1}{3}\\\frac{2}{3}\\\frac{2}{3}\end{pmatrix}.$$

作正交矩阵 $U=(\boldsymbol{\beta}_1,\boldsymbol{\beta}_2,\boldsymbol{\beta}_3)=\frac{1}{3}\begin{pmatrix}-2&2&1\\-1&-2&2\\2&1&2\end{pmatrix}$,可使得 $U^{-1}AU=U^{\mathrm{T}}AU=\begin{pmatrix}1&0&0\\0&4&0\\0&0&-2\end{pmatrix}$.

**例 4.11** 求正交矩阵 $U$,使 $U^{-1}AU$ 为对角矩阵,其中

$$A=\begin{pmatrix}1&2&2\\2&-2&-4\\2&-4&-2\end{pmatrix}.$$

**解** 由 $|\lambda E-A|=\begin{vmatrix}\lambda-1&-2&-2\\-2&\lambda+2&4\\-2&4&\lambda+2\end{vmatrix}\xlongequal{r_3-r_2}\begin{vmatrix}\lambda-1&-2&-2\\-2&\lambda+2&4\\0&2-\lambda&\lambda-2\end{vmatrix}$

$$=(\lambda-2)\begin{vmatrix}\lambda-1&-2&-2\\-2&\lambda+2&4\\0&-1&1\end{vmatrix}\xlongequal{c_2+c_3}(\lambda-2)\begin{vmatrix}\lambda-1&-4&-2\\-2&\lambda+6&4\\0&0&1\end{vmatrix}$$

$$=(\lambda-2)^2(\lambda+7),$$

求得 $\boldsymbol{A}$ 的特征值为 $\lambda_1=\lambda_2=2$(二重),$\lambda_3=-7$.

对 $\lambda_1=\lambda_2=2$,求得线性无关的特征向量为 $\boldsymbol{\alpha}_1=\begin{pmatrix}2\\1\\0\end{pmatrix}$,$\boldsymbol{\alpha}_2=\begin{pmatrix}2\\0\\1\end{pmatrix}$.

对 $\boldsymbol{\alpha}_1=\begin{pmatrix}2\\1\\0\end{pmatrix}$,$\boldsymbol{\alpha}_2=\begin{pmatrix}2\\0\\1\end{pmatrix}$ 进行施密特正交化.

先正交化:令 $\boldsymbol{\beta}_1=\boldsymbol{\alpha}_1=\begin{pmatrix}2\\1\\0\end{pmatrix}$,$\boldsymbol{\beta}_2=\boldsymbol{\alpha}_2-\dfrac{(\boldsymbol{\alpha}_2,\boldsymbol{\beta}_1)}{(\boldsymbol{\beta}_1,\boldsymbol{\beta}_1)}\boldsymbol{\beta}_1=\begin{pmatrix}2\\0\\1\end{pmatrix}-\dfrac{4}{5}\begin{pmatrix}2\\1\\0\end{pmatrix}=\begin{pmatrix}\dfrac{2}{5}\\-\dfrac{4}{5}\\1\end{pmatrix}$.

再单位化:令 $\boldsymbol{\gamma}_1=\dfrac{1}{\|\boldsymbol{\beta}_1\|}\boldsymbol{\beta}_1=\begin{pmatrix}\dfrac{2\sqrt{5}}{5}\\\dfrac{\sqrt{5}}{5}\\0\end{pmatrix}$,$\boldsymbol{\gamma}_2=\dfrac{1}{\|\boldsymbol{\beta}_2\|}\boldsymbol{\beta}_2=\begin{pmatrix}\dfrac{2\sqrt{5}}{15}\\-\dfrac{4\sqrt{5}}{15}\\\dfrac{\sqrt{5}}{3}\end{pmatrix}$.

对 $\lambda_3=-7$,求得线性无关的特征向量为 $\boldsymbol{\alpha}_3=\begin{pmatrix}-1\\2\\2\end{pmatrix}$.

这里只有一个向量,只要单位化,得

$$\boldsymbol{\gamma}_3=\frac{1}{\|\boldsymbol{\alpha}_3\|}\boldsymbol{\alpha}_3=\begin{pmatrix}-\dfrac{1}{3}\\\dfrac{2}{3}\\\dfrac{2}{3}\end{pmatrix}.$$

以正交单位向量组 $\boldsymbol{\gamma}_1,\boldsymbol{\gamma}_2,\boldsymbol{\gamma}_3$ 为列向量组的矩阵 $\boldsymbol{U}$,就是所求的正交矩阵.即取

$$\boldsymbol{U}=(\boldsymbol{\gamma}_1,\boldsymbol{\gamma}_2,\boldsymbol{\gamma}_3)=\begin{pmatrix}\dfrac{2\sqrt{5}}{5}&\dfrac{2\sqrt{5}}{15}&-\dfrac{1}{3}\\\dfrac{\sqrt{5}}{5}&-\dfrac{4\sqrt{5}}{15}&\dfrac{2}{3}\\0&\dfrac{\sqrt{5}}{3}&\dfrac{2}{3}\end{pmatrix},$$

可使得
$$\boldsymbol{U}^{-1}\boldsymbol{A}\boldsymbol{U}=\boldsymbol{U}^{\mathrm{T}}\boldsymbol{A}\boldsymbol{U}=\begin{pmatrix}2&0&0\\0&2&0\\0&0&-7\end{pmatrix}.$$

【巩固练习】

8. 计算$(\boldsymbol{\alpha},\boldsymbol{\beta})$：

(1) $\boldsymbol{\alpha}=(2,3,1,2)^{\mathrm{T}},\boldsymbol{\beta}=(1,-2,2,1)^{\mathrm{T}}$；

(2) $\boldsymbol{\alpha}=\left(\frac{\sqrt{5}}{2},-\frac{1}{8},\frac{\sqrt{5}}{3},-1\right)^{\mathrm{T}},\boldsymbol{\beta}=\left(-\frac{\sqrt{5}}{2},-2,\sqrt{5},\frac{2}{3}\right)^{\mathrm{T}}$.

9. 把向量组$\boldsymbol{\alpha}_1=(1,1,0)^{\mathrm{T}},\boldsymbol{\alpha}_2=(1,-2,0)^{\mathrm{T}},\boldsymbol{\alpha}_3=(1,0,1)^{\mathrm{T}}$单位正交化.

10. 对下列矩阵$\boldsymbol{A}$，求正交矩阵$\boldsymbol{U}$，使得$\boldsymbol{U}^{-1}\boldsymbol{AU}$为对角矩阵：

(1) $\boldsymbol{A}=\begin{pmatrix}0&-1&4\\-1&3&-1\\4&-1&0\end{pmatrix}$； (2) $\boldsymbol{A}=\begin{pmatrix}3&0&1\\0&2&0\\1&0&3\end{pmatrix}$； (3) $\boldsymbol{A}=\begin{pmatrix}2&2&-2\\2&5&-4\\-2&-4&5\end{pmatrix}$.

## 4.4 二次型

### 4.4.1 二次型的概念

【案例引入】

[**案例 6**] 前面我们用矩阵研究了很多线性问题，但在实际问题中，还存在大量非线性问题.有些非线性问题也可以用矩阵来表示和研究，例如，二次齐次多项式$ax^2+2bxy+cy^2$就可以用矩阵表示为

$$(x\quad y)\begin{pmatrix}a&b\\b&c\end{pmatrix}\begin{pmatrix}x\\y\end{pmatrix}.$$

更一般地，$n$个变量的二次齐次多项式就是所谓的二次型问题.

【知识储备】

**1. 二次型及其矩阵表示**

**定义 4.10** 含$n$个变量$x_1,x_2,\cdots,x_n$的二次齐次多项式

$$f(x_1,x_2,\cdots,x_n)=a_{11}x_1^2+2a_{12}x_1x_2+\cdots+2a_{1n}x_1x_n+ \\ a_{22}x_2^2+\cdots+2a_{2n}x_2x_n+\cdots+a_{nn}x_n^2 \quad (4.4)$$

称为$n$元二次型，简称二次型，简记为$f$，其中$a_{ij}(i,j=1,2,\cdots,n)$称为二次型的系数.当$a_{ij}$都是实数时，$f(x_1,x_2,\cdots,x_n)$称为实二次型.本书只讨论实二次型.

与案例6类似，二次型(4.4)的矩阵形式如下：

$$f(\boldsymbol{X})=\boldsymbol{X}^{\mathrm{T}}\boldsymbol{AX},$$

其中，

$$X=\begin{pmatrix}x_1\\x_2\\\vdots\\x_n\end{pmatrix},A=\begin{pmatrix}a_{11}&a_{12}&\cdots&a_{1n}\\a_{21}&a_{22}&\cdots&a_{2n}\\\vdots&\vdots&&\vdots\\a_{n1}&a_{n2}&\cdots&a_{nn}\end{pmatrix}\text{满足 } a_{ij}=a_{ji}(i,j=1,2,\cdots,n).$$

实对称矩阵 $\boldsymbol{A}$ 称为二次型 $f$ 的矩阵，二次型 $f$ 称为实对称矩阵 $\boldsymbol{A}$ 的二次型，实对称矩阵 $\boldsymbol{A}$ 的秩称为二次型的秩. 这样，二次型 $f$ 就与矩阵 $\boldsymbol{A}$ 具有一一对应的关系.

例如，二次型 $f(x_1,x_2,x_3)=4x_1^2+12x_1x_2+5x_2^2-6x_2x_3-4x_1x_3-3x_3^2$ 的矩阵形式为

$$f(x_1,x_2,x_3)=(x_1\quad x_2\quad x_3)\begin{pmatrix}4&6&-2\\6&5&-3\\-2&-3&-3\end{pmatrix}\begin{pmatrix}x_1\\x_2\\x_3\end{pmatrix}.$$

**定义 4.11** 仅含有平方项的二次型，即

$$f(y_1,y_2,\cdots,y_n)=\lambda_1y_1^2+\lambda_2y_2^2+\cdots+\lambda_ny_n^2,$$

称为标准形.

显然，标准形 $f(y_1,y_2,\cdots,y_n)=\lambda_1y_1^2+\lambda_2y_2^2+\cdots+\lambda_ny_n^2$ 的矩阵是对角矩阵

$$\begin{pmatrix}\lambda_1&&&\\&\lambda_2&&\\&&\ddots&\\&&&\lambda_n\end{pmatrix}.$$

例如，$f(y_1,y_2,y_3,y_4)=y_1^2-2y_2^2+3y_3^2-y_4^2$ 是一个四元二次型的标准形，该标准型的矩阵为 $\begin{pmatrix}1&&&\\&-2&&\\&&3&\\&&&-1\end{pmatrix}$.

**2. 线性变换**

**定义 4.12** 关系式

$$\begin{cases}x_1=c_{11}y_1+c_{12}y_2+\cdots+c_{1n}y_n,\\x_2=c_{21}y_1+c_{22}y_2+\cdots+c_{2n}y_n,\\\qquad\vdots\\x_n=c_{n1}y_1+c_{n2}y_2+\cdots+c_{nn}y_n\end{cases}\tag{4.5}$$

称为由变量 $x_1,x_2,\cdots,x_n$ 到变量 $y_1,y_2,\cdots,y_n$ 的一个线性变换.

记 $\boldsymbol{X}=(x_1,x_2,\cdots,x_n)^{\mathrm{T}},\boldsymbol{Y}=(y_1,y_2,\cdots,y_n)^{\mathrm{T}},\boldsymbol{C}=\begin{pmatrix}c_{11}&c_{12}&\cdots&c_{1n}\\c_{21}&c_{22}&\cdots&c_{2n}\\\vdots&\vdots&&\vdots\\c_{n1}&c_{n2}&\cdots&c_{nn}\end{pmatrix}$，则线性变换 (4.5)的矩阵表示为 $\boldsymbol{X}=\boldsymbol{C}\boldsymbol{Y}$.

当矩阵 $\boldsymbol{C}$ 可逆时，对应的线性变换称为可逆（线性）变换或非退化（线性）变换；若 $\boldsymbol{C}$ 是

正交矩阵,对应的线性变换称为正交(线性)变换.

对二次型 $f=\boldsymbol{X}^{\mathrm{T}}\boldsymbol{A}\boldsymbol{X}$,引入线性变换 $\boldsymbol{X}=\boldsymbol{C}\boldsymbol{Y}$,其中 $\boldsymbol{C}$ 是一个可逆的已知 $n$ 阶方阵,则二次型 $f$ 变形为

$$f=\boldsymbol{X}^{\mathrm{T}}\boldsymbol{A}\boldsymbol{X}=(\boldsymbol{C}\boldsymbol{Y})^{\mathrm{T}}\boldsymbol{A}\boldsymbol{C}\boldsymbol{Y}=\boldsymbol{Y}^{\mathrm{T}}\boldsymbol{C}^{\mathrm{T}}\boldsymbol{A}\boldsymbol{C}\boldsymbol{Y},$$

即同一个二次型若用变量 $\boldsymbol{Y}=(y_1,y_2,\cdots,y_n)^{\mathrm{T}}$ 表示,其对应的矩阵就成为

$$\boldsymbol{C}^{\mathrm{T}}\boldsymbol{A}\boldsymbol{C}.$$

如果能寻找到适当的可逆矩阵 $\boldsymbol{C}$,使得 $\boldsymbol{C}^{\mathrm{T}}\boldsymbol{A}\boldsymbol{C}$ 变成最简单的形式——对角矩阵,那么该二次型用 $\boldsymbol{Y}=(y_1,y_2,\cdots,y_n)^{\mathrm{T}}$ 表示时是一个标准形,这就是**化二次型为标准形**的过程,我们将在下一小节详细讨论这个问题.

## 【例题精讲】

**例 4.12** (1) 写出二次型 $f(x_1,x_2,x_3)=x_1^2+3x_2^2-x_3^2+x_1x_2-2x_1x_3+3x_2x_3$ 的矩阵;

(2) 已知二次型的矩阵为 $\begin{pmatrix}1&3&5\\3&-2&-4\\5&-4&-1\end{pmatrix}$,求该二次型的表达式.

**解** (1) 因为

$$f(x_1,x_2,x_3)=x_1^2+\frac{1}{2}x_1x_2-x_1x_3+\frac{1}{2}x_2x_1+3x_2^2+\frac{3}{2}x_2x_3-x_3x_1+\frac{3}{2}x_3x_2-x_3^2,$$

所以 $f(x_1,x_2,x_3)$ 的矩阵是 $\begin{pmatrix}1&\frac{1}{2}&-1\\\frac{1}{2}&3&\frac{3}{2}\\-1&\frac{3}{2}&-1\end{pmatrix}$;

(2) 设 $\boldsymbol{X}=(x_1,x_2,x_3)^{\mathrm{T}}$,则该二次型为

$$f=\boldsymbol{X}^{\mathrm{T}}\boldsymbol{A}\boldsymbol{X}=(x_1,x_2,x_3)\begin{pmatrix}1&3&5\\3&-2&-4\\5&-4&-1\end{pmatrix}\begin{pmatrix}x_1\\x_2\\x_3\end{pmatrix}=x_1^2-2x_2^2-x_3^2+6x_1x_2+10x_1x_3-8x_2x_3.$$

**例 4.13** 设二次型 $f=2x_1^2+x_2^2-4x_1x_2-4x_2x_3$,求作可逆线性变换

$$\begin{pmatrix}x_1\\x_2\\x_3\end{pmatrix}=\begin{pmatrix}1&1&-2\\0&1&-2\\0&0&1\end{pmatrix}\begin{pmatrix}y_1\\y_2\\y_3\end{pmatrix}$$

后得到的新的二次型.

**解** 可逆变换为 $\begin{cases}x_1=y_1+y_2-2y_3,\\x_2=y_2-2y_3,\\x_3=y_3,\end{cases}$ 代入原二次型可得

$$\begin{aligned}f&=2(y_1+y_2-2y_3)^2+(y_2-2y_3)^2-4(y_1+y_2-2y_3)(y_2-2y_3)-4(y_2-2y_3)y_3\\&=2y_1^2-y_2^2+4y_3^2.\end{aligned}$$

## 4.4.2 二次型化为标准形

### 【案例引入】

［**案例 7**］ 对二次曲线

$$ax^2+2bxy+cy^2=d, \tag{4.6}$$

通过适当的线性变换，如

$$\begin{cases} x=x'\cos\theta-y'\sin\theta, \\ y=x'\sin\theta+y'\cos\theta, \end{cases}$$

可以把(4.6)式化为 $a'x'^2+b'y'^2=d'$，从而可判别该曲线是圆、椭圆还是双曲线；可作出曲线图像，并得到诸如圆的半径，椭圆、双曲线的长半轴、短半轴等数据. 这一过程的本质是将二次型 $f(x,y)=ax^2+2bxy+cy^2$ 化为标准形 $f(x',y')=a'x'^2+b'y'^2$ 的过程.

### 【知识储备】

**1. 二次型化为标准形**

在4.3节中，已经知道任意实对称矩阵 $\boldsymbol{A}$，一定存在正交矩阵 $\boldsymbol{U}$，使得 $\boldsymbol{U}^{\mathrm{T}}\boldsymbol{A}\boldsymbol{U}=\boldsymbol{U}^{-1}\boldsymbol{A}\boldsymbol{U}$ 为对角矩阵. 从而有如下定理.

**定理 4.10** 对任意实二次型 $f=\boldsymbol{X}^{\mathrm{T}}\boldsymbol{A}\boldsymbol{X}$，总有正交变换 $\boldsymbol{X}=\boldsymbol{U}\boldsymbol{Y}$，使得 $f$ 可化为标准形

$$f=\lambda_1 y_1^2+\lambda_2 y_2^2+\cdots+\lambda_n y_n^2,$$

其中 $\lambda_1,\lambda_2,\cdots,\lambda_n$ 是矩阵 $\boldsymbol{A}$ 的特征值(重根按重数算).

定理4.10给出了将二次型化为标准形的非常重要的方法，称为**正交变换法**，其一般步骤如下：

① 将二次型 $f(x_1,x_2,\cdots,x_n)$ 写成矩阵形式 $f=\boldsymbol{X}^{\mathrm{T}}\boldsymbol{A}\boldsymbol{X}$；

② 求正交矩阵 $\boldsymbol{U}$ 使得 $\boldsymbol{U}^{-1}\boldsymbol{A}\boldsymbol{U}=\boldsymbol{U}^{\mathrm{T}}\boldsymbol{A}\boldsymbol{U}$ 为对角矩阵；

③ 令 $\boldsymbol{X}=\boldsymbol{U}\boldsymbol{Y}$，把 $f$ 化为标准形 $f=\lambda_1 y_1^2+\lambda_2 y_2^2+\cdots+\lambda_n y_n^2$，这里 $\lambda_1,\lambda_2,\cdots,\lambda_n$ 是矩阵 $\boldsymbol{A}$ 的 $n$ 个特征值(重根按重数算).

除此以外，如果不要求所用线性变换是正交变换，也可用**配方法**等方法将二次型化为标准形. 配方法的一般步骤如下：

① 若二次型 $f(x_1,x_2,\cdots,x_n)$ 中含有 $x_i(i=1,2,\cdots,n)$ 的平方项，则先把含有 $x_i$ 的乘积项集中，然后配方，再对其余的变量重复上述过程，直到所有变量都配成平方项为止，经过可逆线性变换，就求得二次型的标准形.

② 若二次型中不含平方项，不妨设 $a_{ij}\neq 0(i\neq j)$，则可先作可逆线性变换：

$$\begin{cases} x_i=y_i+y_j, \\ x_j=y_i-y_j, (k=1,2,\cdots,n, \text{且 } k\neq i,j), \\ x_k=y_k \end{cases}$$

化二次型为含有平方项的二次型，然后再按照①中的方法进行配方即可.

2. **惯性定理**

一般来说，二次型的标准形的具体形式与所用的可逆变换有关，不同变换下的标准形会有差别，但是它们中系数不为零的平方项的个数和系数为正的平方项的个数是固定的.

**定理 4.11** 二次型 $f=\boldsymbol{X}^{\mathrm{T}}\boldsymbol{A}\boldsymbol{X}$ 的标准形中系数不为零的平方项的个数是唯一确定的，等于矩阵 $\boldsymbol{A}$ 的秩 $r(A)$.

**定义 4.13** 二次型 $f=\boldsymbol{X}^{\mathrm{T}}\boldsymbol{A}\boldsymbol{X}$ 的标准形中，系数为正的平方项的个数 $p$ 称为 $f$ 的**正惯性指数**；系数为负的平方项的个数 $r(\boldsymbol{A})-p$ 称为 $f$ 的**负惯性指数**.

**定理 4.12**（惯性定理） 二次型 $f=\boldsymbol{X}^{\mathrm{T}}\boldsymbol{A}\boldsymbol{X}$ 的任一标准形中，系数为正的平方项是唯一确定的，它等于 $f$ 的正惯性指数；而系数为负的平方项个数也是唯一确定的，它等于 $f$ 的负惯性指数.

## 【例题精讲】

**例 4.14** 求一个正交变换 $\boldsymbol{X}=\boldsymbol{U}\boldsymbol{Y}$，把二次型

$$f=5x_1^2+5x_2^2+2x_3^2-8x_1x_2-4x_1x_3+4x_2x_3$$

化为标准形.

**解**（正交变换法） 二次型的矩阵为 $\boldsymbol{A}=\begin{pmatrix}5&-4&-2\\-4&5&2\\-2&2&2\end{pmatrix}$. 由

$$|\lambda\boldsymbol{E}-\boldsymbol{A}|=\begin{vmatrix}\lambda-5&4&2\\4&\lambda-5&-2\\2&-2&\lambda-2\end{vmatrix}=(\lambda-1)^2(10-\lambda)=0$$

得到 $\boldsymbol{A}$ 的特征值为 $\lambda_1=\lambda_2=1$（二重），$\lambda_3=10$.

当 $\lambda_1=\lambda_2=1$ 时，解 $(\boldsymbol{E}-\boldsymbol{A})\boldsymbol{X}=\boldsymbol{O}$，得到基础解系 $\boldsymbol{\alpha}_1=(1,1,0)^{\mathrm{T}}$，$\boldsymbol{\alpha}_2=(1,0,2)^{\mathrm{T}}$.

将它们正交化，得

$$\boldsymbol{\beta}_1=\boldsymbol{\alpha}_1=(1,1,0)^{\mathrm{T}},\boldsymbol{\beta}_2=\boldsymbol{\alpha}_2-\frac{(\boldsymbol{\alpha}_2,\boldsymbol{\beta}_1)}{(\boldsymbol{\beta}_1,\boldsymbol{\beta}_1)}\boldsymbol{\beta}_1=\left(\frac{1}{2},-\frac{1}{2},2\right)^{\mathrm{T}}.$$

再单位化，得 $\boldsymbol{\gamma}_1=\left(\frac{1}{\sqrt{2}},\frac{1}{\sqrt{2}},0\right)^{\mathrm{T}}$，$\boldsymbol{\gamma}_2=\left(\frac{1}{3\sqrt{2}},-\frac{1}{3\sqrt{2}},\frac{4}{3\sqrt{2}}\right)^{\mathrm{T}}$.

当 $\lambda_3=10$ 时，解 $(10\boldsymbol{E}-\boldsymbol{A})\boldsymbol{X}=\boldsymbol{O}$，得到基础解系 $\boldsymbol{\alpha}_3=(-2,2,1)^{\mathrm{T}}$.

单位化，得 $\boldsymbol{\gamma}_3=\left(-\frac{2}{3},\frac{2}{3},\frac{1}{3}\right)^{\mathrm{T}}$.

令 $\boldsymbol{U}=(\boldsymbol{\gamma}_1,\boldsymbol{\gamma}_2,\boldsymbol{\gamma}_3)=\begin{pmatrix}\frac{1}{\sqrt{2}}&\frac{1}{3\sqrt{2}}&-\frac{2}{3}\\\frac{1}{\sqrt{2}}&-\frac{1}{3\sqrt{2}}&\frac{2}{3}\\0&\frac{4}{3\sqrt{2}}&\frac{1}{3}\end{pmatrix}$，则正交变换 $\boldsymbol{X}=\boldsymbol{U}\boldsymbol{Y}$ 将二次型化为标准形

$$f=y_1^2+y_2^2+10y_3^2.$$

**例 4.15** 化二次型

$$f(x_1,x_2,x_3)=2x_1^2+x_2^2-8x_3^2-4x_1x_2+4x_1x_3-8x_2x_3$$

为标准形,并求所用的线性变换.

**解**(配方法) 先将含 $x_1$ 的各项配成一个关于 $x_1$ 的完全平方项,即

$$\begin{aligned}f(x_1,x_2,x_3)&=2[x_1^2-2x_1(x_2-x_3)+(x_2-x_3)^2]-2(x_2-x_3)^2+x_2^2-8x_3^2-8x_2x_3\\&=2(x_1-x_2+x_3)^2-x_2^2-10x_3^2-4x_2x_3,\end{aligned}$$

再将含 $x_2$ 的各项配成完全平方项,即

$$\begin{aligned}f(x_1,x_2,x_3)&=2(x_1-x_2+x_3)^2-(x_2^2+4x_2x_3+4x_3^2)-6x_3^2\\&=2(x_1+x_2-x_3)^2-(x_2+2x_3)^2-6x_3^2.\end{aligned}$$

令$\begin{cases}y_1=x_1-x_2+x_3,\\y_2=x_2+2x_3,\\y_3=x_3,\end{cases}$ 即得 $f=2y_1^2-y_2^2-6y_3^2.$

由$\begin{cases}y_1=x_1-x_2+x_3,\\y_2=x_2+2x_3,\\y_3=x_3,\end{cases}$ 得到可逆变换为$\begin{cases}x_1=y_1+y_2-3y_3,\\x_2=y_2-2y_3,\\x_3=y_3,\end{cases}$

所以在线性变换 $\begin{pmatrix}x_1\\x_2\\x_3\end{pmatrix}=\begin{pmatrix}1&1&-3\\0&1&-2\\0&0&1\end{pmatrix}\begin{pmatrix}y_1\\y_2\\y_3\end{pmatrix}$ 下,原二次型可化为标准形

$$f(y_1,y_2,y_3)=2y_1^2-y_2^2-6y_3^2.$$

**例 4.16** 化二次型

$$f(x_1,x_2,x_3)=x_1x_2+x_1x_3+7x_2x_3$$

为标准形,并求所用的线性变换.

**解**(配方法) 因为二次型中没有平方项,所以先作一个可逆变换,使其出现平方项.根据平方差公式,令

$$\begin{cases}x_1=y_1+y_2,\\x_2=y_1-y_2,\\x_3=y_3,\end{cases}\tag{4.7}$$

代入原二次型得

$$\begin{aligned}f&=(y_1+y_2)(y_1-y_2)+(y_1+y_2)y_3+7(y_1-y_2)y_3\\&=y_1^2-y_2^2+8y_1y_3-6y_2y_3.\end{aligned}$$

把含 $y_1$ 的项配成完全平方项,再把含 $y_2$ 的项配成完全平方项,得到

$$\begin{aligned}f&=y_1^2+8y_1y_3+16y_3^2-16y_3^2-y_2^2-6y_2y_3\\&=(y_1+4y_3)^2-16y_3^2-[y_2^2+6y_2y_3+(3y_3)^2-(3y_3)^2]\\&=(y_1+4y_3)^2-16y_3^2-[(y_2+3y_3)^2-9y_3^2]\\&=(y_1+4y_3)^2-(y_2+3y_3)^2-7y_3^2.\end{aligned}$$

令$\begin{cases} z_1=y_1+4y_3, \\ z_2=y_2+3y_3, \\ z_3=y_3, \end{cases}$解出 $y_1,y_2,y_3$,得

$$\begin{cases} y_1=z_1-4z_3, \\ y_2=z_2-3z_3, \\ y_3=z_3. \end{cases} \tag{4.8}$$

于是二次型 $f(x_1,x_2,x_3)$就化为标准形 $f=z_1^2-z_2^2-7z_3^2$.

所用的变换为(4.7)式和(4.8)式的结合,即

$$\begin{cases} x_1=z_1+z_2-7z_3, \\ x_2=z_1-z_2-z_3, \\ x_3=z_3. \end{cases}$$

**说明** 本例中如果改设$\begin{cases} z_1=y_1+4y_3, \\ z_2=\frac{1}{2}y_2+\frac{3}{2}y_3, \\ z_3=y_3, \end{cases}$解出 $y_1,y_2,y_3$,得$\begin{cases} y_1=z_1-4z_3, \\ y_2=2z_2-3z_3, \\ y_3=z_3. \end{cases}$ (4.8)′

将(4.7)式与(4.8)′式结合得到新的线性变换为

$$\begin{cases} x_1=z_1+2z_2+7z_3, \\ x_2=z_1-2z_2-z_3, \\ x_3=z_3. \end{cases}$$

在这个新的线性变换下,二次型的标准形为 $f=z_1^2-4z_2^2-7z_3^2$.

这说明在不同的线性变换下,二次型化为标准形的形式是不唯一的.

### 4.4.3 正定二次型

【案例引入】

**[案例 8]** 在判定二元函数的极值问题时,经常会用到以下结论.

设二元函数 $f(x,y)$在点 $M_0(x_0,y_0)$的某个邻域内有二阶连续偏导数,且在点 $M_0(x_0,y_0)$处一阶偏导数为零.令

$$A=\frac{\partial^2 f}{\partial x^2}\Big|_{(x_0,y_0)},B=\frac{\partial^2 f}{\partial x\partial y}\Big|_{(x_0,y_0)}=\frac{\partial^2 f}{\partial y\partial x}\Big|_{(x_0,y_0)},C=\frac{\partial^2 f}{\partial y^2}\Big|_{(x_0,y_0)}.$$

(1) 当 $AC-B^2>0$ 时,$f(x,y)$在点 $M_0(x_0,y_0)$处有极值,且当 $A<0$ 时有极大值,当 $A>0$ 时有极小值;

(2) 当 $AC-B^2<0$ 时,$f(x,y)$在点 $M_0(x_0,y_0)$处没有极值;

(3) 当 $AC-B^2=0$ 时,$f(x,y)$在点 $M_0(x_0,y_0)$处可能有极值也可能没有极值.

如果引入矩阵 $\boldsymbol{H}=\begin{pmatrix} \frac{\partial^2 f}{\partial x^2} & \frac{\partial^2 f}{\partial x\partial y} \\ \frac{\partial^2 f}{\partial x\partial y} & \frac{\partial^2 f}{\partial y^2} \end{pmatrix}$,那么 $\boldsymbol{H}$ 是实对称矩阵,上述结论就是利用 $\boldsymbol{H}$ 的有定

性来判别多元函数的极值.

## 【知识储备】

**1. 正定二次型的概念**

**定义 4.14**　若对任意一组不全为零的实数 $c_1,c_2,\cdots,c_n$，二次型 $f(x_1,x_2,\cdots,x_n)$都有

(1) $f(c_1,c_2,\cdots,c_n)>0$,则称 $f(x_1,x_2,\cdots,x_n)$为**正定二次型**;

(2) $f(c_1,c_2,\cdots,c_n)<0$,则称 $f(x_1,x_2,\cdots,x_n)$是**负定二次型**;

(3) $f(c_1,c_2,\cdots,c_n)\geqslant 0$,则称 $f(x_1,x_2,\cdots,x_n)$是**半正定二次型**;

(4) $f(c_1,c_2,\cdots,c_n)\leqslant 0$,则称 $f(x_1,x_2,\cdots,x_n)$是**半负定二次型**.

二次型的正定(半正定)、负定(半负定)统称为二次型的有定性,不具有有定性的二次型称为不定的.

**定义 4.15**　若二次型 $f=\boldsymbol{X}^{\mathrm{T}}\boldsymbol{A}\boldsymbol{X}$ 是正定(负定、半正定、半负定)二次型,则称对应的对称矩阵 $\boldsymbol{A}$ 为**正定(负定、半正定、半负定)矩阵**.

**2. 正定矩阵的性质**

(1) 若矩阵 $\boldsymbol{A}$ 是正定矩阵,则 $\boldsymbol{A}^{-1}$ 也是正定矩阵;

(2) 若矩阵 $\boldsymbol{A},\boldsymbol{B}$ 同阶且均为正定矩阵,则 $\boldsymbol{A}+\boldsymbol{B}$ 也是正定矩阵;

(3) 若矩阵 $\boldsymbol{A}$ 是正定矩阵,则伴随矩阵 $\boldsymbol{A}^*$ 也是正定矩阵.

**3. 正定二次型(正定矩阵)的判定**

**定理 4.13**　二次型的标准形 $f(y_1,y_2,\cdots,y_n)=d_1y_1^2+d_2y_2^2+\cdots+d_ny_n^2$ 是正定的充分必要条件是 $d_1,d_2,\cdots,d_n$ 全大于零.

**定理 4.14**　可逆线性变换不改变二次型的正定性,亦即,若二次型 $f(x_1,x_2,\cdots,x_n)$经可逆线性变换 $\boldsymbol{X}=\boldsymbol{C}\boldsymbol{Y}$ 转化为新的二次型 $g(y_1,y_2,\cdots,y_n)$,则 $g(y_1,y_2,\cdots,y_n)$正定的充要条件是 $f(x_1,x_2,\cdots,x_n)$正定.

**定理 4.15**　$n$ 元二次型 $f(x_1,x_2,\cdots,x_n)$正定的充分必要条件是:它的正惯性指数等于 $n$.

**定理 4.16**　$n$ 元二次型 $f(x_1,x_2,\cdots,x_n)$正定的充分必要条件是:它的矩阵 $\boldsymbol{A}$ 的特征值都大于零.

**推论 4.3**　正定矩阵的行列式大于零.

除了利用正惯性指数、特征值等方法来判别对称矩阵的正定性以外,利用矩阵的顺序主子式也是比较简便且常用的方法.

**定义 4.16**　设矩阵 $\boldsymbol{A}=(a_{ij})_{n\times n}$,

$$\begin{vmatrix} a_{11} & a_{12} & \cdots & a_{1k} \\ a_{21} & a_{22} & \cdots & a_{2k} \\ \vdots & \vdots & & \vdots \\ a_{k1} & a_{k2} & \cdots & a_{kk} \end{vmatrix}\quad (k=1,2,\cdots,n)$$

称为矩阵 $\boldsymbol{A}$ 的 $k$ 阶顺序主子式.

例如,矩阵 $\boldsymbol{A}=\begin{pmatrix}-2&3&4\\-5&0&6\\8&-4&7\end{pmatrix}$,其 1 阶顺序主子式为 $|-2|=-2$,2 阶顺序主子式是 $\begin{vmatrix}-2&3\\-5&0\end{vmatrix}$,3 阶顺序主子式就是 $\boldsymbol{A}$ 的行列式 $|\boldsymbol{A}|$.

**定理 4.17** 二次型 $f=\boldsymbol{X}^{\mathrm{T}}\boldsymbol{A}\boldsymbol{X}$ 正定的充分必要条件是:矩阵 $\boldsymbol{A}$ 的所有顺序主子式全大于零,即

$$|a_{11}|>0,\begin{vmatrix}a_{11}&a_{12}\\a_{21}&a_{22}\end{vmatrix}>0,\cdots,\begin{vmatrix}a_{11}&a_{12}&\cdots&a_{1n}\\a_{21}&a_{22}&\cdots&a_{2n}\\\vdots&\vdots&&\vdots\\a_{n1}&a_{n2}&\cdots&a_{nn}\end{vmatrix}>0.$$

二次型 $f=\boldsymbol{X}^{\mathrm{T}}\boldsymbol{A}\boldsymbol{X}$ 负定的充分必要条件是:矩阵 $\boldsymbol{A}$ 的所有奇数阶顺序主子式全小于零,而偶数阶顺序主子式全大于零,即

$$(-1)^s\begin{vmatrix}a_{11}&a_{12}&\cdots&a_{1s}\\a_{21}&a_{22}&\cdots&a_{2s}\\\vdots&\vdots&&\vdots\\a_{s1}&a_{s2}&\cdots&a_{ss}\end{vmatrix}>0(s=1,2,\cdots,n).$$

## 【例题精讲】

**例 4.17** 判别二次型 $f(x_1,x_2,x_3)=3x_1^2+2x_2^2+x_3^2+4x_1x_2+4x_2x_3$ 的正定性.

**解** 二次型对应的矩阵为 $\boldsymbol{A}=\begin{pmatrix}3&2&0\\2&2&2\\0&2&1\end{pmatrix}$.

计算可得 $\boldsymbol{A}$ 的特征值是 5,2 和 $-1$,所以 $f(x_1,x_2,x_3)$ 不是正定二次型.

**例 4.18** 判别下列二次型的正定性:

(1) $f(x_1,x_2,x_3)=3x_1^2+4x_2^2+5x_3^2+4x_1x_2-4x_2x_3$;

(2) $f(x_1,x_2,x_3)=x_1^2+2x_1x_2+4x_1x_3+2x_2^2-8x_2x_3+x_3^2$;

(3) $f(x_1,x_2,x_3)=-2x_1^2-6x_2^2-4x_3^2+4x_1x_2+2x_1x_3$.

**解** (1) $f(x_1,x_2,x_3)$ 的矩阵为

$$\boldsymbol{A}=\begin{pmatrix}3&2&0\\2&4&-2\\0&-2&5\end{pmatrix}.$$

各阶顺序主子式分别为

$$|3|=3>0,\begin{vmatrix}3&2\\2&4\end{vmatrix}=8>0,\begin{vmatrix}3&2&0\\2&4&-2\\0&-2&5\end{vmatrix}=28>0,$$

由定理 4.17 知，矩阵 $\boldsymbol{A}$ 是正定的，故二次型 $f(x_1,x_2,x_3)$ 亦正定.

(2) $f(x_1,x_2,x_3)$ 的矩阵为

$$\boldsymbol{A}=\begin{pmatrix}1&1&2\\1&2&-4\\2&-4&1\end{pmatrix},$$

各阶顺序主子式分别为

$$|1|=1>0,\begin{vmatrix}1&1\\1&2\end{vmatrix}=1>0,\begin{vmatrix}1&1&2\\1&2&-4\\2&-4&1\end{vmatrix}=-39<0,$$

由定理 4.17 知，$f(x_1,x_2,x_3)$ 不是正定的.

(3) $f(x_1,x_2,x_3)$ 的矩阵为

$$\boldsymbol{A}=\begin{pmatrix}-2&2&1\\2&-6&0\\1&0&-4\end{pmatrix},$$

各阶顺序主子式分别为

$$|-2|=-2<0,\begin{vmatrix}-2&2\\2&-6\end{vmatrix}=8>0,\begin{vmatrix}-2&2&1\\2&-6&0\\1&0&-4\end{vmatrix}=-26<0,$$

由定理 4.17 知，$f(x_1,x_2,x_3)$ 是负定的.

**例 4.19**　当 $t$ 取何值时，实二次型

$$f(x_1,x_2,x_3)=x_1^2+2x_2^2+3x_3^2+2tx_1x_2-2x_1x_3+4x_2x_3$$

是正定二次型?

**解**　已知二次型的矩阵为 $\boldsymbol{A}=\begin{pmatrix}1&t&-1\\t&2&2\\-1&2&3\end{pmatrix}$.

为了使 $f(x_1,x_2,x_3)$ 为正定二次型，$\boldsymbol{A}$ 的各阶顺序主子式都应大于零，即

$$|1|=1>0,\begin{vmatrix}1&t\\t&2\end{vmatrix}=2-t^2>0,$$

$$|\boldsymbol{A}|=\begin{vmatrix}1&t&-1\\t&2&2\\-1&2&3\end{vmatrix}=\begin{vmatrix}1&t&-1\\t+2&2t+2&0\\2&3t+2&0\end{vmatrix}=-\begin{vmatrix}t+2&2t+2\\2&3t+2\end{vmatrix}=-(3t^2+4t)>0.$$

由 $\begin{cases}2-t^2>0,\\(3t+4)t<0,\end{cases}$ 可得 $-\dfrac{4}{3}<t<0$，于是当 $-\dfrac{4}{3}<t<0$ 时，$f(x_1,x_2,x_3)$ 为正定二次型.

## 【应用案例】

设 $n$ 元函数 $f(x_1,x_2,\cdots,x_n)$ 在点 $M_0(x_1^0,x_2^0,\cdots,x_n^0)$ 的某邻域内存在二阶连续偏导数，

且在点 $M_0$ 处一阶偏导数为零，即点 $M_0$ 是 $f$ 的驻点. 引入矩阵

$$H=\begin{pmatrix} \frac{\partial^2 f}{\partial x_1^2} & \frac{\partial^2 f}{\partial x_1\partial x_2} & \cdots & \frac{\partial^2 f}{\partial x_1\partial x_n} \\ \frac{\partial^2 f}{\partial x_2\partial x_1} & \frac{\partial^2 f}{\partial x_2^2} & \cdots & \frac{\partial^2 f}{\partial x_2\partial x_n} \\ \vdots & \vdots & & \vdots \\ \frac{\partial^2 f}{\partial x_n\partial x_1} & \frac{\partial^2 f}{\partial x_n\partial x_2} & \cdots & \frac{\partial^2 f}{\partial x_n^2} \end{pmatrix}_{M_0},$$

若 $\boldsymbol{H}$ 是满秩矩阵，则可利用 $\boldsymbol{H}$ 的有定性来判别函数 $f(x_1,x_2,\cdots,x_n)$ 在点 $M_0$ 处的极值情况，结论如下：

(1) 当 $\boldsymbol{H}$ 为正定矩阵时，$M_0$ 为 $f$ 的一个极小值点；

(2) 当 $\boldsymbol{H}$ 为负定矩阵时，$M_0$ 为 $f$ 的一个极大值点；

(3) 当 $\boldsymbol{H}$ 为不定矩阵时，$M_0$ 不是 $f$ 的极值点.

**说明** 上述结论在 $n=2$ 时，就是案例 8 的情况.

**例 4.20** 求函数 $f(x_1,x_2,x_3)=x_1^2+2x_1x_2+x_1x_3+2x_2^2+x_2x_3+2x_3^2+6x_2-7x_3+5$ 的极值.

**解** $\frac{\partial f}{\partial x_1}=2x_1+2x_2+x_3$，$\frac{\partial f}{\partial x_2}=2x_1+4x_2+x_3+6$，$\frac{\partial f}{\partial x_3}=x_1+x_2+4x_3-7$.

令 $\frac{\partial f}{\partial x_1}=0$，$\frac{\partial f}{\partial x_2}=0$，$\frac{\partial f}{\partial x_3}=0$ 得驻点 $M_0(2,-3,2)$.

又 $f(x_1,x_2,x_3)$ 的二阶偏导数为

$$\frac{\partial^2 f}{\partial x_1^2}=2,\frac{\partial^2 f}{\partial x_1\partial x_2}=2,\frac{\partial^2 f}{\partial x_1\partial x_3}=1,\frac{\partial^2 f}{\partial x_2^2}=4,\frac{\partial^2 f}{\partial x_2\partial x_3}=1,\frac{\partial^2 f}{\partial x_3^2}=4,$$

所以 $f(x_1,x_2,x_3)$ 在点 $M_0$ 处的矩阵 $\boldsymbol{H}=\begin{pmatrix} 2 & 2 & 1 \\ 2 & 4 & 1 \\ 1 & 1 & 4 \end{pmatrix}$.

其各阶顺序主子式为 $|2|=2>0$，$\begin{vmatrix} 2 & 2 \\ 2 & 4 \end{vmatrix}=4>0$，$\begin{vmatrix} 2 & 2 & 1 \\ 2 & 4 & 1 \\ 1 & 1 & 4 \end{vmatrix}=14>0$，

所以 $\boldsymbol{H}$ 是正定矩阵，从而点 $M_0(2,-3,2)$ 是极小值点，极小值为 $f(2,-3,2)=-11$.

## 【巩固练习】

11. 写出下列二次型的矩阵：

(1) $f(x_1,x_2,x_3)=6x_1^2-2x_2^2+3x_3^2-2x_1x_2+3x_1x_3+8x_2x_3$；

(2) $f(x_1,x_2,x_3,x_4)=x_1x_2-x_1x_3+2x_2x_3+x_4^2$；

(3) $f(x_1,x_2,x_3,x_4)=-x_1^2+3x_2^2+2x_3^2-4x_1x_2+3x_1x_3-7x_1x_4+4x_2x_3$.

12. 把下列二次型用配方法化为标准形，并写出所作的变换：

(1) $f(x_1,x_2,x_3)=x_1^2+2x_2^2+2x_1x_2-2x_1x_3$；

(2) $f(x_1,x_2,x_3)=2x_1x_2+2x_1x_3-6x_2x_3$.

13. 用正交变换把下列二次型化成标准形,并写出所作的变换:

(1) $f(x_1,x_2,x_3)=2x_1^2+3x_2^2+3x_3^2+4x_2x_3$;

(2) $f(x_1,x_2,x_3)=x_1^2+4x_2^2+x_3^2-4x_1x_2-8x_1x_3-4x_2x_3$.

14. 判断下列二次型是否正定:

(1) $f(x_1,x_2,x_3)=2x_1^2+5x_2^2+5x_3^2+4x_1x_2-4x_1x_3-8x_2x_3$;

(2) $f(x_1,x_2,x_3)=-5x_1^2-6x_2^2-4x_3^2+6x_1x_2+4x_2x_3$;

(3) $f(x_1,x_2,x_3)=x_1^2+5x_2^2+9x_3^2+4x_1x_2+x_1x_3-6x_2x_3$.

# 第4章复习题

## 一、单项选择题

1. 已知$\lambda_1,\lambda_2$是矩阵$\boldsymbol{A}$的特征值，$\boldsymbol{\xi}_1,\boldsymbol{\xi}_2$为$\boldsymbol{A}$分别对应于$\lambda_1,\lambda_2$的特征向量，下列结论正确的是(　　).

A. 若$\lambda_1=\lambda_2$，则$\boldsymbol{\xi}_1$与$\boldsymbol{\xi}_2$一定成比例　　B. 若$\lambda_1=\lambda_2$，则$\boldsymbol{\xi}_1$与$\boldsymbol{\xi}_2$一定不成比例

C. 若$\lambda_1\neq\lambda_2$，则$\boldsymbol{\xi}_1$与$\boldsymbol{\xi}_2$一定成比例　　D. 若$\lambda_1\neq\lambda_2$，则$\boldsymbol{\xi}_1$与$\boldsymbol{\xi}_2$一定不成比例

2. 下列矩阵中，与对角阵$\begin{pmatrix}1 & & \\ & 2 & \\ & & 2\end{pmatrix}$相似的是(　　).

A. $\begin{pmatrix}1 & & \\ & -2 & \\ & & 2\end{pmatrix}$　　B. $\begin{pmatrix}2 & & \\ & 1 & \\ & & 2\end{pmatrix}$　　C. $\begin{pmatrix}1 & 0 & 0\\ 0 & 2 & 1\\ 0 & 0 & 2\end{pmatrix}$　　D. $\begin{pmatrix}1 & 1 & -1\\ 0 & 2 & 0\\ 0 & 0 & 3\end{pmatrix}$

3. 当$a,b,c$的取值为(　　)时，矩阵$\begin{pmatrix}0 & 1 & 0\\ a & 0 & c\\ b & 0 & \frac{1}{2}\end{pmatrix}$为正交阵.

A. $a=\frac{1}{2},b=\frac{\sqrt{3}}{2},c=-\frac{\sqrt{3}}{2}$　　B. $a=\frac{1}{2},b=\frac{\sqrt{3}}{2},c=\frac{\sqrt{3}}{2}$

C. $a=-\frac{1}{2},b=-\frac{\sqrt{3}}{2},c=\frac{\sqrt{3}}{2}$　　D. $a=\frac{1}{2},b=-\frac{\sqrt{3}}{2},c=-\frac{\sqrt{3}}{2}$

4. $n$阶方阵$\boldsymbol{A}$具有$n$个不同的特征值，是$\boldsymbol{A}$可对角化的(　　).

A. 充分必要条件　　B. 充分而非必要条件

C. 必要而非充分条件　　D. 既非充分也非必要条件

5. 设$n$元实二次型$f=\boldsymbol{X}^{\mathrm{T}}\boldsymbol{AX}$为正定二次型，则下列结论不成立的是(　　).

A. $|\boldsymbol{A}|>0$　　B. $|\boldsymbol{A}|\neq0$

C. $\boldsymbol{A}$的特征值均大于零　　D. $\boldsymbol{A}$一定有$n$个互异的特征值

## 二、填空题

6. 已知3阶方阵$\boldsymbol{A}$的3个特征值为$1,-2,3$，则$|\boldsymbol{A}|=$\_\_\_\_\_\_\_\_\_\_，$\mathrm{tr}(\boldsymbol{A})=$__________.

7. 已知矩阵$\begin{pmatrix}7 & 5\\ x & y\end{pmatrix}$与$\begin{pmatrix}4 & 2\\ 3 & 4\end{pmatrix}$相似，则$x=$__________，$y=$__________.

8. 若$\boldsymbol{\alpha}=(3,k,1)^{\mathrm{T}}$与$\boldsymbol{\beta}=(1,-4,1)^{\mathrm{T}}$正交，则$k=$\_\_\_\_\_\_\_\_\_\_，此时$\|\boldsymbol{\alpha}\|=$__________.

9. 二次型$f(x_1,x_2,x_3,x_4)=x_1^2+2x_2^2+x_3^2+x_4^2+2x_1x_2+2x_1x_3+4x_2x_4$的秩等于__________，其正惯性指数和负惯性指数之和等于__________.

10. 二次型$f(x_1,x_2,x_3)=7x_1^2+x_2^2+x_3^2-2x_1x_2-4x_1x_3$__________(填“是”或“不是”)

正定二次型.

**三、综合题**

11. 设矩阵 $\boldsymbol{A}=\begin{pmatrix}1 & -3 & 3\\ 3 & a & 3\\ 6 & -6 & b\end{pmatrix}$ 有特征值 $\lambda_1=-2,\lambda_2=4,\lambda_3$,求参数 $a,b$ 与 $\lambda_3$ 的值.

12. 已知 $\boldsymbol{A},\boldsymbol{B}$ 都是 $n$ 阶可逆矩阵,证明:若 $\boldsymbol{A}\sim\boldsymbol{B}$,则 $\boldsymbol{A}^{-1}\sim\boldsymbol{B}^{-1}$.

13. 已知 $\boldsymbol{A}=\begin{pmatrix}1 & 0 & 0\\ a & 1 & 0\\ 2 & 3 & 0\end{pmatrix}$ 可对角化,求 $a$ 的值,并求可逆矩阵 $\boldsymbol{P}$,使 $\boldsymbol{P}^{-1}\boldsymbol{AP}$ 为对角阵.

14. 某试验性生产线每年1月份进行熟练工与非熟练工的人数统计,然后安排$\frac{1}{6}$熟练工支援其他生产部门,其缺额由新招收的非熟练工补齐.新、老非熟练工经过培训及实践,年终考核有$\frac{2}{5}$成为熟练工.设第 $n$ 年1月份统计的熟练工和非熟练工所占百分比分别为 $x_n$ 和 $y_n$,记为向量 $(x_n,y_n)^{\mathrm{T}}$.又设最初熟练工和非熟练工所占百分比向量为 $(x_1,y_1)=\left(\frac{1}{2},\frac{1}{2}\right)^{\mathrm{T}}$,求第$n+1$年时,熟练工与非熟练工的信息.

15. 用配方法化二次型 $f(x_1,x_2,x_3)=x_1^2+5x_2^2-4x_3^2+2x_1x_2-4x_1x_3$ 为标准形.

16. 用正交变换把下列二次型化成标准形,并写出所作的变换:

(1) $f(x_1,x_2,x_3)=x_1^2+2x_2^2+3x_3^2-4x_1x_2-4x_2x_3$;

(2) $f(x_1,x_2,x_3)=x_1^2-2x_2^2-2x_3^2-4x_1x_2+4x_1x_3+8x_2x_3$.

## 名家链接

魏尔斯特拉斯(Weierstrass,1815—1897),德国数学家,1815年10月31日生于威斯特法伦州的奥斯滕费尔德,1897年2月19日卒于柏林.

魏尔斯特拉斯在青年时期已表现出对语言和数学的才华,但事与愿违,专制的父亲却把他送到波恩大学学习法律与财政学.由于对商业和法律都毫无兴趣,求学期间,他除了自学喜爱的数学外,把时间消磨在击剑和饮酒之中,4年后未获得学位而返家.1839年为取得中学教师资格他进入明斯特学院,1841年正式通过教师资格考试.魏尔斯特拉斯在获得中学教师资格后先后在多所中学任教达15年之久,度过了40岁之前这段黄金岁月.因为白天有繁重的教学任务,魏尔斯特拉斯只好利用晚上刻苦钻研数学.虽然他写过不少数学论文,但由于他只是一位中学教师而未受到科学界的重视.直到1854年他发表了《关于阿贝尔函数理论》的论文,成功地解决了椭圆积分的逆问题,才轰动了数学界.柯尼斯堡大学也因此立即授予他名誉博士学位.1856年10月他被聘为柏林大学助理教授,1864年成为该校教授.此外,他还被选为法国科学院和柏林科学院院士.

魏尔斯特拉斯在数学方面的贡献是十分巨大的.在解析函数方面,他用幂级数来定义解析函数,并建立了一整套解析函数理论,与柯西、黎曼一起被称为函数论的奠基人.魏尔斯特拉斯关于解析函数的研究成果,构成了现今大学数学专业中复变函数论的主要内容.在椭圆函数方面,他将椭圆函数分别化成含有一个三次多项式的平方根的三个不同形式,把通过"反演"的第一个积分所得的椭圆函数作为基本的椭圆函数,还证明了这是最简单的双周期函数.他证明了每个椭圆函数均可用这个基本椭圆函数和它的导函数简单地表示出来,从而把椭圆函数论的研究推到了一个新的水平,进一步完备了其理论体系.在代数领域,他在1858年对同时化两个二次型成平方和给出了一般方法,并证明了若二次型之一是正定的,即使某些特征值相等,这个化简也是可能的.1868年,他进一步完善了二次型的理论体系,并将这些结果推广到双线性型.此外,在变分学、微分几何和数学分析等方面,他也做了许多出色的工作.

魏尔斯特拉斯一生除了钟情数学研究外,也热爱教育事业,无论是有才气的学生还是一般的学生,他都乐于给他们以帮助和指导.他培养出了一大批有成就的数学人才,其中最著名的有:柯瓦列夫斯卡娅,俄国女数学家、作家、政论家;H. A. 施瓦茨,法国数学家;I. L. 富克斯,法国数学家;M. G. 米塔-列夫勒,瑞典数学家;F. H. 朔特基,法国数学家;L. 柯尼希贝格,法国数学家等.

# 第5章　数学模型

## 5.1　数学模型概论

数学是由于人类的实际需要而产生并发展起来的.从广义上讲,所有的数学理论都是某种特定的数学模型.例如,斐波那契数列是一个兔子繁殖的模型,中国古代的数学著作《张邱建算经》中著名的“百鸡问题”实际上是求解不定方程的问题,而《孙子算经》中的“物不知数”就是同余式组的问题.一般来讲,数学模型可以描述为:对于现实世界的一个特定对象,为了一个特定目的,根据特有的内在规律,作出一些必要的简化假设,运用适当的数学工具,得到一个数学结构.数学模型是由数字、字母或其他数学符号组成的,描述现实对象数量规律的数学公式、图形或算法.

怎样建立数学模型?建模的英文为“Modelling”,该词有“塑造艺术”的意思,因而同一问题从不同的侧面和角度去考察就会构建不尽相同的数学模型.实践经验表明,每个问题在数学建模的处理方式上有一个非常相似的流程图(图5-1).

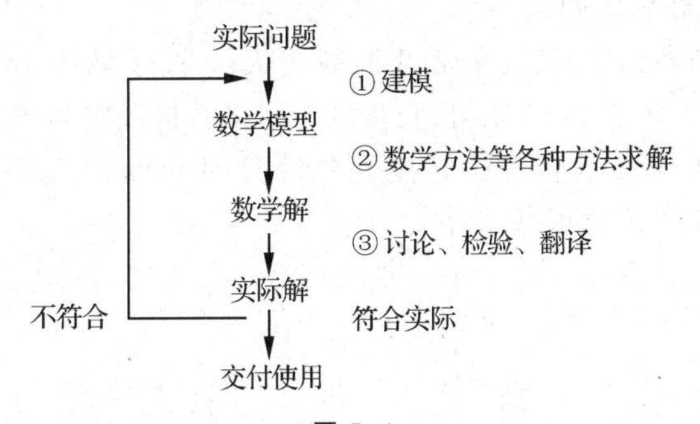


图5-1

建立模型的步骤没有固定的模式.下面是按照一般情况提出的一个建立模型的大体过程,如图5-2所示.

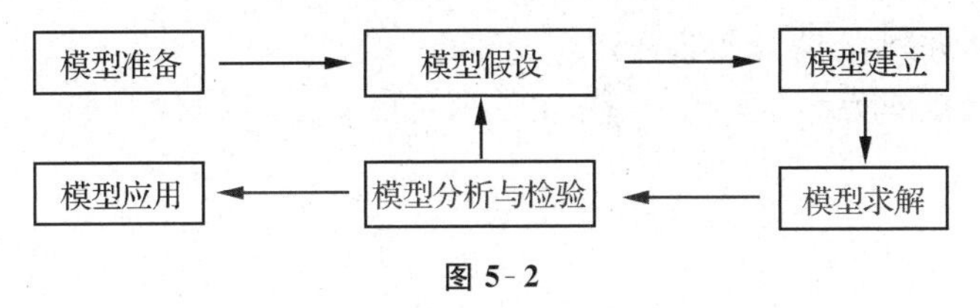


图5-2

(1) 模型准备:了解背景、明确目的、收集数据、深入细致调查、虚心请教.

(2) 模型假设:进行必要的模型简化,抓住主要因素、摒弃次要因素、均匀化、线性化.

(3) 模型建立:刻画变量间的关系,建立相应的数学结构(公式、表格、图形).

(4) 模型求解:运用数学知识、计算机技术、计算技巧(算法)(如解方程、图解、逻辑推理、证明)进行求解.

(5) 模型分析:进行数学上的分析(或稳定状态、灵敏度、依赖关系、预测、决策、控制等).

(6) 模型检验:将结果翻译回实际问题,用实际现象、数据等检验合理性和适用性(误差分析).若不符合实际,则转至步骤(2)重新修改假设,再循环;若符合,则转至步骤(7).

(7) 模型应用:将模型结果或数据应用到实际问题.

数学模型的分类——按功能:可分为定量的、定性的;按目的:可分为理论研究的、预期结果的和优化的;按变量之间关系:可分为代数的、几何的和积分的(分析的);按结构:可分为分析的、非分析的和图论的;按研究对象的特性:可分为确定的、随机的、模糊的、突变的或静态的、动态的或连续的、离散的或线性的、非线性的;按数学方法:可分为初等模型、微分方程模型、优化、控制论、逻辑、扩散模型等;按对象的实际领域:可分为人口、交通、生态、生理、经济、社会、工程系统等;按对象的了解程度:可分为白箱、灰箱、黑箱.

## 5.2 矩阵与行列式模型应用举例

线性代数是以向量和矩阵为对象,以实向量空间为背景的一种抽象数学工具,它在科学技术及国防经济的各个领域中的应用非常普遍.矩阵在其中的应用最为广泛.

**[模型 1]** 循环比赛名次问题.

若 5 个队进行单循环比赛,其结果是:1 队胜 3 队、4 队;2 队胜 1 队、3 队、5 队;3 队胜 4 队;4 队胜 2 队;5 队胜 1 队、3 队、4 队.按直接胜与间接胜次数之和排名次.

**解** 用邻接矩阵 $\mathbf{A}$ 来表示各个队直接胜的情况:$\mathbf{A}=(a_{ij})_{5\times5}$,若第 $i$ 队胜第 $j$ 队,则 $a_{ij}=1(i,j=1,2,3,4,5)$. 由此可得

$$\mathbf{A}=\begin{pmatrix}0&0&1&1&0\\1&0&1&0&1\\0&0&0&1&0\\0&1&0&0&0\\1&0&1&1&0\end{pmatrix}.$$

$\mathbf{A}$ 中各行元素之和分别为各队直接胜的次数,分别为 2,3,1,1,3.可见按直接胜的次数排名有 2 队和 5 队并列,3 队与 4 队并列.

间接胜的邻接矩阵为

$$A^2=\begin{pmatrix}0&1&0&1&0\\1&0&2&3&0\\0&1&0&0&0\\1&0&1&0&1\\0&1&1&2&0\end{pmatrix}.$$

$A^2$ 中各行元素之和分别为各队间接胜的次数.

又 $A+A^2=\begin{pmatrix}0&1&1&2&0\\2&0&3&3&1\\0&1&0&1&0\\1&1&1&0&1\\1&1&2&3&0\end{pmatrix}$，$A+A^2$ 中各行元素之和分别为 4，9，2，4，7，可见按直接胜与间接胜的次数排名有 1 队与 4 队并列. 继续求出

$$A^3=\begin{pmatrix}1&1&1&0&1\\0&3&1&3&0\\1&0&1&0&1\\1&0&2&3&0\\1&2&1&1&1\end{pmatrix},A+A^2+A^3=\begin{pmatrix}1&2&2&2&1\\2&3&4&6&1\\1&1&1&1&1\\2&1&3&3&1\\2&3&3&4&1\end{pmatrix}.$$

$A+A^2+A^3$ 中各行元素之和分别为 8，16，5，10，13，可见按直接胜与间接胜的次数排名为 2 队、5 队、4 队、1 队、3 队.

［**模型 2**］ 消防设施安置问题.

若干条街道构成居民小区，一个非常简化的小区如图 5-3 所示，$e_1,e_2,\cdots,e_7$ 表示街道，$v_1,v_2,\cdots,v_5$ 表示交叉路口. 现计划在某些路口安置消防设施，只有与路口直接相连的街道才能使用它们. 为使所有街道必要时都有消防设施可用，在哪些路口安置设施才最节省呢？

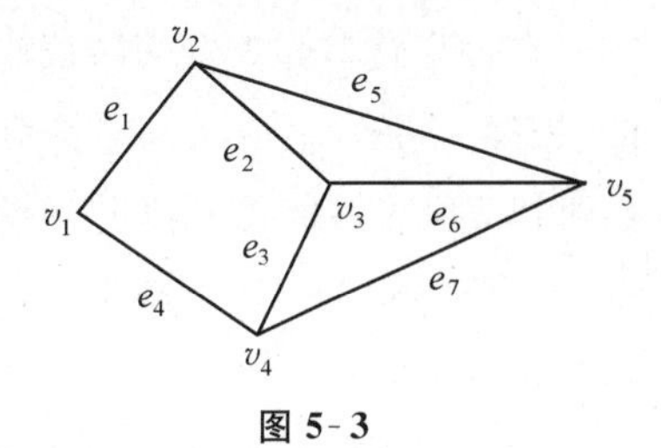


**图 5-3**

**解** 以图 5-3 为例介绍图的几个基本概念.

图是由顶点集 $V=(v_1,v_2,\cdots,v_5)$、边集 $E=(e_1,e_2,\cdots,e_7)$ 以及各个顶点和各边之间确定的关联关系 $\Psi$ 组成的一种结构，记作图 $G=(V,E,\Psi)$. 其中 $\Psi(e_1)=v_1v_2,\Psi(e_2)=v_2v_3,\cdots,\Psi(e_7)=v_4v_5$，$v_1,v_2$ 是 $e_1$ 的端点，$e_1$ 是 $v_1,v_2$ 的邻边. 为简便起见，以下将 $\Psi$ 省略，记为 $G=(V,E)$，$e_1=v_1v_2,\cdots$. 显然，这里的图不是几何意义下的图形，只要保持 $V,E,\Psi$ 不变，顶点的位置、边的长短曲直都可以任意选择. 图还可以用下面两种矩阵形式表示.

关联矩阵(Incidence Matrix)$\boldsymbol{R}=(r_{ij})_{n\times m}$($n$ 为顶点数，$m$ 为边数)，其中

$$r_{ij}=\begin{cases}1, & \text{若存在 } v_k\in V,\text{使 } e_j=v_iv_k,\\0, & \text{否则},\end{cases}\tag{5.1}$$

即仅当以 $v_i$ 为顶点的邻边是 $e_j$ 时 $r_{ij}=1$. 图 5-3 的关联矩阵为

$$
\boldsymbol{R}=\begin{pmatrix} 1 & 0 & 0 & 1 & 0 & 0 & 0 \\ 1 & 1 & 0 & 0 & 1 & 0 & 0 \\ 0 & 1 & 1 & 0 & 0 & 1 & 0 \\ 0 & 0 & 1 & 1 & 0 & 0 & 1 \\ 0 & 0 & 0 & 0 & 1 & 1 & 1 \end{pmatrix}\begin{matrix} v_1 \\ v_2 \\ v_3 \\ v_4 \\ v_5 \end{matrix} \tag{5.2}
$$

$$
\begin{matrix} e_1 & e_2 & e_3 & e_4 & e_5 & e_6 & e_7 \end{matrix}
$$

邻接矩阵(Adjacency Matrix)$\boldsymbol{A}=(a_{ij})_{n\times n}$,其中

$$
a_{ij}=\begin{cases} 1, & 若存在\ e_k\in E,使\ e_k=v_iv_j, \\ 0, & 否则, \end{cases} \tag{5.3}
$$

即仅当 $v_i$ 与 $v_j$ 之间有边相连时 $a_{ij}=1$,图 5-3 的邻接矩阵为

$$
\boldsymbol{A}=\begin{pmatrix} 0 & 1 & 0 & 1 & 0 \\ 1 & 0 & 1 & 0 & 1 \\ 0 & 1 & 0 & 1 & 1 \\ 1 & 0 & 1 & 0 & 1 \\ 0 & 1 & 1 & 1 & 1 \end{pmatrix}\begin{matrix} v_1 \\ v_2 \\ v_3 \\ v_4 \\ v_5 \end{matrix} \tag{5.4}
$$

$$
\begin{matrix} v_1 & v_2 & v_3 & v_4 & v_5 \end{matrix}
$$

可以看出,由图能够写出它的关联矩阵 $\boldsymbol{R}$ 和邻接矩阵 $\boldsymbol{A}$,反之,由 $\boldsymbol{R}$ 或 $\boldsymbol{A}$ 也能够作出相应的图.

在每个路口都安置消防设施显然可以达到每条街道都可以使用的目的,但这是不必要的.去掉 $v_5$,在 $v_1,v_2,v_3,v_4$ 各安置一个也可达到目的.再去掉 $v_1$,在 $v_2,v_3,v_4$ 各安置一个仍然可以,这时不能再去掉了.不难发现,在 $v_1,v_3,v_5$ 或 $v_2,v_4,v_5$ 各安置一个也可以,但是只在 2 个路口安置消防设施是不行的,所以应该安置 3 个设施.可以看出,这里要研究图的顶点与边的关系.

图的覆盖问题正是讨论这种关系的.

若图 $G$ 的每条边都至少有一个端点在顶点集 $V$ 的一个子集 $K$ 之中,则 $K$ 称为 $G$ 的覆盖(Covering).一个图可以有很多覆盖,如$(v_1,v_2,v_3,v_4)$,$(v_1,v_3,v_4,v_5)$,$(v_2,v_3,v_4)$,$(v_1,v_3,v_5)$,$(v_2,v_4,v_5)$都是图 5-3 所示的覆盖.含顶点个数最少的覆盖称为最小覆盖.最小覆盖也不一定唯一,如上面的$(v_2,v_3,v_4)$,$(v_1,v_3,v_5)$等.最小覆盖中的顶点个数称覆盖数,记作 $\alpha$.消防设施的安置问题归结为求图的最小覆盖问题.

因为关联矩阵表示的是顶点与边之间的关系,所以关联矩阵与覆盖密切相关.下面的结论显然成立.

顶点集 $V$ 的子集 $K$ 是图 $G$ 的一个覆盖,当且仅当 $G$ 的关联矩阵 $\boldsymbol{R}$ 中 $K$ 的各顶点所对应的行内每列至少存在一个元素 1.

从关联矩阵可以找出一个最小覆盖,下面仅以(5.2)式为例说明其步骤.

(1) 在(5.2)式中取恰有两个 1 的那一列中 1 所在的行,如 $v_3$ 行,令 $v_3\in K$,划去 $v_3$ 行及 $v_3$ 行中元素 1 所在的 $e_2,e_3,e_6$ 列,得

$$\begin{pmatrix} 1 & 1 & 0 & 0 \\ 1 & 0 & 1 & 0 \\ 0 & 1 & 0 & 1 \\ 0 & 0 & 1 & 1 \end{pmatrix} \begin{matrix} v_1 \\ v_2 \\ v_4 \\ v_5 \end{matrix} \tag{5.5}$$
$$\begin{matrix} e_1 & e_4 & e_5 & e_7 \end{matrix}$$

(2) 在(5.5)式中取恰有两个1的那一列中1所在的行,如 $v_5$ 行.令 $v_5 \in K$,划去 $v_5$ 行及 $v_5$ 行中元素1所在的 $e_5$,$e_7$ 列,得

$$\begin{pmatrix} 1 & 1 \\ 1 & 0 \\ 0 & 1 \end{pmatrix} \begin{matrix} v_1 \\ v_2 \\ v_4 \end{matrix} \tag{5.6}$$
$$\begin{matrix} e_1 & e_4 \end{matrix}$$

(3) 因为 $v_1 > v_2$,$v_1 > v_4$(若对所有的 $j$,$r_{kj}=1 \Rightarrow r_{ij}=1$,记 $v_i > v_k$),划去 $v_2$,$v_4$ 行,$v_1 \in K$,过程结束.最小覆盖 $K=(v_1, v_3, v_5)$.

综上可知,最小覆盖的概念和算法完全解决了这一类消防设施安置问题.

## 5.3 线性方程组模型应用举例

线性方程组是最简单也是最重要的一类代数方程组.自然现象通常都是线性的,或者当变量取值在合理范围内时近似于线性,因此大量的科学技术问题最终往往归结为解线性方程组的问题.此外,线性模型比复杂的非线性模型更易于用计算机进行计算.下面给出线性方程组在日常生活中的应用实例.

**[模型3]** 药方配制问题.

某中药厂用9种中草药A至I,根据不同的比例配制了7种特效药和3种新药,各中药配制成分见表5-1(单位:g).

**表5-1 7种特效药和3种新药的中药配制成分表**

| 中药配方 | 1号 | 2号 | 3号 | 4号 | 5号 | 6号 | 7号 | 1号新药 | 2号新药 | 3号新药 |
|---|---|---|---|---|---|---|---|---|---|---|
| A | 10 | 2 | 14 | 12 | 20 | 38 | 10 | 40 | 72 | 88 |
| B | 12 | 0 | 12 | 25 | 35 | 60 | 55 | 62 | 141 | 67 |
| C | 5 | 3 | 11 | 0 | 5 | 14 | 0 | 14 | 27 | 8 |
| D | 7 | 9 | 25 | 5 | 15 | 47 | 35 | 44 | 102 | 51 |
| E | 0 | 1 | 2 | 25 | 5 | 33 | 6 | 53 | 60 | 7 |
| F | 29 | 5 | 35 | 5 | 35 | 55 | 50 | 50 | 155 | 80 |
| G | 9 | 4 | 17 | 25 | 2 | 39 | 25 | 71 | 118 | 38 |
| H | 6 | 5 | 16 | 10 | 10 | 35 | 10 | 41 | 68 | 21 |
| I | 8 | 2 | 12 | 0 | 2 | 8 | 20 | 14 | 52 | 30 |

(1) 某医院要购买这 7 种特效药,但药厂的 3 号药和 6 号药已经卖完,请问能否用其他特效药配制出这两种脱销的药品?

(2) 现在该医院想用这 7 种特效药配制 2 种新的特效药,表 5-1 给出了 3 种新的特效药的成分,请问能否配制,如何配制?

**解** (1) 把每种特效药看成一个 9 维列向量:$\boldsymbol{u}_1,\boldsymbol{u}_2,\cdots,\boldsymbol{u}_7$,分析这 7 个列向量构成的向量组的线性相关性. 若向量组线性无关,则无法配制脱销的特效药;若向量组线性相关,且能将 $\boldsymbol{u}_3,\boldsymbol{u}_6$ 用其余向量线性表示,则可以配制 3 号药和 6 号药.

设 $\boldsymbol{U}=(\boldsymbol{u}_1,\boldsymbol{u}_2,\cdots,\boldsymbol{u}_7)$,经过初等行变换化为行最简阶梯形矩阵为

$$\boldsymbol{U}_0=\begin{pmatrix}1&0&1&0&0&0&0\\0&1&2&0&0&3&0\\0&0&0&1&0&1&0\\0&0&0&0&1&1&0\\0&0&0&0&0&0&1\\0&0&0&0&0&0&0\\0&0&0&0&0&0&0\\0&0&0&0&0&0&0\\0&0&0&0&0&0&0\end{pmatrix}.$$

显然 $\boldsymbol{u}_1,\boldsymbol{u}_2,\boldsymbol{u}_4,\boldsymbol{u}_5,\boldsymbol{u}_7$ 线性无关,且 $\boldsymbol{u}_3=\boldsymbol{u}_1+2\boldsymbol{u}_2,\boldsymbol{u}_6=3\boldsymbol{u}_2+\boldsymbol{u}_4+\boldsymbol{u}_5$,即可以配制 3 号药和 6 号药.

(2) 3 种新药分别用 $\boldsymbol{v}_1,\boldsymbol{v}_2,\boldsymbol{v}_3$ 表示,问题化为 $\boldsymbol{v}_1,\boldsymbol{v}_2,\boldsymbol{v}_3$ 能否由 $\boldsymbol{u}_1,\boldsymbol{u}_2,\cdots,\boldsymbol{u}_7$ 线性表示. 若能表示,则可配制;否则,不能配制.

令 $\boldsymbol{U}_1=(\boldsymbol{u}_1,\boldsymbol{u}_2,\cdots,\boldsymbol{u}_7,\boldsymbol{v}_1,\boldsymbol{v}_2,\boldsymbol{v}_3)$,用同样的方法得

$$\boldsymbol{U}_{10}=\begin{pmatrix}1&0&1&0&0&0&0&1&3&0\\0&1&2&0&0&3&0&3&4&0\\0&0&0&1&0&1&0&2&2&0\\0&0&0&0&1&1&0&0&0&0\\0&0&0&0&0&0&1&0&1&0\\0&0&0&0&0&0&0&0&0&1\\0&0&0&0&0&0&0&0&0&0\\0&0&0&0&0&0&0&0&0&0\\0&0&0&0&0&0&0&0&0&0\end{pmatrix}.$$

显然 $\boldsymbol{u}_1,\boldsymbol{u}_2,\boldsymbol{u}_4,\boldsymbol{u}_5,\boldsymbol{u}_7,\boldsymbol{v}_3$ 线性无关,由于 $\boldsymbol{v}_3$ 在极大无关组,不能被线性表示,所以无法配制,$\boldsymbol{v}_1,\boldsymbol{v}_2$ 可以配制.

**[模型 4]** 交通流量问题.

汽车在道路上连续行驶形成的车流,称为交通流. 某段时间内在不受横向交叉影响的路段上,交通流呈连续流状态. 假设:(1) 全部流入网络的流量等于全部流出网络的流量;

(2) 全部流入一个结点的流量等于全部流出此结点的流量. 图 5-4 给出了某城市部分单行街道的交通流量(每小时经过的车辆数),确定交通网络未知部分的具体流量.

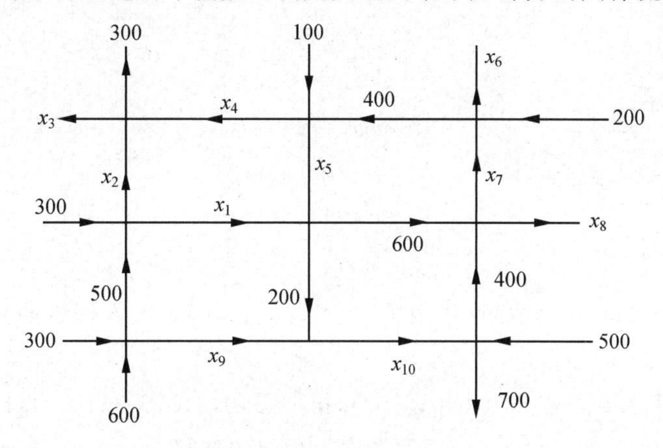


图 5-4

**解** 由网络流量假设可知,所给问题满足如下线性方程组:

$$\begin{cases} x_2-x_3+x_4=300, \\ x_4+x_5=500, \\ x_7-x_6=200, \\ x_1+x_2=800, \\ x_1+x_5=800, \\ x_7+x_8=1\,000, \\ x_9=400, \\ x_{10}-x_9=200, \\ x_{10}=600, \\ x_8+x_3+x_6=1\,000. \end{cases}$$

该线性方程组的增广矩阵化为行最简阶梯形为

$$\boldsymbol{B}=\begin{pmatrix} 1 & 0 & 0 & 0 & 1 & 0 & 0 & 0 & 0 & 0 & 800 \\ 0 & 1 & 0 & 0 & -1 & 0 & 0 & 0 & 0 & 0 & 0 \\ 0 & 0 & 1 & 0 & 0 & 0 & 0 & 0 & 0 & 0 & 200 \\ 0 & 0 & 0 & 1 & 1 & 0 & 0 & 0 & 0 & 0 & 500 \\ 0 & 0 & 0 & 0 & 0 & 1 & 0 & 1 & 0 & 0 & 800 \\ 0 & 0 & 0 & 0 & 0 & 0 & 1 & 1 & 0 & 0 & 1\,000 \\ 0 & 0 & 0 & 0 & 0 & 0 & 0 & 0 & 1 & 0 & 400 \\ 0 & 0 & 0 & 0 & 0 & 0 & 0 & 0 & 0 & 1 & 600 \\ 0 & 0 & 0 & 0 & 0 & 0 & 0 & 0 & 0 & 0 & 0 \\ 0 & 0 & 0 & 0 & 0 & 0 & 0 & 0 & 0 & 0 & 0 \end{pmatrix}.$$

其对应的非齐次方程组为

$$\begin{cases} x_1+x_5=800, \\ x_2-x_5=0, \\ x_3=200, \\ x_4+x_5=500, \\ x_6+x_8=800, \\ x_7+x_8=1\ 000, \\ x_9=400, \\ x_{10}=600. \end{cases}$$

取$(x_5,x_8)$为自由未知量,分别赋两组值为(1,0),(0,1),得齐次方程组的基础解系中两个解向量:

$$\boldsymbol{\eta}_1=(-1,1,0,-1,1,0,0,0,0,0)^{\mathrm{T}},\boldsymbol{\eta}_2=(0,0,0,0,0,-1,-1,1,0,0)^{\mathrm{T}}.$$

赋值给自由未知量$(x_5,x_8)=(0,0)$,得非齐次方程组的特解:

$$\boldsymbol{x}^*=(800,0,200,500,0,800,1\ 000,0,400,600)^{\mathrm{T}}.$$

于是方程组的通解$\boldsymbol{x}=k_1\boldsymbol{\eta}_1+k_2\boldsymbol{\eta}_2+\boldsymbol{x}^*$,其中$k_1,k_2$为任意常数,$\boldsymbol{x}$的每一个分量即为交通网络未知部分的具体流量,它有无穷多解.是不是真的有无穷多个解呢?答案是否定的,因为车流量是非负整数,所以以上变量还需满足:

$$\begin{cases} x_1=-k_1+800\geqslant 0, \\ x_2=k_1\geqslant 0, \\ x_3=200\geqslant 0, \\ x_4=-k_1+500\geqslant 0, \\ x_5=k_1\geqslant 0, \\ x_6=-k_2+800\geqslant 0, \\ x_7=-k_2+1\ 000\geqslant 0, \\ x_8=k_2\geqslant 0, \\ x_9=400\geqslant 0, \\ x_{10}=600\geqslant 0, \end{cases}$$

即$0\leqslant k_1\leqslant 500,0\leqslant k_2\leqslant 800$.

## 5.4 相似矩阵与二次型模型应用举例

**[模型 5]** 简单迁移模型.

某地区对城乡人口流动进行年度调查,发现有一个稳定的往城镇流动的趋势:(1) 每年农村居民的2.5%迁居城镇;(2) 每年城镇居民的1%迁居农村.假设城乡的总人口数保持不变,现在总人口的60%住在城镇,并且流动的这种趋势保持不变,那么1年以后住在城镇的人口所占比例是多少?2年以后的比例是多少?最终的比例是多少?

**解** 1. 模型建立与求解

用 $x_1^{(0)}, x_2^{(0)}$ 分别表示现在城镇、农村人口的比例，即 $x_1^{(0)}=0.6, x_2^{(0)}=0.4$. 又设 $x_1^{(n)}, x_2^{(n)}$ 分别表示 $n$ 年以后的对应比例. 假定人口的总数为 $N$($N$ 为常数)，1 年以后城乡人口分别为

$$x_1^{(1)}N=0.99x_1^{(0)}N+0.025x_2^{(0)}N, x_2^{(1)}N=0.01x_1^{(0)}N+0.975x_2^{(0)}N,$$

求得

$$x_1^{(1)}=0.604, x_2^{(1)}=0.396,$$

即 1 年后人口总数的 60.4%住在城镇.

写成矩阵形式为

$$\begin{pmatrix}0.99 & 0.025\\0.01 & 0.975\end{pmatrix}\begin{pmatrix}x_1^{(0)}\\x_2^{(0)}\end{pmatrix}=\begin{pmatrix}x_1^{(1)}\\x_2^{(1)}\end{pmatrix}.$$

系数矩阵 $\boldsymbol{A}$ 描述了从现在到 1 年后的转变，由于假设人口流动这一趋势持续不变，所以 $n$ 年以后到 $n+1$ 年的转变为

$$\begin{pmatrix}0.99 & 0.025\\0.01 & 0.975\end{pmatrix}\begin{pmatrix}x_1^{(n)}\\x_2^{(n)}\end{pmatrix}=\begin{pmatrix}x_1^{(n+1)}\\x_2^{(n+1)}\end{pmatrix},$$

有

$$\begin{pmatrix}x_1^{(n)}\\x_2^{(n)}\end{pmatrix}=\begin{pmatrix}0.99 & 0.025\\0.01 & 0.975\end{pmatrix}^n\begin{pmatrix}x_1^{(0)}\\x_2^{(0)}\end{pmatrix},$$

求出系数矩阵 $\boldsymbol{A}$ 的特征值为 $\lambda_1=1, \lambda_2=0.965$，对应的特征向量为 $\boldsymbol{p}_1=\begin{pmatrix}\frac{5}{2}\\1\end{pmatrix}, \boldsymbol{p}_2=\begin{pmatrix}-1\\1\end{pmatrix}$,

故有

$$\boldsymbol{A}=\begin{pmatrix}\frac{5}{2} & -1\\1 & 1\end{pmatrix}\begin{pmatrix}1 & 0\\0 & 0.965\end{pmatrix}\begin{pmatrix}\frac{5}{2} & -1\\1 & 1\end{pmatrix}^{-1}.$$

取 $n=2$，有

$$\boldsymbol{A}^2=\frac{1}{7}\begin{pmatrix}6.862\,45 & 0.343\,875\\0.137\,55 & 0.651\,25\end{pmatrix},$$

可得

$$x_1^{(2)}=\frac{1}{7}(6.862\,45x_1^{(0)}+0.343\,875x_2^{(0)})=0.607\,86,$$

即两年后人口总数的 60.78%住在城镇.

又因为

$$\lim_{n\to+\infty}\boldsymbol{A}^n=\frac{1}{7}\begin{pmatrix}5 & 5\\2 & 2\end{pmatrix},$$

所以有

$$\begin{pmatrix}\lim\limits_{n\to+\infty}x_1^{(n)}\\\lim\limits_{n\to+\infty}x_2^{(n)}\end{pmatrix}=\begin{pmatrix}\lim\limits_{n\to+\infty}\boldsymbol{A}^nx_1^{(0)}\\\lim\limits_{n\to+\infty}\boldsymbol{A}^nx_2^{(0)}\end{pmatrix}=\begin{pmatrix}\frac{5}{7}\\\frac{2}{7}\end{pmatrix}.$$

2. 结果分析

根据以上求解结果，得到最终人口的$\frac{5}{7}$住在城镇，$\frac{2}{7}$住在农村.

［**模型 6**］ 旅游地的选择问题.

假期到了，要组织一次旅游，有三个地点可供选择，人们一般会用景色、费用、旅途条件等因素去衡量这些地点. 我们不妨把通常人们对这个问题的决策过程分解一下：

首先是确定景色、费用等因素在影响人们选择旅游地这个目标中各占多大权重；然后是比较三个地点的景色、费用及其他条件；最后是综合以上结果得到三个地点在总目标中所占的权重. 一般应该选择权重最大的那个地点.

**分析** 这个思想方法可以整理为以下几个步骤.

(1) 将决策问题分解为 3 个层次. 最上层为目标层即选择旅游地；中间层为准则层，有景色、费用、居住、饮食、旅途五个准则；最下层为方案层，有 $P_1$，$P_2$，$P_3$ 三个可供选择地. 各层之间的联系用图 5-5 表示.

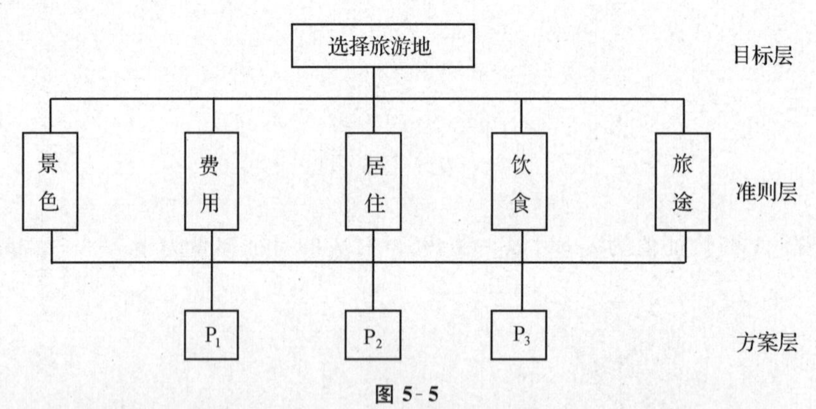


图 5-5

(2) 通过相互比较确定各准则对于上一层的权重，这些权重应该给予量化.

(3) 将方案层对准则层的权重及准则层对目标层的权重进行综合，最后确定方案层对目标层的权重，由此给出决策过程.

完成这几个步骤的关键是，在量化过程中并非把所有因素一起进行比较，而是两两相互比较，并且采用相对尺度，以尽量减少性质不同的诸因素相互比较时产生的困难.

**解** 模型建立和求解如下：

1. 建立成对比较矩阵

考虑某一层 $n$ 个因素 $C_1, C_2, \cdots, C_n$ 对上一层 $O$ 的影响，每次取两个因素 $C_i$ 及 $C_j$，用 $a_{ij}$ 表示 $C_i$ 与 $C_j$ 对 $O$ 的影响之比，由此可作出成对比较矩阵：

$$\boldsymbol{A}=(a_{ij})_{n\times n}，其中\ a_{ij}>0, a_{ji}=\frac{1}{a_{ij}}.$$

具有这样性质的矩阵称为正互反阵，这个矩阵所有元素实际上仅取决于 $i>j$ 的上对角元素.

在上述旅游目的地问题中，可引入如下正互反阵：

$$A=\begin{pmatrix} 1 & \frac{1}{2} & 4 & 3 & 3 \\ 2 & 1 & 7 & 5 & 5 \\ \frac{1}{4} & \frac{1}{7} & 1 & \frac{1}{2} & \frac{1}{3} \\ \frac{1}{3} & \frac{1}{5} & 2 & 1 & 1 \\ \frac{1}{3} & \frac{1}{5} & 3 & 1 & 1 \end{pmatrix}.$$

2. 一致性矩阵及性质

仔细分析这个矩阵，$a_{12}=\frac{1}{2}$说明 $C_1$ 与 $C_2$ 之比为 1∶2；$a_{13}=4$ 说明 $C_1$ 与 $C_3$ 之比为 4∶1. 由此应推出 $C_2$ 与 $C_3$ 之比为 8∶1，所以 $\boldsymbol{A}$ 中元素不是严格意义上相一致的. 因为 $\boldsymbol{A}$ 是由定性与定量相结合而确定的，要在正互反阵中达到全部一致过于苛刻.

若正互反阵 $\boldsymbol{A}$ 满足要求：$a_{ij}\cdot a_{jk}=a_{ik}(i,j,k=1,2,\cdots,n)$，则称为一致性矩阵. 例如，

$$A=\begin{pmatrix} \frac{\omega_1}{\omega_1} & \frac{\omega_1}{\omega_2} & \cdots & \frac{\omega_1}{\omega_n} \\ \frac{\omega_2}{\omega_1} & \frac{\omega_2}{\omega_2} & \cdots & \frac{\omega_2}{\omega_n} \\ \vdots & \vdots & & \vdots \\ \frac{\omega_n}{\omega_1} & \frac{\omega_n}{\omega_2} & \cdots & \frac{\omega_n}{\omega_n} \end{pmatrix}$$

是一个一致性矩阵.

可以证明，一致性矩阵 $\boldsymbol{A}$ 具有如下性质：

① $\boldsymbol{A}$ 的秩为 1，$\boldsymbol{A}$ 的唯一非零特征根为 $n$；

② $\boldsymbol{A}$ 的任何一个列(行)向量都是对应于特征根 $n$ 的特征向量.

3. 权向量与组合权向量

当 $\boldsymbol{A}$ 为一致性矩阵时，取特征根 $n$ 对应的特征向量$(x_1,x_2,\cdots,x_n)$为诸因素 $C_1,C_2,\cdots,C_n$ 对于上一层 $O$ 的影响的权向量. 当 $\boldsymbol{A}$ 并非一致性矩阵，但在不一致的容许范围(下面介绍)内时，也取最大特征根 $\lambda$ 对应的特征向量 $\boldsymbol{X}^{\mathrm{T}}=(x_1,x_2,\cdots,x_n)$为权向量，即 $\boldsymbol{X}$ 满足 $\boldsymbol{AX}=\lambda\boldsymbol{X}$. 可以证明，正互反阵的最大特征根 $\lambda\geqslant n$. 当 $\lambda=n$ 时，$\boldsymbol{A}$ 为一致性矩阵.

用同样的方法可以考虑第三层对第二层中每个因素的成对比较矩阵及权向量，如果有更多的层次，依此类推.

我们的目的是考虑最后一层通过中间层对第一层的权向量，称之为组合权向量. 组合权向量中最大分量对应的方案即为最佳方案. 组合权向量的求法参考以下介绍.

4. 一致性检验

(1) 比较尺度.

当比较两个因素 $C_i$ 与 $C_j$ 对上一层因素 $O$ 的影响时，可用表 5-2 中的比较尺度进行量化.

表 5-2　量化 $a_{ij}$ 的 1—9

| 尺度 $a_{ij}$ | 含义 |
|---|---|
| 1 | $C_i$ 与 $C_j$ 影响相同 |
| 3 | $C_i$ 与 $C_j$ 影响较强 |
| 5 | $C_i$ 与 $C_j$ 影响强 |
| 7 | $C_i$ 与 $C_j$ 影响明显强 |
| 9 | $C_i$ 与 $C_j$ 影响绝对强 |
| 2,4,6,8 | $C_i$ 与 $C_j$ 影响之比在上述两个相邻等级之间 |

(2) 一致性比率 $CR$.

记 $CI=\dfrac{\lambda-n}{n-1}$,定义为一致性指标,其中 $\lambda$ 为正互反矩阵的最大特征根. 因为 $\sum\limits_{i=1}^{n}\lambda_i=n$($\boldsymbol{A}$ 的对角元素之和),所以 $CI$ 代表除 $\lambda$ 外的其余 $n-1$ 个特征根的平均值(取绝对值). 当 $CI=0$ 时,$\boldsymbol{A}$ 为一致性矩阵;当 $CI$ 越大,其一致性越差.

为确定 $\boldsymbol{A}$ 的不一致性的容许范围,人们在大量统计实验的基础上建立了因素 $n$ 与随机一致性指标 $RI$ 的关系,见表 5-3.

表 5-3　随机一致性指标 $RI$ 值表

| $n$ | 1 | 2 | 3 | 4 | 5 | 6 | 7 | 8 | 9 | 10 |
|---|---|---|---|---|---|---|---|---|---|---|
| $RI$ | 0 | 0 | 0.58 | 0.90 | 1.12 | 1.24 | 1.32 | 1.41 | 1.45 | 1.49 |

又记 $CR=\dfrac{CI}{RI}$,当 $CR<0.1$ 时,称 $\boldsymbol{A}$ 的不一致性在容许范围内. $CR$ 称为一致性比率. 这种方法称为一致性检验,如果一致性检验不通过,则需要重新修订正互反阵 $\boldsymbol{A}$ 中的 $a_{ij}$ 值.

5. 解法举例

现在先通过具体例子来计算前面介绍的各个步骤. 取

$$\boldsymbol{A}=\begin{pmatrix} 1 & \frac{1}{2} & 4 & 3 & 3 \\ 2 & 1 & 7 & 5 & 5 \\ \frac{1}{4} & \frac{1}{7} & 1 & \frac{1}{2} & \frac{1}{3} \\ \frac{1}{3} & \frac{1}{5} & 2 & 1 & 1 \\ \frac{1}{3} & \frac{1}{5} & 3 & 1 & 1 \end{pmatrix},$$

算出最大特征根 $\lambda=5.073$,归一化的特征向量为

$$\boldsymbol{\omega}^{(2)}=(0.263,0.0475,0.055,0.099,0.110)^{\mathrm{T}}.$$

这就是第 2 层对第 1 层的权向量. 经检验,

$$CI=\frac{5.073-5}{5-1}=0.018, CR=\frac{0.018}{1.12}<0.1.$$

又取第 3 层对第 2 层的各个正互反阵:

$$\boldsymbol{B}_1=\begin{pmatrix}1 & 2 & 5\\ \frac{1}{2} & 1 & 2\\ \frac{1}{5} & \frac{1}{2} & 1\end{pmatrix},\boldsymbol{B}_2=\begin{pmatrix}1 & \frac{1}{3} & \frac{1}{8}\\ 3 & 1 & \frac{1}{3}\\ 8 & 3 & 1\end{pmatrix},\boldsymbol{B}_3=\begin{pmatrix}1 & 1 & 3\\ 1 & 1 & 3\\ \frac{1}{3} & \frac{1}{3} & 1\end{pmatrix},$$

$$\boldsymbol{B}_4=\begin{pmatrix}1 & 3 & 4\\ \frac{1}{3} & 1 & 1\\ \frac{1}{4} & 1 & 1\end{pmatrix},\boldsymbol{B}_5=\begin{pmatrix}1 & 1 & \frac{1}{4}\\ 1 & 1 & \frac{1}{4}\\ 4 & 4 & 1\end{pmatrix},$$

分别计算 $\lambda_k,\boldsymbol{\omega}_k^{(3)},CI_k$，见表 5-4.

表 5-4　$\lambda_k,\boldsymbol{\omega}_k^{(3)},CI_k$

| $k$ | 1 | 2 | 3 | 4 | 5 |
|---|---|---|---|---|---|
| $\lambda_k$ | 3.005 | 3.002 | 3 | 3.009 | 3 |
| $\boldsymbol{\omega}_k^{(3)}$ | 0.595<br>0.277<br>0.129 | 0.082<br>0.236<br>0.682 | 0.429<br>0.429<br>0.142 | 0.633<br>0.193<br>0.175 | 0.166<br>0.166<br>0.668 |
| $CI_k$ | 0.003 | 0.001 | 0 | 0.005 | 0 |

记

$$\boldsymbol{W}^{(3)}=\begin{pmatrix}0595 & 0.082 & 0.429 & 0.633 & 0.166\\ 0.277 & 0.236 & 0.429 & 0.193 & 0.166\\ 0.129 & 0.682 & 0.142 & 0.175 & 0.668\end{pmatrix},$$

则

$$\begin{aligned}\boldsymbol{\omega}^{(3)}&=\boldsymbol{W}^{(3)}\boldsymbol{\omega}^{(2)}=\boldsymbol{W}^{(3)}(0.263\quad 0.475\quad 0.055\quad 0.099\quad 0.110)^{\mathrm{T}}\\ &=(0.300\quad 0.246\quad 0.456)^{\mathrm{T}}.\end{aligned}$$

一般地，如有 $s$ 层(第一层只有 1 个因素)，分别计算 $\boldsymbol{\omega}^{(2)},\boldsymbol{W}^{(3)},\cdots,\boldsymbol{W}^{(s)}$，则

$$\boldsymbol{\omega}^{(s)}=\boldsymbol{W}^{(s)}\boldsymbol{W}^{(s-1)}\cdots\boldsymbol{W}^{(3)}\boldsymbol{\omega}^{(2)}$$

即为 $s$ 层通过中间层对第一层的最终组合权向量.

6. 组合一致性检验

对正互反阵进行各自的一致性检验并不能保证经过各层次的传递后不出问题，所以最后还需要进行组合一致性检验. 方法如下：

记

$$CI^{(p)}=(CI_1^{(p)}\quad CI_2^{(p)}\quad\cdots\quad CI_m^{(p)})\boldsymbol{\omega}^{(p-1)}\qquad(\boldsymbol{\omega}^{(p-1)}=\boldsymbol{W}^{(p-1)}\boldsymbol{\omega}^{(p-2)}),$$

$$RI^{(p)}=(RI_1^{(p)}\quad RI_2^{(p)}\quad\cdots\quad RI_m^{(p)})\boldsymbol{\omega}^{(p-1)},$$

又记

$$CR^{(p)}=CR^{(p-1)}+\frac{CI^{(p)}}{RI^{(p)}}，\text{其中 } CR^{(2)}=\frac{CI^{(2)}}{RI^{(2)}},$$

当最后一层有 $CR^{(s)}<0.1$ 时，即通过组合一致性检验.

本例题中，$CR^{(2)}=0.016,CR^{(3)}=0.016+\dfrac{0.00176}{0.58}=0.019<0.1$，满足要求.

结果表明，$P_3$ 在旅游地点的选择占的权重约为一半，应作为第一选择点.

# 第 6 章 数学实验

## 6.1 数学实验软件

### 6.1.1 Python 软件简介

说起用计算机进行数学实验，大家首先会想到一些专业的计算软件，如 MATLAB 或 Mathematica 等.这些软件的优点是专业性强，有非常多的内置程序函数，使用者可以方便地调用它们，但是对普通读者来说，这些专业计算软件相对不易学习，安装程序较大，价格往往也都不菲.

本书的数学实验主要介绍用计算机来计算线性代数中的问题，内容相对比较简单，所以我们选用如今比较流行的 Python 语言. Python 已经成为最受欢迎的程序设计语言之一，自从 2004 年以后，Python 的使用率呈线性增长. Python 2 于 2000 年 10 月 16 日发布；Python 3 于 2008 年 12 月 3 日发布. Python 3 与 Python 2 不完全兼容，本书将以 Python 3 作为基础进行介绍.

和 MATLAB 等专业软件相比，Python 具有如下优点：简单易学，免费开源，可移植性强. Python 已经被移植在 Linux、Windows、MacOS 等许多平台上，用手机操作也一样方便.集成的函数模块（如数学函数模块 math）和第三方程序模块（如 NumPy、SciPy、SymPy、pandas 等）非常丰富.本书我们将用到数值计算模块 NumPy 和符号计算模块 SymPy.

### 6.1.2 Python 软件基本用法

本书将使用 Python 的交互界面 IDLE 进行计算操作. IDLE 就像一个计数器，相关计算可以在这个界面中进行，输入提示符为“>>>”.我们首先介绍四则运算（+、-、*、/）和乘方（**）运算，输完计算式后按 Enter 键，结果就会显示在界面中.

```
>>> 2 + 3
5
>>> 7 - 3.5
3.5
>>> 3 * 17
51
>>> 16 / 6
2.6666666666666665
>>> 12 / 2
6.0
>>> 2 ** 10
1024
>>> 3 ** (1 / 2)
1.7320508075688772
```

当进行比较复杂的计算时，为了方便，我们可能要用字母来命名数值.

```
>>> a = 3
>>> b = 5
>>> a + b
8
```

当用到一些数学函数或常数时，就需要用 import 命令导入模块，如 math 模块，我们用它来计算 $\sin\frac{\pi}{6}$.

```
>>> import math
>>> math.sin(math.pi / 6)
0.49999999999999994
```

可以看到这里数值计算出现了误差，如果想得到精确值，可以借助其他一些模块，如符号计算模块 SymPy.

### 6.1.3 NumPy 模块

NumPy 是一个在 Python 中实现科学计算的常用模块，可用来存储和计算大型矩阵，提供线性代数和随机数生成函数等计算工具，如矩阵乘法、矩阵分解、行列式求解等. 为了后面调用方便，导入 NumPy 模块时通常记作 np. 例如，输入矩阵 $\boldsymbol{A}=\begin{pmatrix}1 & 2\\3 & 4\end{pmatrix}$，$\boldsymbol{B}=\begin{pmatrix}1 & 0\\-1 & 2\end{pmatrix}$ 进行相关的计算.

```
>>> import numpy as np
>>> A = np.array([[1,2],[3,4]])
>>> B = np.array([[1,0],[-1,2]])
>>> A + B
array([[2, 2],
       [2, 6]])
>>> 3 * A - 2 * B
array([[ 1,  6],
       [11,  8]])
>>> A @ B
array([[-1,  4],
       [-1,  8]])
```

注意:这里矩阵乘法用的是“@”这个符号,如果用“ * ”这个符号,就会把两个矩阵对应位置的元素直接相乘.

特别地,NumPy 模块中的子模块 linalg 可以解决很多线性代数相关的计算,如计算方阵的行列式和逆矩阵等.

```
>>> np.linalg.det(A)
-2.0000000000000004
>>> np.linalg.inv(B)
array([[1. , 0. ],
       [0.5, 0.5]])
```

本书中 NumPy 模块常用命令见表 6-1.

**表 6-1 NumPy 模块常用命令**

| 命令 | 说明 | 举例 |
|---|---|---|
| array | 生成矩阵和向量 | np. array([[1,2],[3,4]]) |
| eye | 生成单位矩阵 | np. eye(4)为 4 阶单位矩阵 |
| dot | 矩阵相乘 | np. dot(A,B)等同于 A@B |
| transpose | 矩阵转置 | np. transpose(A) |
| linalg. det | 方阵的行列式 | np. linalg. det(A) |
| linalg. inv | 方阵的逆矩阵 | np. linalg. inv(A) |
| linalg. eig | 矩阵的特征值和特征向量 | np. linalg. eig(A) |
| linalg. solve | 矩阵方程的解 | np. linalg. solve(A,B)为 AX=B 的解 |

### 6.1.4 SymPy 模块

SymPy 是一个在 Python 中进行符号运算的第三方科学计算模块,它可使得数学对象被精确地表达,而不是计算近似值,这也意味着带有未计算的未知量可以以符号的形式留在数学表达式中.例如,在导入 math 或者 NumPy 模块后,$\sqrt{2}$表示为

```
>>> np.sqrt(2)
1.4142135623730951
>>> np.sqrt(2) * np.sqrt(2)
2.0000000000000004
```

可以看到$\sqrt{2}$和$(\sqrt{2})^2$都是近似值,如果用 SymPy 模块,可以进行精确运算.为了后面调用方便,导入 SymPy 模块时通常记作 sy.

```
>>> import sympy as sy
>>> sy.sqrt(2)
sqrt(2)
>>> sy.sqrt(2) * sy.sqrt(2)
2
```

用 SymPy 模块来计算 $\sin\frac{\pi}{6}$.

```
>>> sy.sin(sy.pi / 6)
1/2
```

如果 SymPy 模块使用得非常频繁，可以用"from sympy import *"导入 SymPy 模块，这样调用命令时就可以不用每次写"sy."了. 例如，上面的命令就可以简单写作：

```
>>> from sympy import *
>>> sin(pi / 6)
1/2
```

本书中 SymPy 模块常用命令见表 6-2.

**表 6-2　SymPy 模块常用命令**

| 命令 | 说明 | 举例 |
| --- | --- | --- |
| symbols | 定义变量 | x = sy. symbols('x') |
| Eq | 定义等式 | Eq(x,1) 表示等式 $x=1$ |
| Matrix | 生成矩阵和向量 | A = sy. Matrix([[1,2],[3,4]]) |
| eye | 生成单位矩阵 | sy. eye(4) 为 4 阶单位矩阵 |
| det | 方阵的行列式 | sy. det(A) 等同于 A. det() |
| transpose | 矩阵转置 | sy. transpose(A) 等同于 A. T |
| inv | 方阵的逆矩阵 | A. inv() 等同于 A ** -1 |
| rref | 行最简矩阵 | A. rref() |
| nullspace | 基础解系 | A. nullspace() 表示 $AX=0$ 的基础解系 |
| eigenvals | 矩阵的特征值 | A. eigenvals() |
| eigenvects | 矩阵的特征值和特征向量 | A. eigenvects() |
| diagonalize | 矩阵的对角化 | P,D = A. diagonalize() 满足 $PDP^{-1}=A$ |
| solve | 解方程(组)，返回列表(字典) | sy. solve(x**2-1) 解方程 $x^2-1=0$ |
| solveset | 解方程，返回解集 | sy. solveset(x**2-1) 解方程 $x^2-1=0$ |
| linsolve | 解线性方程组，返回解集 | sy. linsolve([x+y-1,x-y],[x,y]) |

## 6.2　线性代数与数学实验

### 6.2.1　行列式与矩阵

#### 【案例引入】

**[案例 1]**　循环比赛名次问题.

若 5 个队进行单循环比赛，其结果是：1 队胜 3 队、4 队；2 队胜 1 队、3 队、5 队；3 队胜

4 队;4 队胜 2 队;5 队胜 1 队、3 队、4 队.按直接胜与间接胜次数之和排名次.

[案例分析]

本案例是第 5 章中的一个数学模型题目,要求求出邻接矩阵 $\boldsymbol{A}$ 和 $\boldsymbol{A}+\boldsymbol{A}^2$,$\boldsymbol{A}+\boldsymbol{A}^2+\boldsymbol{A}^3$ 的每行元素之和.其中邻接矩阵 $\boldsymbol{A}$ 可表示为

$$\boldsymbol{A}=\begin{pmatrix}0&0&1&1&0\\1&0&1&0&1\\0&0&0&1&0\\0&1&0&0&0\\1&0&1&1&0\end{pmatrix}.$$

## 【知识储备】

NumPy 模块和 SymPy 模块中相关命令见表 6-3.

**表 6-3 NumPy 和 SymPy 模块中相关命令**

| 导入模块 | import numpy as np | import sympy as sy |
|---|---|---|
| 输入矩阵 | np. array() | sy. Matrix() |
| 矩阵的行列式 | np. linalg. det() | A. det() |
| 矩阵的运算 | +、-、数乘 *、乘法@ | +、-、数乘 *、乘法 * |
| 矩阵的转置 | np. transpose() | A. T |
| 生成单位矩阵 | np. eye() | sy. eye() |
| 逆矩阵 | np. linalg. inv() | A** -1 |

## 【例题精讲】

**例 6.1** 设矩阵 $\boldsymbol{A}=\begin{pmatrix}1&-2\\3&2\end{pmatrix}$,$\boldsymbol{B}=\begin{pmatrix}3&2\\-8&10\end{pmatrix}$,求 $3\boldsymbol{A}+\boldsymbol{B}$,$\boldsymbol{A}^{\mathrm{T}}-5\boldsymbol{B}$,$\boldsymbol{AB}$.

**解** 本例用 NumPy 模块来计算.

```
>>> import numpy as np
>>> A = np.array([[1,-2],[3,2]])
>>> B = np.array([[3,2],[-8,10]])
>>> 3 * A + B
array([[ 6, -4],
       [ 1, 16]])
>>> np.transpose(A) - 5 * B
array([[-14,  -7],
       [ 38, -48]])
>>> A @ B
array([[ 19, -18],
       [ -7,  26]])
```

**例 6.2** 求矩阵 $\boldsymbol{A}=\begin{pmatrix}1&2&3\\4&5&6\\7&8&8\end{pmatrix}$ 的行列式和逆矩阵.

**解** 本例用 NumPy 模块来计算.

```
>>> import numpy as np
>>> A = np.array([[1,2,3],[4,5,6],[7,8,8]])
>>> np.linalg.det(A)
2.9999999999999982
>>> np.linalg.inv(A)
array([[-2.66666667,  2.66666667, -1.        ],
       [ 3.33333333, -4.33333333,  2.        ],
       [-1.        ,  2.        , -1.        ]])
```

结果是近似值,我们改用 SymPy 模块来计算.

```
>>> import sympy as sy
>>> A = sy.Matrix([[1,2,3],[4,5,6],[7,8,8]])
>>> A.det()
3
>>> A ** -1
Matrix([
[-8/3,   8/3, -1],
[10/3, -13/3,  2],
[  -1,     2, -1]])
```

可以看到,本例用 SymPy 模块来计算,可以得到更精确的结果.

## 【应用案例】

[**完成案例 1**] 用 NumPy 模块来计算.

```
>>> import numpy as np
>>> A = np.array([[0,0,1,1,0],[1,0,1,0,1],[0,0,0,1,0],[0,1,0,0,0],[1,0,1,1,0]])
>>> A.sum(1)
array([2, 3, 1, 1, 3])
>>> (A + A @ A).sum(1)
array([4, 9, 2, 4, 7])
>>> (A + A @ A + A @ A @ A).sum(1)
array([ 8, 16,  5, 10, 13])
```

这里矩阵. sum(1)表示矩阵按各行元素求和.

[**案例 2**] 有两个工厂生产甲、乙、丙三种产品,产品数量及产品单价和每件产品的利润分别由表 6-4 和表 6-5 给出,求两个工厂的总收入和总利润.

**表 6-4 产品数量** 单位:万件

| 工厂 | 产品 | | |
|---|---|---|---|
| | 甲 | 乙 | 丙 |
| 一厂 | 4 | 6 | 8 |
| 二厂 | 5 | 4 | 3 |

**表 6-5 单价和利润** 单位:万元

| 产品 | 单价 | 利润 |
| --- | --- | --- |
| 甲 | 5 | 1 |
| 乙 | 10 | 2 |
| 丙 | 20 | 4 |

**解** 表 6-4 可用矩阵 $\boldsymbol{A}=\begin{pmatrix}4 & 6 & 8\\5 & 4 & 3\end{pmatrix}$表示,表 6-5 可用矩阵 $\boldsymbol{B}=\begin{pmatrix}5 & 1\\10 & 2\\20 & 4\end{pmatrix}$表示,则两个工厂的总收入和总利润可用矩阵乘法 $C=AB$ 表示. 我们用 NumPy 模块来计算.

```
>>> import numpy as np
>>> A = np.array([[4,6,8],[5,4,3]])
>>> B = np.array([[5,1],[10,2],[20,4]])
>>> A @ B
array([[240,  48],
       [125,  25]])
```

得到两个工厂的总收入和总利润见表 6-6.

**表 6-6 总收入和总利润** 单位:万元

| 工厂 | 总收入 | 总利润 |
| --- | --- | --- |
| 一厂 | 240 | 48 |
| 二厂 | 125 | 25 |

**【巩固练习】**

1. 求行列式$\begin{vmatrix}a & b & c\\c & a & b\\b & c & a\end{vmatrix}$.

2. 计算$\begin{pmatrix}8\\1\\3\end{pmatrix}(3,2)\begin{pmatrix}1 & -1\\3 & -2\end{pmatrix}$.

3. 已知 $\boldsymbol{A}=\begin{pmatrix}1 & 1\\-1 & 1\end{pmatrix}$,$\boldsymbol{B}=\begin{pmatrix}1 & 2\\3 & 1\end{pmatrix}$,求 $\boldsymbol{AB}-5\boldsymbol{B}$,$(\boldsymbol{A}+\boldsymbol{B})(\boldsymbol{A}-\boldsymbol{B})$.

4. 求矩阵$\begin{pmatrix}1 & 2 & 0\\0 & 1 & 0\\2 & -3 & 5\end{pmatrix}$的逆矩阵.

## 6.2.2　线性方程组

### 【案例引入】

［**案例3**］　药方配制问题.

某中药厂用9种中草药A至I,根据不同的比例配制了7种特效药,各中药配制成分见表6-7(单位:g).(1) 某医院要购买这7种特效药,但药厂的3号药和6号药已经卖完,请问能否用其他特效药配制出这两种脱销的药品?(2) 现在该医院想用这7种特效药配制2种新的特效药,表6-8给出了3种新的特效药的成分,请问能否配制,如何配制?

**表6-7　7种特效药的中药配制成分表**

| 中药配方 | 1号 | 2号 | 3号 | 4号 | 5号 | 6号 | 7号 |
|---|---|---|---|---|---|---|---|
| A | 10 | 2 | 14 | 12 | 20 | 38 | 10 |
| B | 12 | 0 | 12 | 25 | 35 | 60 | 55 |
| C | 5 | 3 | 11 | 0 | 5 | 14 | 0 |
| D | 7 | 9 | 25 | 5 | 15 | 47 | 35 |
| E | 0 | 1 | 2 | 25 | 5 | 33 | 6 |
| F | 25 | 5 | 35 | 5 | 35 | 55 | 50 |
| G | 9 | 4 | 17 | 25 | 2 | 39 | 25 |
| H | 6 | 5 | 16 | 10 | 10 | 35 | 10 |
| I | 8 | 2 | 12 | 0 | 2 | 8 | 20 |

**表6-8　3种新的特效药成分表**

| 中药配方 | 8号 | 9号 | 10号 |
|---|---|---|---|
| A | 40 | 72 | 88 |
| B | 62 | 141 | 67 |
| C | 14 | 27 | 8 |
| D | 44 | 102 | 51 |
| E | 53 | 60 | 7 |
| F | 50 | 155 | 80 |
| G | 71 | 118 | 38 |
| H | 41 | 68 | 21 |
| I | 14 | 52 | 30 |

［**案例分析**］

本案例是上一章中的一个数学模型题目,把每种特效药看成一个9维列向量:$\boldsymbol{u}_1$,$\boldsymbol{u}_2$,…,$\boldsymbol{u}_7$,设矩阵$\boldsymbol{U}=(\boldsymbol{u}_1,\boldsymbol{u}_2,\cdots,\boldsymbol{u}_7)$,任务是求出它的行最简阶梯形矩阵.

### 【知识储备】

SymPy模块中相关命令见表6-9.

**表6-9　SymPy模块中相关命令**

| | |
|---|---|
| 导入模块 | import sympy as sy |
| 定义变量 | x = sy.symbols('x') |
| 输入矩阵 | sy.Matrix() |
| 行最简矩阵 | A.rref() |
| 基础解系 | A.nullspace() 表示AX=0的基础解系 |
| 解线性方程组,返回解集 | sy.linsolve([x+y−1,x−y],[x,y]) |

【例题精讲】

**例 6.3** 解线性方程组$\begin{cases}2x_1+4x_2+x_3+x_4=5,\\x_1+2x_2-x_3+2x_4=1,\\-x_1-2x_2-2x_3+x_4=-4.\end{cases}$

**解** 用 linsolve 命令求解方程组,需要先用 symbols 定义变量.

```
>>> import sympy as sy
>>> x1,x2,x3,x4=sy.symbols('x1:5')
>>> sy.linsolve([2*x1+4*x2+x3+x4-5,x1+2*x2-x3+2*x4-1,-x1-2*x2-2*x3+x4+4],[x1,x2,x3,x4])
FiniteSet((-2*x2 - x4 + 2, x2, x4 + 1, x4))
```

得到方程组的解为$\begin{cases}x_1=2-2x_2-x_4,\\x_3=1+x_4.\end{cases}$

也可以解矩阵方程 $\boldsymbol{AX}=\boldsymbol{b}$,同样先用 symbols 定义变量.

```
>>> import sympy as sy
>>> x1,x2,x3,x4=sy.symbols('x1:5')
>>> A = sy.Matrix([[2,4,1,1],[1,2,-1,2],[-1,-2,-2,1]])
>>> b = sy.Matrix([5,1,-4])
>>> sy.linsolve([A,b],[x1,x2,x3,x4])
FiniteSet((-2*x2 - x4 + 2, x2, x4 + 1, x4))
```

还可以用将增广矩阵$(\boldsymbol{A}\vdots\boldsymbol{b})$化为行最简矩阵的方法求解.

```
>>> import sympy as sy
>>> A = sy.Matrix([[2,4,1,1],[1,2,-1,2],[-1,-2,-2,1]])
>>> b = sy.Matrix([5,1,-4])
>>> Ab = A.col_insert(5,b)
>>> Ab.rref()
(Matrix([
[1, 2, 0,  1, 2],
[0, 0, 1, -1, 1],
[0, 0, 0,  0, 0]]), (0, 2))
```

得到增广矩阵$(\boldsymbol{A}\vdots\boldsymbol{b})$的行最简矩阵$\begin{pmatrix}1&2&0&1&2\\0&0&1&-1&1\\0&0&0&0&0\end{pmatrix}$,也可以得到方程组的解$\begin{cases}x_1=2-2x_2-x_4,\\x_3=1+x_4.\end{cases}$

如果结合 nullspace 命令,可以得到 $\boldsymbol{AX}=\boldsymbol{O}$ 的基础解系.

```
>>> A.nullspace()
[Matrix([
[-2],
[ 1],
[ 0],
[ 0]]), Matrix([
[-1],
[ 0],
[ 1],
[ 1]])]
```

从而得到方程组的向量解 $X=\begin{pmatrix}2\\0\\1\\0\end{pmatrix}+k_1\begin{pmatrix}-2\\1\\0\\0\end{pmatrix}+k_2\begin{pmatrix}-1\\0\\1\\1\end{pmatrix}$.

**例 6.4**　解线性方程组 $\begin{cases}2x_1-x_2-x_3+x_4=1,\\x_1+2x_2-x_3-2x_4=0,\\3x_1+x_2-2x_3-x_4=2.\end{cases}$

**解**　解矩阵方程 $\boldsymbol{AX}=\boldsymbol{b}$.

```
>>> import sympy as sy
>>> x1,x2,x3,x4=sy.symbols('x1:5')
>>> A = sy.Matrix([[2,-1,-1,1],[1,2,-1,-2],[3,1,-2,-1]])
>>> b = sy.Matrix([1,0,2])
>>> sy.linsolve([A,b],[x1,x2,x3,x4])
EmptySet
```

空集说明方程组无解.

**例 6.5**　解线性方程组 $\begin{cases}2x_1-x_2+3x_3=1,\\4x_1-2x_2+5x_3=4,\\x_1+x_3=6.\end{cases}$

**解**　解矩阵方程 $\boldsymbol{AX}=\boldsymbol{b}$.

```
>>> import sympy as sy
>>> x1,x2,x3=sy.symbols('x1:4')
>>> A = sy.Matrix([[2,-1,3],[4,-2,5],[1,0,1]])
>>> b = sy.Matrix([1,4,6])
>>> sy.linsolve([A,b],[x1,x2,x3])
FiniteSet((8, 9, -2))
```

说明方程有唯一解 $\begin{cases}x_1=8,\\x_2=9,\\x_3=-2.\end{cases}$

## 【应用案例】

［**完成案例 3**］　输入表 6-7 中矩阵 $\boldsymbol{A}$，化简为行最简矩阵.

```
>>> import sympy as sy
>>> A = sy.Matrix([[10,2,14,12,20,38,10],[12,0,12,25,35,60,55],[5,3,11,0,5,14,0],[7,9
,25,5,15,47,35],[0,1,2,25,5,33,6],[25,5,35,5,35,55,50],[9,4,17,25,2,39,25],[6,5,16,10
,10,35,10],[8,2,12,0,2,8,20]])
>>> A.rref()
(Matrix([
[1, 0, 1, 0, 0, 0, 0],
[0, 1, 2, 0, 0, 3, 0],
[0, 0, 0, 1, 0, 1, 0],
[0, 0, 0, 0, 1, 1, 0],
[0, 0, 0, 0, 0, 0, 1],
[0, 0, 0, 0, 0, 0, 0],
[0, 0, 0, 0, 0, 0, 0],
[0, 0, 0, 0, 0, 0, 0],
[0, 0, 0, 0, 0, 0, 0]]), (0, 1, 3, 4, 6))
```

得到 $\boldsymbol{u}_1,\boldsymbol{u}_2,\boldsymbol{u}_4,\boldsymbol{u}_5,\boldsymbol{u}_7$ 线性无关，且 $\boldsymbol{u}_3=\boldsymbol{u}_1+2\boldsymbol{u}_2,\boldsymbol{u}_6=3\boldsymbol{u}_2+\boldsymbol{u}_4+\boldsymbol{u}_5$.

继续输入表 6-8 中矩阵 $\boldsymbol{B}$，与 $\boldsymbol{A}$ 组合为 $(\boldsymbol{A}\vdots\boldsymbol{B})$，化简为行最简矩阵.

```
>>> B = sy.Matrix([[40,72,88],[62,141,67],[14,27,8],[44,102,51],[53,60,7],[50,155,80]
,[71,118,38],[41,68,21],[14,52,30]])
>>> C = A.col_insert(7,B)
>>> C.rref()
(Matrix([
[1, 0, 1, 0, 0, 0, 0, 1, 3, 0],
[0, 1, 2, 0, 0, 3, 0, 3, 4, 0],
[0, 0, 0, 1, 0, 1, 0, 2, 2, 0],
[0, 0, 0, 0, 1, 1, 0, 0, 0, 0],
[0, 0, 0, 0, 0, 0, 1, 0, 1, 0],
[0, 0, 0, 0, 0, 0, 0, 0, 0, 1],
[0, 0, 0, 0, 0, 0, 0, 0, 0, 0],
[0, 0, 0, 0, 0, 0, 0, 0, 0, 0],
[0, 0, 0, 0, 0, 0, 0, 0, 0, 0]]), (0, 1, 3, 4, 6, 9))
```

说明最后一列无法被其他列向量组线性表示.

## 【巩固练习】

5. 求解下列线性方程组：

(1) $\begin{cases}x_1+2x_2+4x_3=31,\\5x_1+x_2+2x_3=29,\\3x_1-x_2+x_3=10;\end{cases}$

(2) $\begin{cases}x_1-x_2+3x_3=1,\\4x_1-2x_2+5x_3=4,\\2x_1-x_2+4x_3=-1;\end{cases}$

(3) $\begin{cases}x_1+x_2-3x_3=-1,\\2x_1+x_2-2x_3=1,\\x_1+x_2+x_3=3,\\x_1+2x_2-3x_3=1.\end{cases}$

## 6.2.3 特征值特征向量与二次型

## 【案例引入】

[案例 4] 旅游地的选择问题.

假期到了，要组织一次旅游，有三个地点可供选择，人们一般会用景色、费用、旅途条件等因素去衡量这些地点. 根据前面的分析，将决策问题分解为三个层次. 最上层为目标层；中间层为准则层，有景色、费用、居住、饮食、旅途五个准则；最下层为方案层，有 $P_1,P_2,P_3$ 三个可供选择地. 各层之间的联系用图 5-6 表示.

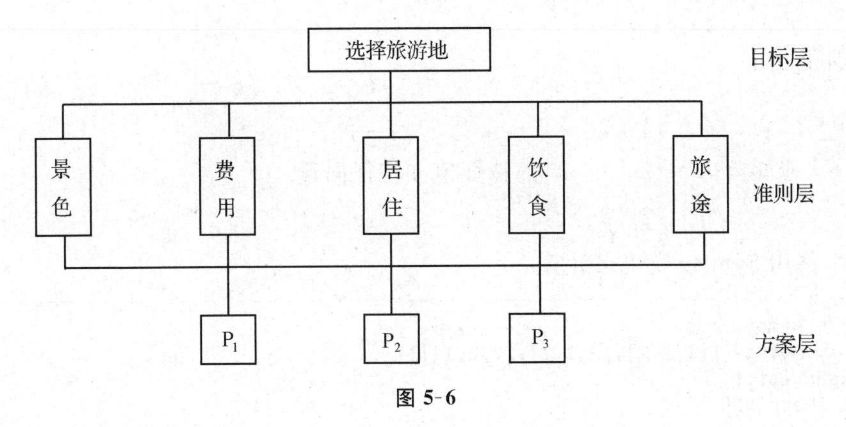


图 5-6

通过相互比较确定各准则对于上一层的权重，这些权重应该给予量化. 将方案层对准则层的权重及准则层对目标层的权重进行综合，最后确定方案层对目标层的权重，由此给出决策过程.

[案例分析]

本案例是上一章中的一个数学模型题目，权重模型中给出了一个 5 阶方阵 $\boldsymbol{A}$ 和五个 3 阶方阵 $\boldsymbol{B}_1,\boldsymbol{B}_2,\boldsymbol{B}_3,\boldsymbol{B}_4,\boldsymbol{B}_5$：

$$\boldsymbol{A}=\begin{pmatrix}1 & \frac{1}{2} & 4 & 3 & 3\\ 2 & 1 & 7 & 5 & 5\\ \frac{1}{4} & \frac{1}{7} & 1 & \frac{1}{2} & \frac{1}{3}\\ \frac{1}{3} & \frac{1}{5} & 2 & 1 & 1\\ \frac{1}{3} & \frac{1}{5} & 3 & 1 & 1\end{pmatrix},\boldsymbol{B}_1=\begin{pmatrix}1 & 2 & 5\\ \frac{1}{2} & 1 & 2\\ \frac{1}{5} & \frac{1}{2} & 1\end{pmatrix},\boldsymbol{B}_2=\begin{pmatrix}1 & \frac{1}{3} & \frac{1}{8}\\ 3 & 1 & \frac{1}{3}\\ 8 & 3 & 1\end{pmatrix},$$

$$\boldsymbol{B}_3=\begin{pmatrix}1 & 1 & 3\\ 1 & 1 & 3\\ \frac{1}{3} & \frac{1}{3} & 1\end{pmatrix},\boldsymbol{B}_4=\begin{pmatrix}1 & 3 & 4\\ \frac{1}{3} & 1 & 1\\ \frac{1}{4} & 1 & 1\end{pmatrix},\boldsymbol{B}_5=\begin{pmatrix}1 & 1 & \frac{1}{4}\\ 1 & 1 & \frac{1}{4}\\ 4 & 4 & 1\end{pmatrix}.$$

接下来就是计算它们的特征向量.

## 【知识储备】

NumPy 模块和 SymPy 模块中相关命令见表 6-10.

**表 6-10 NumPy 和 SymPy 模块中相关命令**

| 导入模块 | import numpy as np | import sympy as sy |
|---|---|---|
| 生成矩阵和向量 | np. array() | sy. Matrix() |
| 矩阵相乘 | A@B | A * B |
| 矩阵的特征值和特征向量 | np. linalg. eig(A) | A. eigenvects() |

【例题精讲】

**例 6.6** 求矩阵 $\boldsymbol{A}=\begin{pmatrix}1&2&2\\2&1&2\\2&2&1\end{pmatrix}$ 的特征值和特征向量.

**解** 本例用 SymPy 模块来计算.

```
>>> import sympy as sy
>>> A = sy.Matrix([[1,2,2],[2,1,2],[2,2,1]])
>>> A.eigenvects()
[(-1, 2, [Matrix([
[-1],
[ 1],
[ 0]]), Matrix([
[-1],
[ 0],
[ 1]])]), (5, 1, [Matrix([
[1],
[1],
[1]])])]
```

得到 $\boldsymbol{A}$ 的特征值为 $\lambda_1=\lambda_2=-1,\lambda_3=5$.

$-1$ 对应的特征向量为 $\boldsymbol{\xi}_1=\begin{pmatrix}-1\\1\\0\end{pmatrix}$,$\boldsymbol{\xi}_2=\begin{pmatrix}-1\\0\\1\end{pmatrix}$,5 对应的特征向量为 $\boldsymbol{\xi}_3=\begin{pmatrix}1\\1\\1\end{pmatrix}$.

**例 6.7** 设二次型为 $f(x_1,x_2,x_3)=4x_2^2-3x_3^2+4x_1x_2-4x_1x_3+8x_2x_3$,求一个正交变换 $\boldsymbol{X}=\boldsymbol{CY}$,将其化为标准形.

**解** 二次型的矩阵为 $\boldsymbol{A}=\begin{pmatrix}0&2&-2\\2&4&4\\-2&4&-3\end{pmatrix}$.

用 SymPy 模块来计算.

```
>>> import sympy as sy
>>> A = sy.Matrix([[0,2,-2],[2,4,4],[-2,4,-3]])
>>> A.diagonalize()
(Matrix([
[ 1, -2, 1],
[-1,  0, 5],
[ 2,  1, 2]]), Matrix([
[-6, 0, 0],
[ 0, 1, 0],
[ 0, 0, 6]]))
```

A. diagonalize()是将矩阵 $\boldsymbol{A}$ 对角化.

这里 $\boldsymbol{P}=\begin{pmatrix}1&-2&1\\-1&0&5\\2&1&2\end{pmatrix}$,$\boldsymbol{P}^{-1}\boldsymbol{AP}=\begin{pmatrix}-6&&\\&1&\\&&6\end{pmatrix}$.

用 sy.GramSchmidt(P,True)命令将 $\boldsymbol{P}$ 单位正交化.

```
>>> P = [sy.Matrix([1,-1,2]),sy.Matrix([-2,0,1]),sy.Matrix([1,5,2])]
>>> sy.GramSchmidt(P,True)
[Matrix([
[ sqrt(6)/6],
[-sqrt(6)/6],
[ sqrt(6)/3]]), Matrix([
[-2*sqrt(5)/5],
[           0],
[   sqrt(5)/5]]), Matrix([
[sqrt(30)/30],
[ sqrt(30)/6],
[sqrt(30)/15]])]
```

所以,存在正交矩阵 $\boldsymbol{C}=\begin{pmatrix}\frac{1}{\sqrt{6}} & -\frac{2}{\sqrt{5}} & \frac{1}{\sqrt{30}}\\ -\frac{1}{\sqrt{6}} & 0 & \frac{5}{\sqrt{30}}\\ \frac{2}{\sqrt{6}} & \frac{1}{\sqrt{5}} & \frac{2}{\sqrt{30}}\end{pmatrix}$,使 $\boldsymbol{C}^{\mathrm{T}}\boldsymbol{A}\boldsymbol{C}=\begin{pmatrix}-6 & & \\ & 1 & \\ & & 6\end{pmatrix}$.

故得正交变换为 $\begin{pmatrix}x_1\\x_2\\x_3\end{pmatrix}=\begin{pmatrix}\frac{1}{\sqrt{6}} & -\frac{2}{\sqrt{5}} & \frac{1}{\sqrt{30}}\\ -\frac{1}{\sqrt{6}} & 0 & \frac{5}{\sqrt{30}}\\ \frac{2}{\sqrt{6}} & \frac{1}{\sqrt{5}} & \frac{2}{\sqrt{30}}\end{pmatrix}\begin{pmatrix}y_1\\y_2\\y_3\end{pmatrix}$,

并且标准型为 $f=-6y_1^2+y_2^2+6y_3^2$.

## 【应用案例】

[**完成案例4**]　这个案例用 NumPy 模块来计算矩阵 $\boldsymbol{A}$ 的特征值和特征向量.

```
>>> import numpy as np
>>> A = np.array([[1,1/2,4,3,3],[2,1,7,5,5],[1/4,1/7,1,1/2,1/3],[1/3,1/5,2,1,1],[1/3,
1/5,3,1,1]])
>>> np.linalg.eig(A)
(array([ 5.07208441+0.j        , -0.03070462+0.60082743j,
       -0.03070462-0.60082743j, -0.00533758+0.05475206j,
       -0.00533758-0.05475206j]), array([[-0.46582183+0.j        ,  0.44186009+0.2710
5866j,
         0.44186009-0.27105866j, -0.36716196+0.2414553j ,
        -0.36716196-0.2414553j ],
       [-0.84086331+0.j        ,  0.77734237+0.j        ,
         0.77734237-0.j        ,  0.85752776+0.j        ,
         0.85752776-0.j        ],
       [-0.09509743+0.j        , -0.02000217-0.15570733j,
        -0.02000217+0.15570733j, -0.0190312 +0.00635723j,
        -0.0190312 -0.00635723j],
       [-0.17329948+0.j        , -0.02610008+0.07828144j,
        -0.02610008-0.07828144j, -0.07374757-0.21459801j,
        -0.07374757+0.21459801j],
       [-0.19204866+0.j        , -0.28288299+0.12469508j,
        -0.28288299-0.12469508j,  0.07483506+0.11850604j,
         0.07483506-0.11850604j]]))
```

得到最大特征值为 5.072，取出对应的特征向量并把它归一化得到 $\boldsymbol{A}_0$.

```
>>> A1 = np.linalg.eig(A)[1][:,0]
>>> A0 = np.real(A1 / A1.sum())
>>> A0
array([0.26360349, 0.47583538, 0.0538146 , 0.09806829, 0.10867824])
```

继续用相同的方法求出 $\boldsymbol{B}_1,\boldsymbol{B}_2,\boldsymbol{B}_3,\boldsymbol{B}_4,\boldsymbol{B}_5$ 的最大特征值和对应的归一化特征向量，并把这些特征向量合成矩阵 $\boldsymbol{B}$.

```
>>> B = np.transpose(np.vstack((b1,b2,b3,b4,b5)))
>>> B
array([[0.59537902, 0.08193475, 0.42857143, 0.63370792, 0.16666667],
       [0.27635046, 0.2363407 , 0.42857143, 0.19192062, 0.16666667],
       [0.12827052, 0.68172455, 0.14285714, 0.17437146, 0.66666667]])
```

将 $\boldsymbol{B}$ 和 $\boldsymbol{A}_0^{\mathrm{T}}$ 相乘得到

```
>>> B @ A0
array([0.29925453, 0.24530398, 0.45544149])
```

根据权重，选择最后的 $P_3$ 作为第一选择点.

## 【巩固练习】

6. 求矩阵 $\begin{pmatrix} -1 & 5 \\ 2 & 2 \end{pmatrix}$ 的特征值和特征向量.

7. 求矩阵 $\begin{pmatrix} 0 & 1 & 1 \\ 2 & -1 & 1 \\ 2 & -1 & 1 \end{pmatrix}$ 的特征值和特征向量.

8. 已知 $\boldsymbol{A}=\begin{pmatrix} 1 & 1 \\ 2 & 2 \end{pmatrix}$，求出相似变换矩阵 $\boldsymbol{P}$，使 $\boldsymbol{P}^{-1}\boldsymbol{AP}$ 为对角矩阵.

9. 已知 $\boldsymbol{A}=\begin{pmatrix} 4 & 6 & 0 \\ -3 & -5 & 0 \\ -3 & -6 & 1 \end{pmatrix}$，求出相似变换矩阵 $\boldsymbol{P}$，使 $\boldsymbol{P}^{-1}\boldsymbol{AP}$ 为对角矩阵.

10. 化二次型 $f(x_1,x_2,x_3)=2x_1^2+3x_2^2+3x_3^2+4x_2x_3$ 为标准形.

11. 化二次型 $f(x_1,x_2,x_3,x_4)=x_1^2+x_2^2+x_3^2+x_4^2+2x_1x_2-2x_1x_4-2x_2x_3+2x_3x_4$ 为标准形.

# 参考答案

## 【第1章】

### 巩固练习

**1.** (1) 36 (2) $-18$ (3) $xq-yp$ (4) $a^2$ (5) 9 (6) 0 (7) $x^3+y^3+z^3-3xyz$ (8) $(a-b)(b-c)(c-a)$ **2.** 3 **3.** 101阶 **4.** $x=-2, y=3$

**5.** $D^T=\begin{vmatrix} 1 & -2 & -1 \\ 0 & 4 & 2 \\ 7 & 3 & 5 \end{vmatrix}=14=D$ **6.** $-115$ **7.** 略 **8.** (1) $M_{12}=c, A_{12}=-c, M_{22}=a, A_{12}=a$

(2) $M_{12}=\begin{vmatrix} -1 & 2 \\ 4 & 6 \end{vmatrix}=-14, A_{12}=14, M_{22}=\begin{vmatrix} x & z \\ 4 & 6 \end{vmatrix}=6x-4z, A_{22}=6x-4z$

(3) $M_{12}=\begin{vmatrix} 2 & 1 & 1 \\ 1 & 1 & 1 \\ 1 & 4 & 1 \end{vmatrix}=-3, A_{12}=3, M_{22}=\begin{vmatrix} 1 & 3 & 4 \\ 1 & 1 & 1 \\ 1 & 4 & 1 \end{vmatrix}=9, A_{22}=9$

**9.** (1) $-24$ (2) 9 (3) 40 (4) $-48$ (5) 512 (6) 160 **10.** 略

**11.** (1) $x_1=3, x_2=1, x_3=1$ (2) $x_1=3, x_2=-4, x_3=-1, x_4=1$

**12.** $k=4$ 或 $k=-1$

### 复习题

**1.** B **2.** D **3.** D **4.** D **5.** A

**6.** $\begin{vmatrix} 4 & -1 & 1 \\ -9 & 7 & 1 \\ 1 & -2 & 0 \end{vmatrix}$ **7.** 0 **8.** $-abc$ **9.** 12 **10.** 0 **11.** $-40$ **12.** $-30k$ **13.** 1

**14.** (1) $-3$ (2) 1 (3) 56 (4) $-1\,800$ **15.** $-14$ **16.** 略 **17.** 略

**18.** $x_1=-9$ 或 $x_2=-3$ 或 $x_3=0$

**19.** (1) $x_1=2, x_2=-1$ (2) $x_1=1, x_2=2, x_3=1$ (3) $x_1=3, x_2=1, x_3=2, x_4=4$

## 【第2章】

### 巩固练习

**1.** (1) 1行3列 (2) 2行2列 (3) 3行1列 (4) 2行4列

**2.** $a=-2, b=2, c=0, d=1$ **3.** 略 **4.** (1) 上三角阵、行阶梯形矩阵 (2) 数量阵、行阶梯形矩阵 (3) 2阶单位矩阵、行最简形矩阵 (4) 零矩阵 (5) 对角阵、行阶梯形矩阵 (6) 下三角阵

5. $\begin{pmatrix}0&0&1&1\\0&0&0&1\\1&0&0&1\\1&1&1&0\end{pmatrix}$ 6. (1) $x=-3,y=3,z=\dfrac{8}{3},w=\dfrac{2}{3}$ (2) $x=1,y=2,z=2,w=-4$

(3) $x=-4,y=1,z=-1,w=2$ 7. (1) $\begin{pmatrix}1&4&13\\18&-7&1\end{pmatrix}$ (2) $\begin{pmatrix}13&-41&14\\17&95&-18\end{pmatrix}$

8. (1) $\begin{pmatrix}1&1&1\\2&2&2\\3&3&3\end{pmatrix}$ (2) 6 (3) $\begin{pmatrix}2&5\\4&7\\3&6\end{pmatrix}$ (4) $\begin{pmatrix}1&-1\\-1&7\end{pmatrix}$ (5) $\begin{pmatrix}18&-4&16\\-20&-40&0\\21&12&12\end{pmatrix}$

9. $\boldsymbol{AB}=\begin{pmatrix}23&41\\29&53\end{pmatrix}$, $\boldsymbol{AA}^{\mathrm{T}}=\begin{pmatrix}53&62\\62&74\end{pmatrix}$, $\boldsymbol{B}^{\mathrm{T}}\boldsymbol{A}^{\mathrm{T}}=\begin{pmatrix}23&29\\41&53\end{pmatrix}$

10.

| 一 | 二 | 三 | 四 | 五 | 六 | 日 | |
|---|---|---|---|---|---|---|---|
| (98 | 55 | 50 | 115 | 115 | 27 | 125) | 总成本 |

11. (1) 行阶梯形矩阵不唯一，行最简形矩阵为 $\begin{pmatrix}1&0&0\\0&1&0\\0&0&1\end{pmatrix}$ (2) 行阶梯形矩阵不唯一，行最简形矩阵为 $\begin{pmatrix}1&0&\frac{1}{3}&0&\frac{16}{9}\\0&1&\frac{2}{3}&0&-\frac{1}{9}\\0&0&0&1&-\frac{1}{3}\\0&0&0&0&0\end{pmatrix}$ 12. (1) $R(\boldsymbol{A})=3$ (2) $R(\boldsymbol{B})=3$ (3) $R(\boldsymbol{C})=4$ 13. $a=3$ 14. $a=1,b=0$

15. (1) $a\neq-2$ 且 $a\neq1$ (2) $a=-2$ (3) $a=1$ 16. (1) $|\boldsymbol{A}|=4\neq0$，可逆，$\boldsymbol{A}^{-1}=\begin{pmatrix}-\frac{3}{4}&\frac{3}{4}&\frac{1}{4}\\-1&0&1\\\frac{5}{4}&-\frac{1}{4}&-\frac{3}{4}\end{pmatrix}$ (2) $|\boldsymbol{B}|=-2\neq0$，可逆，$\boldsymbol{B}^{-1}=\begin{pmatrix}-2&\frac{3}{2}\\1&-\frac{1}{2}\end{pmatrix}$ (3) $|\boldsymbol{C}|=0$，$\boldsymbol{C}$ 不可逆

17. (1) $\begin{pmatrix}0&\frac{1}{2}&-\frac{1}{2}\\-\frac{1}{3}&\frac{1}{3}&0\\\frac{1}{3}&\frac{1}{6}&\frac{1}{2}\end{pmatrix}$ (2) $\begin{pmatrix}1&1&-1\\-2&1&1\\1&1&1\end{pmatrix}$ 18. 144 19. (1) $\begin{pmatrix}-42&8\\16&-3\end{pmatrix}$ (2) $\begin{pmatrix}-32&19\\22&-13\end{pmatrix}$

(3) $\begin{pmatrix}-2&6\\\frac{1}{2}&-\frac{5}{2}\end{pmatrix}$ 20. torugytdda rkgmuvophs，相应的编码为 20，15，18，21，7，25，20，4，4，1，0，18，11，7，13，21，22，15，16，8，19

**21.** $\begin{pmatrix} 3 & 6 & 0 & 0 & 0 \\ -6 & 8 & 0 & 0 & 0 \\ 3 & 0 & 1 & -1 & 2 \\ -2 & -2 & -2 & 5 & -3 \\ 3 & 1 & 2 & -3 & 3 \end{pmatrix}$ **22.** $\begin{pmatrix} 5 & -2 & 0 & 0 & 0 \\ -2 & 1 & 0 & 0 & 0 \\ 0 & 0 & -\frac{1}{2} & -\frac{1}{4} & -\frac{1}{8} \\ 0 & 0 & 0 & -\frac{1}{2} & -\frac{1}{4} \\ 0 & 0 & 0 & 0 & -\frac{1}{2} \end{pmatrix}$

**23.** $\left(\begin{array}{cc:c:cc} 1 & 3 & 0 & 0 & 0 \\ 2 & 5 & 0 & 0 & 0 \\ \hdashline 0 & 0 & -2 & 0 & 0 \\ \hdashline 0 & 0 & 0 & 4 & 1 \\ 0 & 0 & 0 & -3 & 0 \end{array}\right)$ **24.** $k\boldsymbol{A}=\begin{pmatrix} k & 0 & -k & 2k \\ 0 & k & 3k & -4k \\ 0 & 0 & -k & 0 \\ 0 & 0 & 0 & -k \end{pmatrix}$, $\boldsymbol{A}+\boldsymbol{B}=\begin{pmatrix} 0 & 2 & -1 & 2 \\ 7 & 1 & 3 & -4 \\ 3 & 4 & 0 & 0 \\ 0 & -2 & 0 & 0 \end{pmatrix}$,

$\boldsymbol{AB}=\begin{pmatrix} -4 & -6 & -1 & 2 \\ 16 & 20 & 3 & -4 \\ -3 & -4 & -1 & 0 \\ 0 & 2 & 0 & -1 \end{pmatrix}$

## 复习题

**1.** D **2.** A **3.** C **4.** B **5.** A **6.** $-2$ **7.** $\begin{pmatrix} 2 & 2 \\ -2 & 0 \\ 6 & 1 \end{pmatrix}$ **8.** $-\boldsymbol{A}$ **9.** $\begin{pmatrix} 7 & 2 & 0 & 0 \\ -4 & -1 & 0 & 0 \\ 0 & 0 & 1 & 1 \\ 0 & 0 & -3 & -2 \end{pmatrix}$

**10.** $\begin{pmatrix} 2 & 0 & 0 \\ -2 & 1 & 0 \\ 0 & -1 & \frac{2}{3} \end{pmatrix}$ **11.** $\boldsymbol{A}+2\boldsymbol{B}=\begin{pmatrix} 3 & 4 & 6 \\ 2 & 11 & -4 \\ -2 & 9 & 3 \end{pmatrix}$, $\boldsymbol{A}^{\mathrm{T}}\boldsymbol{B}=\begin{pmatrix} 1 & 11 & -1 \\ -3 & 17 & 9 \\ -1 & 2 & 1 \end{pmatrix}$

**12.** $|\boldsymbol{A}|=1\neq 0$，$\boldsymbol{A}$ 可逆，$\boldsymbol{A}^{-1}=\begin{pmatrix} -1 & 2 & -1 \\ -2 & 1 & 0 \\ -3 & -1 & 2 \end{pmatrix}$ **13.** $|\boldsymbol{B}|=\frac{1}{2}$ **14.** $\begin{pmatrix} 1 & 7 & -3 \\ 1 & 5 & -2 \end{pmatrix}$ **15.** 3

**16.** $\begin{pmatrix} 1 & -\frac{1}{2} & \frac{1}{2} \\ 0 & \frac{1}{4} & \frac{5}{4} \\ 0 & 0 & -1 \end{pmatrix}$ **17.** 50%，64% **18.** (1) $\begin{pmatrix} 0 & 1 & 1 & 1 \\ 1 & 0 & 1 & 1 \\ 1 & 1 & 0 & 1 \\ 1 & 1 & 1 & 0 \end{pmatrix}$ (2) 共 6 种不同方法 (3) 共 10 种不同方法

## 【第 3 章】

### 巩固练习

**1.** (1) $\begin{pmatrix} x_1 \\ x_2 \\ x_3 \end{pmatrix}=\begin{pmatrix} -1 \\ 1 \\ 2 \end{pmatrix}$ (2) $\begin{pmatrix} x_1 \\ x_2 \\ x_3 \end{pmatrix}=\begin{pmatrix} -116 \\ 29 \\ 32 \end{pmatrix}$ **2.** $\boldsymbol{\alpha}_1-\boldsymbol{\alpha}_2=(1,1,0)^{\mathrm{T}}$，$3\boldsymbol{\alpha}_1-2\boldsymbol{\alpha}_2+\boldsymbol{\alpha}_3=(6,4,0)^{\mathrm{T}}$

**3.** (1) 线性无关 (2) 线性无关 (3) 线性相关

**4.** (1) 秩为 2,一个极大线性无关组为 $\boldsymbol{\alpha}_1,\boldsymbol{\alpha}_2$;$\boldsymbol{\alpha}_3=-2\boldsymbol{\alpha}_1+\boldsymbol{\alpha}_2$

(2) 秩为 3,一个极大线性无关组为 $\boldsymbol{\alpha}_1,\boldsymbol{\alpha}_2,\boldsymbol{\alpha}_4$;$\boldsymbol{\alpha}_3=2\boldsymbol{\alpha}_1,\boldsymbol{\alpha}_5=\frac{1}{3}\boldsymbol{\alpha}_1+\frac{1}{3}\boldsymbol{\alpha}_2$

**5.** (1) 证明略 (2) $\boldsymbol{\beta}=-\frac{6}{5}\boldsymbol{\alpha}_1-\frac{3}{5}\boldsymbol{\alpha}_2+\frac{3}{5}\boldsymbol{\alpha}_3$

**6.** (1) 100 个 B 产品的各部分成本为(40,30,15),分别为耗材、劳务、管理费用

(2) $(0.45x+0.40y,0.25x+0.30y,0.15x+0.15y)$

**7.** (1) 无解 (2) 唯一解 (3) 无穷多解

**8.** (1) 有非零解 (2) 只有零解,没有非零解

**9.** 当 $\lambda=-2$ 时,方程组无解;当 $\lambda\neq-2$ 且 $\lambda\neq1$ 时,方程组有唯一解;当 $\lambda=1$ 时,方程组有无穷多解

**10.** $t=-1$ **11.** 两种说法都不正确

**12.** (1) $\begin{pmatrix}x_1\\x_2\\x_3\\x_4\end{pmatrix}=c_1\begin{pmatrix}\frac{3}{5}\\\frac{1}{5}\\1\\0\end{pmatrix}+c_2\begin{pmatrix}0\\1\\0\\1\end{pmatrix}$

(2) $\begin{pmatrix}x_1\\x_2\\x_3\\x_4\\x_5\end{pmatrix}=c_1\begin{pmatrix}-2\\1\\1\\0\\0\end{pmatrix}+c_2\begin{pmatrix}-1\\-3\\0\\1\\0\end{pmatrix}+c_3\begin{pmatrix}2\\1\\0\\0\\1\end{pmatrix}$ (3) $\begin{pmatrix}x_1\\x_2\\x_3\\x_4\\x_5\end{pmatrix}=c_1\begin{pmatrix}-1\\1\\0\\0\\0\end{pmatrix}+c_2\begin{pmatrix}-1\\0\\1\\0\\0\end{pmatrix}+c_3\begin{pmatrix}-1\\0\\0\\1\\0\end{pmatrix}+c_4\begin{pmatrix}-1\\0\\0\\0\\1\end{pmatrix}$

(3) $\begin{pmatrix}x_1\\x_2\\x_3\\x_4\\x_5\end{pmatrix}=c_1\begin{pmatrix}-1\\1\\0\\0\\0\end{pmatrix}+c_2\begin{pmatrix}-1\\0\\1\\0\\0\end{pmatrix}+c_3\begin{pmatrix}-1\\0\\0\\1\\0\end{pmatrix}+c_4\begin{pmatrix}-1\\0\\0\\0\\1\end{pmatrix}$

**13.** (1) $\lambda\neq4$ 且 $\lambda\neq-1$ (2) $\lambda=4$ 时,$\begin{pmatrix}x_1\\x_2\\x_3\end{pmatrix}=c_1\begin{pmatrix}-3\\-1\\1\end{pmatrix}$;$\lambda=-1$ 时,$\begin{pmatrix}x_1\\x_2\\x_3\end{pmatrix}=c_2\begin{pmatrix}-1\\3\\2\end{pmatrix}$

**14.** (1) $\begin{pmatrix}x_1\\x_2\\x_3\end{pmatrix}=\begin{pmatrix}5\\3\\-2\end{pmatrix}$ (2) 无解 (3) $\begin{pmatrix}x_1\\x_2\\x_3\\x_4\end{pmatrix}=\begin{pmatrix}0\\0\\2\\0\end{pmatrix}+c_1\begin{pmatrix}-2\\-1\\2\\0\end{pmatrix}+c_2\begin{pmatrix}-3\\1\\0\\1\end{pmatrix}$

(4) $\begin{pmatrix}x_1\\x_2\\x_3\\x_4\end{pmatrix}=c_1\begin{pmatrix}14\\-5\\-12\\2\end{pmatrix}+\begin{pmatrix}-1\\0\\0\\0\end{pmatrix}$ (5) 无解 (6) $\begin{pmatrix}x_1\\x_2\\x_3\\x_4\\x_5\end{pmatrix}=\begin{pmatrix}-2\\3\\0\\0\\0\end{pmatrix}+c_1\begin{pmatrix}1\\-2\\1\\0\\0\end{pmatrix}+c_2\begin{pmatrix}1\\-2\\0\\1\\0\end{pmatrix}+c_3\begin{pmatrix}5\\-6\\0\\0\\1\end{pmatrix}$

15. $\lambda=-2$ 或 $\lambda=1$ 时有解. $\lambda=-2$ 时，$\begin{pmatrix}x_1\\x_2\\x_3\end{pmatrix}=c_1\begin{pmatrix}1\\1\\1\end{pmatrix}+\begin{pmatrix}2\\2\\0\end{pmatrix}$；$\lambda=1$ 时，$\begin{pmatrix}x_1\\x_2\\x_3\end{pmatrix}=c_2\begin{pmatrix}1\\1\\1\end{pmatrix}+\begin{pmatrix}1\\0\\0\end{pmatrix}$

16. $a\neq1,b\neq0$ 时，有唯一解；$b=0$ 或 $a=1,b\neq\frac{1}{2}$ 时，无解；$a=1,b=\frac{1}{2}$ 时，无穷多解，$\begin{pmatrix}x_1\\x_2\\x_3\end{pmatrix}=\begin{pmatrix}2\\2\\0\end{pmatrix}+c\begin{pmatrix}-1\\0\\1\end{pmatrix}$

## 复习题

1. $\frac{16}{3}$　2. $(0,-8,2)$　3. 1　4. 0　5. $b=-2a$　6. $-1$　7. 2　8. $k_1(1,1,0)^T+k_2(-1,0,1)^T$，其中 $k_1,k_2$ 为任意常数　9. C　10. D　11. D　12. C　13. B　14. B　15. A　16. C　17. D　18. D

19. (1) 线性无关　(2) 线性无关　(3) 线性相关

20. (1) 秩为 3，一个极大线性无关组为 $\boldsymbol{\alpha}_1,\boldsymbol{\alpha}_2,\boldsymbol{\alpha}_4,\boldsymbol{\alpha}_3=-\boldsymbol{\alpha}_1+\boldsymbol{\alpha}_2$

(2) 秩为 3，一个极大线性无关组为 $\boldsymbol{\alpha}_1,\boldsymbol{\alpha}_2,\boldsymbol{\alpha}_3,\boldsymbol{\alpha}_4=\boldsymbol{\alpha}_1+\boldsymbol{\alpha}_2+\boldsymbol{\alpha}_3$

(3) 秩为 3，一个极大线性无关组为 $\boldsymbol{\alpha}_1,\boldsymbol{\alpha}_2,\boldsymbol{\alpha}_3,\boldsymbol{\alpha}_4=\boldsymbol{\alpha}_1+\boldsymbol{\alpha}_2$

(4) 秩为 2，一个极大线性无关组为 $\boldsymbol{\alpha}_1,\boldsymbol{\alpha}_2,\boldsymbol{\alpha}_3=2\boldsymbol{\alpha}_1-3\boldsymbol{\alpha}_2,\boldsymbol{\alpha}_4=-\boldsymbol{\alpha}_1+2\boldsymbol{\alpha}_2$

21. (1) 一个基础解系 $\boldsymbol{\xi}=(1,1,2,1)^T$，通解为 $k(1,1,2,1)^T$，其中 $k$ 为任意常数

(2) 一个基础解系 $\boldsymbol{\xi}_1=(-3,7,2,0)^T,\boldsymbol{\xi}_2=(-1,-2,0,1)^T$，通解为 $k_1(-3,7,2,0)^T+k_2(-1,-2,0,1)^T$，其中 $k_1,k_2$ 为任意常数

22. 当 $\lambda=-1$ 或 $\lambda=-3$ 时有非零解. 当 $\lambda=-1$ 时，通解为 $k(-1,1,4)^T$，其中 $k$ 为任意常数；当 $\lambda=-3$ 时，通解为 $k(-3,1,12)^T$，其中 $k$ 为任意常数

23. 当 $a=3$ 时，有无穷多解，通解为 $(2,1,0)^T+k(0,3,-2)^T$，其中 $k$ 为任意常数；当 $a\neq3$ 时，有唯一解 $(2,1,0)^T$

24. (1) 当 $a=2$ 时，无解；当 $a\neq1$ 且 $a\neq2$ 时，有唯一解；当 $a=1$ 时，有无穷多解

(2) 当 $a=1$ 时，通解为 $(1,0,1)^T+k(1,-1,0)^T$，其中 $k$ 为任意常数

25. 当 $a=-1,b=0$ 时，通解为 $(0,1,0)^T+k(-2,1,1)^T$，其中 $k$ 为任意常数　26. 略

27. 取食物 D 为 6 g，食物 A 为 8 g，食物 B 为 0.5 g，食物 C 为 8 g，近似符合营养要求

## 【第 4 章】

## 巩固练习

1. (1) 特征值为 $\lambda_1=-1,\lambda_2=5$

对应于 $\lambda_1=1$ 的全部特征向量为 $k_1\boldsymbol{\alpha}_1$，其中 $k_1$ 是非零实数，$\boldsymbol{\alpha}_1=(-2,1)^T$

对应于 $\lambda_2=5$ 的全部特征向量为 $k_2\boldsymbol{\alpha}_2$，其中 $k_2$ 是非零实数，$\boldsymbol{\alpha}_2=(1,1)^T$

(2) 特征值为 $\lambda_1=\lambda_2=1$(二重)，$\lambda_3=-2$

对应于 $\lambda_1=\lambda_2=1$ 的全部特征向量为 $k_1\boldsymbol{\alpha}_1$，其中 $k_1$ 是非零实数，$\boldsymbol{\alpha}_1=(3,-6,20)^T$

对应于 $\lambda_3=-2$ 的全部特征向量为 $k_2\boldsymbol{\alpha}_2$，其中 $k_2$ 是非零实数，$\boldsymbol{\alpha}_2=(0,0,1)^T$

(3) 特征值为 $\lambda_1=\lambda_2=\lambda_3=-1$. 特征向量为 $k_1\boldsymbol{\alpha}_1$，其中 $k_1$ 是非零实数，$\boldsymbol{\alpha}_1=(-1,-1,1)^T$

(4) 特征值为 $\lambda_1=\lambda_2=\lambda_3=2$(三重),$\lambda_4=-2$

对应于特征值 $\lambda_1=\lambda_2=\lambda_3=2$ 的线性无关的特征向量为 $\boldsymbol{\alpha}_1=(1,1,0,0)^T$,$\boldsymbol{\alpha}_2=(1,0,1,0)^T$,$\boldsymbol{\alpha}_3=(1,0,0,1)^T$,全部特征向量为 $k_1\boldsymbol{\alpha}_1+k_2\boldsymbol{\alpha}_2+k_3\boldsymbol{\alpha}_3$,其中 $k_1,k_2,k_3$ 是不全为零的实数

对应于特征值 $\lambda_4=-2$ 的线性无关的特征向量 $\boldsymbol{\alpha}_4=(1,-1,-1,-1)^T$,全部特征向量为 $k_4\boldsymbol{\alpha}_4$,其中 $k_4$ 是非零实数

**2—5.** 略

**6.** (1) 可对角化,取 $\boldsymbol{P}=\begin{pmatrix}\frac{1}{3}&-2&1\\-\frac{2}{3}&1&0\\1&0&1\end{pmatrix}$,即得 $\boldsymbol{P}^{-1}\boldsymbol{AP}=\begin{pmatrix}-4&&\\&2&\\&&2\end{pmatrix}$

(2) 可对角化,取 $\boldsymbol{P}=\begin{pmatrix}1&1&1\\-1&0&-2\\0&1&3\end{pmatrix}$, 即得 $\boldsymbol{P}^{-1}\boldsymbol{AP}=\begin{pmatrix}2&&\\&2&\\&&6\end{pmatrix}$

**7.** $\begin{pmatrix}-1&1&0\\-2&2&0\\4&-2&1\end{pmatrix}$ **8.** (1) 0 (2) 0 **9.** $\left(\frac{1}{\sqrt{2}},\frac{1}{\sqrt{2}},0\right)^T,\left(\frac{1}{\sqrt{2}},-\frac{1}{\sqrt{2}},0\right)^T,(0,0,1)^T$

**10.** (1) $\boldsymbol{U}=\begin{pmatrix}\frac{1}{\sqrt{6}}&\frac{1}{\sqrt{3}}&-\frac{1}{\sqrt{2}}\\\frac{2}{\sqrt{6}}&-\frac{1}{\sqrt{3}}&0\\\frac{1}{\sqrt{6}}&\frac{1}{\sqrt{3}}&\frac{1}{\sqrt{2}}\end{pmatrix}$, $\boldsymbol{U}^{-1}\boldsymbol{AU}=\begin{pmatrix}2&0&0\\0&5&0\\0&0&-4\end{pmatrix}$

(2) $\boldsymbol{U}=\begin{pmatrix}-\frac{1}{\sqrt{2}}&0&\frac{1}{\sqrt{2}}\\0&1&0\\\frac{1}{\sqrt{2}}&0&\frac{1}{\sqrt{2}}\end{pmatrix}$,$\boldsymbol{U}^{-1}\boldsymbol{AU}=\begin{pmatrix}2&0&0\\0&2&0\\0&0&4\end{pmatrix}$

(3) $\boldsymbol{U}=\begin{pmatrix}\frac{2}{\sqrt{5}}&-\frac{2\sqrt{5}}{15}&-\frac{1}{3}\\0&\frac{\sqrt{5}}{3}&-\frac{2}{3}\\\frac{1}{\sqrt{5}}&\frac{4\sqrt{5}}{15}&\frac{2}{3}\end{pmatrix}$, $\boldsymbol{U}^{-1}\boldsymbol{AU}=\begin{pmatrix}1&0&0\\0&1&0\\0&0&10\end{pmatrix}$

**11.** (1) $\begin{pmatrix}6&-1&\frac{3}{2}\\-1&-2&4\\\frac{3}{2}&4&3\end{pmatrix}$ (2) $\begin{pmatrix}0&\frac{1}{2}&-\frac{1}{2}&0\\\frac{1}{2}&0&1&0\\-\frac{1}{2}&1&0&0\\0&0&0&1\end{pmatrix}$ (3) $\begin{pmatrix}-1&-2&\frac{3}{2}&-\frac{7}{2}\\-2&3&2&0\\\frac{3}{2}&2&2&0\\-\frac{7}{2}&0&0&0\end{pmatrix}$

**12.** (1) $\begin{cases}x_1=y_1-y_3,\\x_2=y_2,\\x_3=y_2-y_3,\end{cases}$ $f=y_1^2+2y_2^2-y_3^2$ (2) $\begin{cases}x_1=z_1+z_2+3z_3,\\x_2=z_1-z_2-z_3,\\x_3=z_3,\end{cases}$ $f=2z_1^2-2z_2^2+6z_3^2$

**13.** (1) 正交变换为 $\begin{pmatrix}x_1\\x_2\\x_3\end{pmatrix}=\dfrac{\sqrt{2}}{2}\begin{pmatrix}\sqrt{2}&0&0\\0&1&1\\0&1&-1\end{pmatrix}\begin{pmatrix}y_1\\y_2\\y_3\end{pmatrix}$，标准形 $f=2y_1^2+5y_2^2+y_3^2$

(2) 正交变换为 $\begin{pmatrix}x_1\\x_2\\x_3\end{pmatrix}=\dfrac{1}{6}\begin{pmatrix}3\sqrt{2}&\sqrt{2}&4\\0&-4\sqrt{2}&2\\-3\sqrt{2}&\sqrt{2}&4\end{pmatrix}\begin{pmatrix}y_1\\y_2\\y_3\end{pmatrix}$，标准形 $f=5y_1^2+5y_2^2-4y_3^2$

**14.** (1) 正定 (2) 负定 (3) 不定

## 复习题

**1.** D **2.** B **3.** A **4.** B **5.** D **6.** $-6,2$ **7.** $-\dfrac{3}{5},1$ **8.** $1,\sqrt{11}$ **9.** $4,4$ **10.** 是 **11.** $a=-5$, $b=4,\lambda_3=-2$ **12.** 略 **13.** $a=0,\boldsymbol{P}=\begin{pmatrix}1&0&0\\0&1&0\\2&3&1\end{pmatrix},\boldsymbol{P}^{-1}\boldsymbol{AP}=\begin{pmatrix}1&&\\&1&\\&&0\end{pmatrix}$

**14.** $\begin{pmatrix}x_{n+1}\\y_{n+1}\end{pmatrix}=\dfrac{1}{10}\begin{pmatrix}8-3\left(\dfrac{1}{2}\right)^n\\2+3\left(\dfrac{1}{2}\right)^n\end{pmatrix}$ **15.** $\begin{cases}x_1=y_1-\dfrac{1}{2}y_2+\dfrac{5}{6}y_3,\\x_2=\dfrac{1}{2}y_2-\dfrac{1}{6}y_3,\\x_3=\dfrac{1}{3}y_3,\end{cases}$ $f=y_1^2+y_2^2-y_3^2$

**16.** (1) $\begin{cases}x_1=\dfrac{2}{3}y_1-\dfrac{2}{3}y_2+\dfrac{1}{3}y_3,\\x_2=\dfrac{2}{3}y_1+\dfrac{1}{3}y_2-\dfrac{2}{3}y_3,\\x_3=\dfrac{1}{3}y_1+\dfrac{2}{3}y_2+\dfrac{2}{3}y_3,\end{cases}$ $f=-y_1^2+2y_2^2+5y_3^2$

(2) $\begin{cases}x_1=-\dfrac{1}{3}y_1+\dfrac{2}{\sqrt{5}}y_2-\dfrac{2\sqrt{5}}{15},\\x_2=-\dfrac{2}{3}y_1+\dfrac{\sqrt{5}}{3}y_3,\\x_3=\dfrac{2}{3}y_1+\dfrac{1}{\sqrt{5}}y_2+\dfrac{4\sqrt{5}}{15}y_3,\end{cases}$ $f=-7y_1^2+2y_2^2+2y_3^2$

# 参考文献

[1] 强静仁,陈芬,孟晓华. 线性代数[M]. 武汉:华中科技大学出版社,2012.

[2] Steven J. Leon. 线性代数(英文版·第9版)[M]. 北京:机械工业出版社,2017.

[3] 邱森. 线性代数:经济管理类[M]. 2版. 武汉:武汉大学出版社,2013.

[4] 孙文涛,王晓平. 线性代数[M]. 重庆:重庆大学出版社,2016.

[5] 郭文艳. 线性代数应用案例分析[M]. 北京:科学出版社,2019.

[6] 王万森. 人工智能原理及其应用[M]. 4版. 北京:电子工业出版社,2018.

[7] 霍华德·伊夫斯. 数学史概论[M]. 欧阳绛,译. 哈尔滨:哈尔滨工业大学出版社,2009.

[8] 傅海伦. 中外数学史概论[M]. 北京:科学出版社,2007.

[9] 姜启源,谢金星,叶俊. 数学模型[M]. 5版. 北京:高等教育出版社,2018.

[10] 汪晓银,陈颖,陈汝栋,等. 数学建模方法入门及其应用[M]. 北京:科学出版社,2018.

[11] 房少梅. 数学建模竞赛优秀案例评析[M]. 北京:科学出版社,2015.

[12] 赵静,但琦. 数学建模与数学实验[M]. 5版. 北京:高等教育出版社,2020.